U0958479

游戏动漫设计系列丛书 丛书主编 ⊙沈渝德 王波

3D游戏美术设计与制作

徐 力⊙主 编 党鹏飞⊙副主编

西南师范大学出版社
国家一级出版社 全国百佳图书出版单位

图书在版编目（CIP）数据

3D游戏美术设计与制作/徐力主编.—重庆:西南师范大学出版社，2014.9（2021.1重印）
ISBN 978-7-5621-7010-5

Ⅰ. ①3… Ⅱ. ①徐… Ⅲ. ①三维动画软件－游戏程序－程序设计 Ⅳ. ①TP391.41

中国版本图书馆CIP数据核字(2014)第185678号

游戏动漫设计系列丛书　沈渝德　王波　丛书主编

3D 游戏美术设计与制作

徐　力　主　编　党鹏飞　副主编

责任编辑：胡秀英
封面设计：仅仅视觉
版式设计：王石丹
出版发行：西南师范大学出版社
中国·重庆·西南大学校内
邮编：400715
网址：www.xscbs.com
经　　销：新华书店
排　　版：张艳
印　　刷：重庆康豪彩印有限公司
成品尺寸：210mm×285mm
印　　张：11.25
字　　数：253 千字
版　　次：2015 年 7 月 第 1 版
印　　次：2021 年 1 月 第 3 次印刷
书　　号：ISBN 978-7-5621-7010-5

定　　价：68.00 元（配光盘）

PREFACE 序

近年来，随着科学技术的发展和现代社会的进步，数码媒介与技术的蓬勃兴起使得相关的艺术设计领域得到了迅猛的发展并受到了广泛的关注。近十年来，我国的游戏产业迅猛发展，正在成为第三产业中的朝阳产业。数字游戏已经从当初的一种边缘性的娱乐方式成为目前全球娱乐的一种主流方式，越来越多的人成为游戏爱好者，也有越来越多的爱好者渴望获得专业的游戏设计教育，并选择游戏作为他们一生的职业。同时，随着数字娱乐产业的快速发展，消费需求的日益增加，行业规模不断扩大，对游戏设计专业人才的需求也急剧增加。

从我国目前游戏设计人才的供给情况来看，首先，我国从事游戏产业的人员大多是从其他专业和领域转型而来，没有经历过对口的专业教育，主要靠模仿、自学、企业培训以及实践经验积累来提升设计能力，积累、掌握的设计方法、设计思路、设计技术也仅限于企业内部及产业圈内的交流和传授。其次，我国开设游戏设计专业的高校数量较少，目前在全国重点艺术院校中开设游戏设计相关专业方向的仅有中国美术学院、四川美术学院、中国传媒大学、清华大学美术学院（第二学位）、北京电影学院等少数几所，游戏设计专业课程体系的建立以及教学内容的完善还处于摸索、积累、完善的阶段。作为游戏产品的关键设计内容以及艺术类院校游戏设计专业核心教学内容的游戏美术设计，更是迫切需要优化课程板块，梳理课程内容，依托专业基础，结合设计开发实践经验与行业规范，形成一套相对系统、全面，适应专业教学与行业需求的系列教材。这套游戏动漫设计系列丛书，正是适应这一需求，为满足专业教学实践而建构的较为完整、全面的主干课程教材体系。

游戏产品的开发环节和开发内容主要包括游戏策划、游戏程序开发以及游戏美术设计，策划是游戏产品的灵魂，程序是游戏产品的骨架，而游戏美术则是游戏产品的“容颜”，彰显着游戏世界的美感。游戏美术设计的内容和方向主要包括游戏角色概念设计、游戏场景概念设计、三维游戏美术设计、游戏动画设计、游戏界面（UI）设计、游戏特效设计等。本套教材完整包含这些核心设计内容，内容设计较为合理完善，对于构建专业教学课程体系具有较高的参考价值与实用意义。同时，本套教材的作者均来自于专业教学及产品开发第一线，并且在教材选题阶段就特别强调了专业性与规范性，注重教材内容设计、内容描述的条理性、逻辑性以及准确性，并严格按照行业规范进行了统筹安排。

随着市场竞争的加剧，产品同质化突显，游戏产业对游戏设计专业人才的需求在质量上提出了更高、更严的要求。企业和研发机构将越来越看重具备复合性、发展性、创新性、竞合性四大特征的高级游戏设计人才。通过广泛调研以及近年的教学实践和教学模式探索，我们就当前高级游戏设计人才的培养必须具有高创造性、高适应性、高发展潜力，具有国际化的视野和竞合性，既要具有较强的产品创新与设计创意能力，又要具有较强美术创作实践能力方面达成了共识。为了体现这一共识，本套教材中的教学案例基本来自于作者的教学或开发实践，并注重思路与方法的引导，充分展现了当前的最新设计思路、技术线路趋势，体现了教学内容与设计实践的紧密结合。

从以上几个方面来规划和设计的游戏专业教材目前比较少，而游戏设计专业的教学和实践开发人群都比较年轻，虽然他们对于教材相关内容都有着自己的研究、实践和积累成果，但就编写教材而言还缺少经验，需要各位同行和专家提供宝贵的意见和建议，不吝加以指正，以便进一步改进和完善。尽管如此，我们依然相信这套教材的出版，对于游戏设计专业课程体系的建设具有非常积极的推动作用和参考价值，能够使读者对游戏美术设计有一个系统的认知，在培养和增强读者的游戏美术设计能力、制作能力、创意创作能力方面提供重要的引导和帮助。

沈渝德　王波

FOREWORD

前言

《3D游戏美术设计与制作》是一本适合高校教学的实用性教材，也是游戏动漫爱好者的参考用书，同时适合初学3D游戏美术的同学当作踏上游戏美术设计之路的指导用书。本书从游戏美术设计师的角度出发，介绍了游戏美术设计应该掌握的美术基础知识、软件工具的使用方法以及在游戏设计中的美术制作流程和方法。本书系统讲解了游戏美术制作各个环节的具体工作，从认识设计工具到利用软件深入制作，从美术基础知识讲解到游戏的艺术化制作，循序渐进地将读者引入游戏设计与开发的殿堂，使其熟悉游戏制作流程，掌握基本的游戏美术设计技术。本书图文并茂，以各个完整而典型的案例为主线，由浅入深地讲解了不同风格游戏制作的基本方法和技巧，涉及道具制作、场景制作、角色制作等，涵盖面广，融合了不少新游戏的制作技术，同时在每一个章节配备了针对性强的练习和思考题，让游戏美术制作初学者能够快速地掌握本书内容。

作者结合多年的游戏美术制作经验和教学经验，从初学者的角度出发，力图使读者掌握游戏开发公司的美术工作人员必须具备的各项技术以及具备相关素养，书中以大量的实际案例及操作步骤给读者留下深刻认识。通过本书的学习，读者能够了解游戏美术设计的基础知识，掌握Photoshop和3ds Max软件的基本操作，了解3ds Max的多边形建模工具、UV展开贴图工具和骨骼动画制作工具等。本书以游戏行业目前的发展状况、使用工具以及操作方法为基础，使读者了解游戏美术设计与制作的基本流程，具备制作游戏道具、场景、角色和动画的基本技能，使读者迈入3D游戏美术设计师之门。

目录 CONTENTS

目录 CONTENTS

第一章
戏制作中的美术基础

游戏
动漫

第一节 素描基础

一、素描

素描是一种以朴素的方式去描绘客观事物，并且通常以单色的笔触及点、线、面来塑造形体的方法。它是其他艺术的基础，如油画、版画、雕塑及平面设计；同时也是草图设计的基础，在作画时往往预先勾出轮廓作为草稿，然后用色彩渲染，完成完整的艺术作品。

素描是一切造型的基础，它虽然被视为是二度空间的艺术，不需要颜色及第三度空间，却同时暗示这两者。绘画训练是技术训练，同时也是艺术训练，二者是不可分割的整体。在作画实践中，描绘活动也是表现活动，是作画人眼中、脑中、手中的同一件事情。素描实践只讲技术不讲艺术，只能说是训练画匠。造型艺术不讲艺术规律和艺术表现，就无所谓艺术教育，更谈不上艺术创造了。

图 1-1 游戏《魔兽世界》原画中素描的运用

素描是艺术创作实践中的必经之路，因为良好的素描训练可以逐渐提高作画者的观察能力、想象能力及表现能力。素描对于游戏美术尤为重要，游戏中的原画设计和模型制作都离不开结构、透视和光影关系。如图1-1。

二、光影的表现

素描是光与影的表现，光是生命之源，有了光周围世界的一切才具有现实意义。我们的眼睛感知周围一切物体的存在，都是由于光的作用。在视觉艺术中，光可以帮助我们感知形体和塑造形体。

素描是单色画，借助于明暗去塑造形体。在光照条件下，物体呈现出的明暗变化是相对而存在的，素描不可能像照片一样如实地反映物体，它需要表现的是明暗层次的比较关系。物体在光的照射下会产生受光、背光和阴影等许多变化，这些变化通常能向人们暗示物体的三维属性，增加人们对形体结构和质感、量感、体积感、空间感的认识。光影明暗造型是借助丰富的明暗色调来表达物

图 1-2 吴兆铭素描作品

体的体积感、质感、空间感的。明暗是光影的一种体现，有光则明、无光则暗；也可以说是一种固有色的体现，色浅则明、色深则暗。这两种解释是相对于单个物体而言的。画面中有多个物体时，明暗关系的处理原则为离光源近则明、远则暗。素描中的基本虚实关系是近实远虚，且画面的视觉中心要画实。

任何东西的影像都是靠光的照射和反射形成的。因此要表现物体的立体效果就要把光与影的关系协调好。如图1-2。

三、构图、结构

所谓构图，就是将无限的立体结构转换成有限的平面结构，这种转换过程本质上是一个创造过程。尤其是现代绘画，这种转换以纯粹创造的外表显示出来，生活与艺术之间的联系就更为抽象了。人生活在时间与空间之中，现实世界的时间是流逝的、无限的，空间是三维立体的、无边无界的；而由人创造出来的绘画作品就时间而言是凝固的、有限的，就空间而言是二维平面的、有边界的。这两者是如此的截然不同，又有着最密切的对应联系。

素描中的结构是造型的基础，在结构素描中，凡是面与面之间有转折的地方都有结构。理解结构才能画好基础形体，才能理解空间。绘画结构是绘画创作过程中非常重要的部分，是集画面中可视的所有形式语言及形态于一体的各部位的有机联系，是把握画面整体性的绘画本体支撑理论。要创作一幅好的作品，就要把握好结构。其实这是一个积极的理性思维过程，只有在形体、结构准确的前提下，才有研究光影、质感、明暗调子的可能性和必要性。结构观念的建立是通往创作成功道路上的第一步。如图1–3。

四、素描的训练目的及要点

素描基础训练的目的不只是学习表现物象的技巧，更重要的是要学会正确地观察和理解物象的造型特征，把握物象的本质结构和普遍的造型规律。

素描的训练，除了要有目的性以外，还必须具有正确的观察方法和表现方法，只有在学习中自觉地按照这些原理去做，把新鲜的视觉感受与分析研究对象结合起来，抓住基本法则，通过长期反复的实践，才能较快地掌握造型的规律和方法。素描大师丢勒的作品如图1–4。

图 1–3 人的头部结构表现

图 1–4 素描大师丢勒的作品

第二节 速写基础

一、速写

速写是指在较短的时间里，用简练的笔法概括地描绘对象、记录生活的一种快速的写生方法。速写同素描一样，不但是造型艺术的基础，也是一种独立的艺术形式，是培养形象记忆力与概括表现能力的一种重要手段。速写能有效地锻炼我们对生活的观察能力和艺术表现能力。大师伦勃朗速写作品如图1–5，唐·席格米勒速写作品如图1–6。

图 1-5 大师伦勃朗速写作品

图 1-6 唐 · 席格米勒速写作品

二、速写的步骤

1. 构图

观察对象的特征，安排视线的位置和主要形象的轮廓。为了集中反映主要形象，可以把某些次要形象省去不画，或在合理的范围之内在画面上改变它们的位置，使构图更加理想，主要形象更加突出。如图1-7。

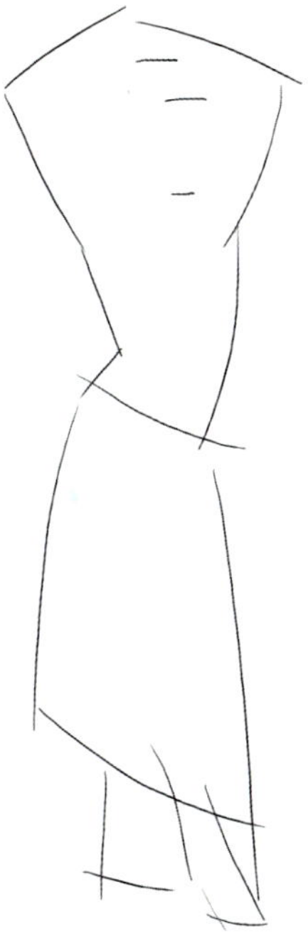

图 1-7 构图

图 1-8 起稿

图 1-9 刻画

图 1-10 调整完成

2. 起稿

从整体出发，用长直线或长弧线确定大的基本形体，抓住大的形体比例关系及透视关系，简化辅助线，强调物体的组织和构成关系。如图1−8。

3. 刻画

在基本形体确定的基础上，从局部开始塑造形体，用准确、肯定的笔触开始描绘，将各个局部的结构关系用短直线表现出来。如图1−9。

4. 调整完成

整体—局部—整体，在作画时应始终把握这一原则。局部肯定之后，继续回到整体，该加强的加强，该削弱的削弱，重点刻画之处一定要细致入微。对一些小的饰物处的刻画，不宜太重、太多，应根据需要将不重要的部分省略掉以免造成画面琐碎之感。如图1−10。

总之，在作画时应时时把握整体，从整体出发，不断调整、修改直至最后完成。

三、速写的表现技法

速写的表现方法很多，现就最常见的两种方法作一下介绍。

1. 以线为主的速写

在表现物象的过程中，从结构出发，将物象的形体转折、运动变化和质感用概括简练的线条表现出来。它应具备造型严谨，形态自然生动，线条运用得当，整体效果好等特点。它通过线的粗细、虚实变化来表达主次关系、空间关系。如图1−11。

图 1−11 陈玉先作品 1

图 1−12 陈玉先作品 2

2. 以线为主、线面结合的速写

以线为主、线面结合的速写表现形式能较好地发挥速写的特点，尤其是在课堂上较长时间的写生训练中。这也是目前速写训练中常用的表现手法——对部分明暗交界线及暗部、衣纹处调子的补充添加来表现物体，其特点是层次丰富、表现力强。如图1−12。

3. 线的运用

（1）线的穿插

表现好线与线之间的穿插和呼应关系，是使画面富有节奏感的重要因素。同时，线的穿插呼应关系和透视关系对表现物象的空间感、层次感起着重要的作用。不同方向的线在组织穿插的情况下给人的前后方向感是不一样的，它可以直接表现物体的透视方向。而速写不同于线描，如果每一处的刻画都像线描一样，那么线与线之间的穿插呼应便失去了速写富有节奏、流畅淋漓的韵味。

（2）线的取舍与提炼

速写训练中，基本形确定之后，对于线的处理应注意以下几点："衣纹线"忌平行，注意疏密对比，体现结构；"结构线"要准确，贴皮肤处要实一点；"惯性线"不要画得太多、太重。

（3）线的对比

在速写中，线的对比能发现物体形体比例、透视关系的准确性。速写强调在形体比例、动态、透视等几方面准确的前提下，利用和强调线的对比。这通常有以下几种对比手法：线的曲直对比、线的浓淡对比、线的虚实对比、线的长短对比、线的疏密对比、线的粗细对比。

（4）关于结构

速写的目的在于培养正确的观察方法及严格的造型能力。写生者必须具备扎实的人体解剖知识，这样在写生中才能做到游刃有余。人体的内部结构是没有变化的，变化的只是随着人体运动的动态、衣纹等。因此，线的运用与结构有着密不可分的关系，做到表现方法要为表现结构服务。如图1−13。

图 1−13 陈玉先作品 3

四、观察与表现的作用

速写能培养我们敏锐的观察能力，使我们善于捕捉生活中美好的瞬间。

速写能培养我们的绘画概括能力，使我们能在短暂的时间内画出对象的特征。

速写能为创作收集大量素材，好的速写本身就是一幅完美的艺术品。

速写能提高我们对形象的记忆能力和默写能力。

速写能探索和培养具有独特个性的绘画风格。

经常练习速写，能使我们迅速掌握人体的基本结构，熟练地画出人物和各种动物的动态和神态，对创作构图的安排和情节内容的组织会有很大的帮助。

总之，速写是不能急功近利的，它所积蓄的能量只有持之以恒、坚持不懈才能体会得到，它所体现的内容的丰富性和表现的灵活性，可以为今后从事游戏美术创作和设计积累下丰富的艺术素材。

第三节 色彩基础

一、色彩

当光线照射到物体后会使视觉神经产生感受，于是便有了色彩的存在。梵高油画作品，如图1-14。

图 1-14 梵高油画作品

二、色彩的基本特性

有彩色系的颜色具有三个基本特性：色相、纯度（饱和度）、明度，在色彩学上也称为色彩的三大要素或色彩的三个属性。

1. 色相

色相是指能够比较确切地表示某种颜色色别的名称，如玫瑰红、橘黄、柠檬黄、钴蓝、群青、翠绿等。从物理光学上讲，色相是由射入人眼的光线的光谱成分决定的。对于单色光来说，色相取决于该光线的波长；对于混合色光来说，则取决于各种波长光线的相对量。物体的颜色是由光源的光谱成分和物体表面反射（或透射）的特性决定的。

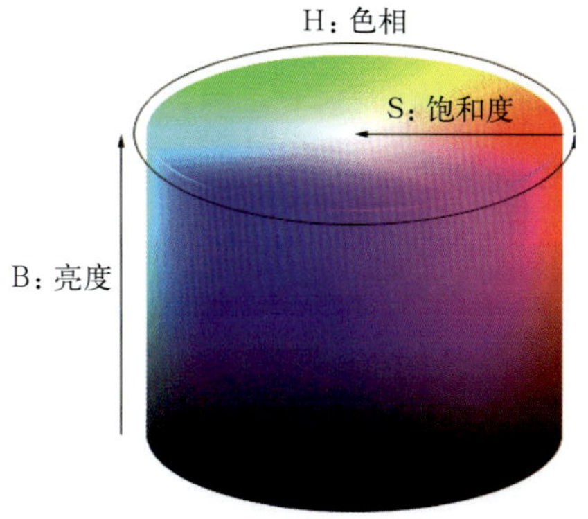

2. 纯度

色彩的纯度（饱和度）是指色彩的鲜艳程度，它表示颜色中所含的色彩成分的比例。色彩成分的比例越大，色彩的纯度越高，否则色彩的纯度便越低。

纯度最高的色彩就是原色，随着纯度的降低，原色就会变化为暗淡的、没有色相的色彩。纯度降到最低就会失去色相，变为无彩色。同一色相的色彩，不掺杂白色或者黑色，则被称为纯色。在纯色中加入不同明度的无彩色，会出现不同的纯度。以蓝色为例，向纯蓝色中加入一点白色，纯度下降而明度上升，变为淡蓝色。继续加入白色，其颜色会越来越淡，纯度下降，明度会持续上升。加入黑色或灰色，则相应的纯度和明度同时下降。当掺入的色彩达到很大的比例时，原来的颜色就失去本来的光彩，而变成掺和的颜色了。当然，这并不是说在这种被掺和的颜色里已经不存在原来的色素了，而是由于大量掺入其他色彩而使得原来的色素被同化，人的眼睛已经无法感觉出来了。

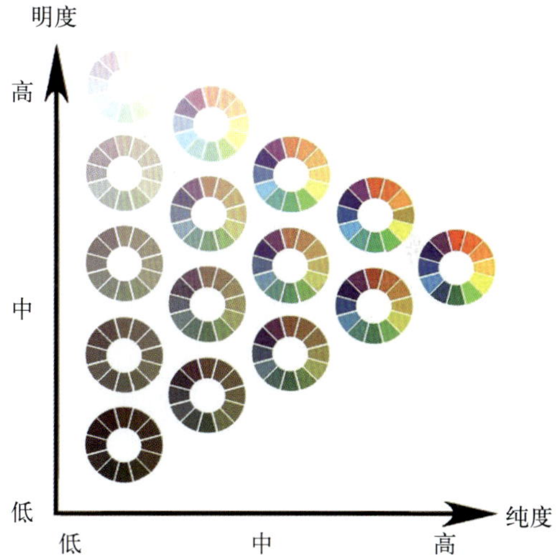

图 1-15 色彩三要素

3. 明度

明度是指色彩的明亮程度，各种有色物体会由于它们反射光量的区别而产生颜色的明暗强弱。色彩的明度有两种情况。一是同一色相的不同明度，如同一颜色在强光照射下显得明亮，弱光照射下显得较灰暗、模糊；同一颜色加黑或加白掺和以后也能产生各种不同的明暗层次。二是不同色相的不同明度。每一种纯色都有与其相应的明度。黄色明度最高，蓝紫色明度最低，红、绿色明度居中。色彩的明度变化往往会影响到纯度，如红色加入黑色以后明度降低了，同时纯度也降低了；如果红色加白则明度提高了，纯度却降低了。

色相、纯度和明度这三个特征是不可分割的，应用时必须同时考虑这三个因素。如图1-15。

三、色彩的规律

在学习色彩画之前，必须懂得一些色彩知识。因为色彩画即是色彩造型，用色正确与否直接关系到一幅画的成败。初学者可能常听到老师告诫说：“色彩凭感觉。”这句话不应当理解为被动地追逐视觉感受。色彩感觉固然很重要，自然界的色彩主要就是凭我们眼睛去感受，但作画不能单凭感觉，还应懂得色彩规律，这样才能更好地识别和理解色彩，从而在写生和创作中运用自如。因为，感觉只解决现象问题，理解才能够解决本质问题。

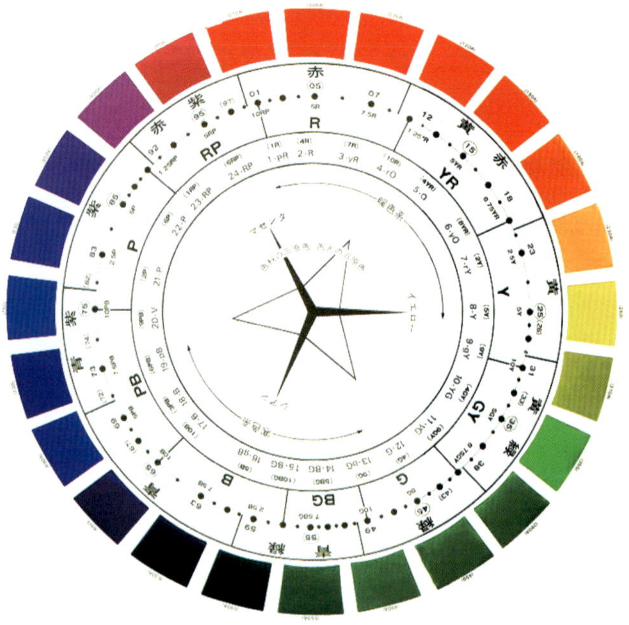

图 1–16 色相环

除了生理上的色盲患者以外，任何人都有感觉色彩的能力，问题在于：如何正确认识色彩，掌握色彩的变化规律，再通过实践运用到绘画中去？我们反对色彩第一论，同时也反对色彩神秘论或不可知论。“色彩是不可捉摸、不可认识的，是无规律可循的，掌握色彩要靠天赋”的说法是错误的。任何事物都有其自身的规律性，虽然色彩变化的规律比起形体结构的规律较为复杂和较难掌握，但由于当今世界自然科学特别是光学的发展，人们对色彩变化规律的认识已越来越深入，并广泛地运用。色彩有它自身的规律：其一是冷暖变化的规律，其二是强弱变化的规律。我们要训练自己善于发掘、善于运用它的能力。我们要训练我们的眼睛，在实践中不断检验和修正我们的感觉，培养一双“画家的眼睛”，这样才能看出自然物象的色彩关系，敏锐地观察复杂细微的色彩变化。

有人认为，色彩知识在色彩写生技术课上附带讲讲就行了，这是轻视“色彩理论指导绘画实践的重要性”的表现。色彩理论知识的内容是丰富的，学习绘画就必须通过系统地学习色彩知识、剖析色彩现象、理解色彩原理、掌握色彩变化规律，来训练自己用有限的颜料去表现无限丰富的色彩世界的能力。如图1–16。

四、色彩与绘画的关系

在我们将要从事的美术和美术设计工作中，一般都离不开色彩。马克思认为“色彩的感觉是美感最普及的形式”，美术工作者是离不开色彩这个“最普及的形式”的。人们看画，首先引人入胜的是画面的色彩效果。中国画、油画、水彩画、水粉画、装饰画等绘画艺术，都要涉及色彩因素。游戏美术大多都是在电脑上进行绘画，在运用色彩上，使用的工具和表现方法会有所不同，但色彩的规律是共同的。如果不研究色彩、运用色彩，就难以创作出有艺术感染力的美术作品。所以，色彩作为一个重要的造型因素，在专业基础训练和创作或游戏美术设计中是必不可少的。我们应该深刻理解色彩存在的艺术价值，同时重视对色彩规律的学习和研究。如图1–17。

五、色彩在绘画中的作用

色彩是绘画的重要艺术语言，也是一种重要的表现手段和必要条件之一。在绘画中，色彩起着独特的作用。它在塑造人物、描绘景物中可以起到引人入胜、增强作品艺术效果的作用。巧妙地运用色彩能增加美术作品的光彩，给人的印象也更强烈、更深刻，塑造的艺术形象能够更真实、更准确和更鲜明地表现生活和反映现实，因而也就更富有吸引力和艺术感染力。我们经常看到，有的绘画作品虽然构图一般，但由于色彩处理得恰当，还是能吸引观众。与此相反，有的作品如果在构图、素描、透视、解剖等方面都具有一定水平，但在色彩处理和运用上存在问题，这幅作品也就逊色了。

色彩是现实生活中的一种客观存在和视觉感受。大千世界五彩缤纷，一切物体无不有着各自的鲜明色彩，人类发展的各个方面都与色彩有着千丝万缕的关联。在绘画艺术中，色彩是重要的艺术

图 1-17 莫奈作品

图 1-18 魔兽原画作品

表现手段。在院校的美术教学体系中，色彩学向来是专业教学中举足轻重的一部分，这是因为色彩是画面结构的重要元素和表现手法，是诸多绘画形式中能够给予受众最快速有效、最具张力的视觉表现，也是构成绘画艺术基调和风格的基本形态。不同的画面色彩关系会引起受众不同的联想和情感变化，产生独特的艺术感染力。可以说，色彩是绘画艺术中的生命，有着不可忽视的重要意义和作用。如图1-18。

六、游戏贴图案例欣赏

游戏贴图其实是在平面上绘制出物体的结构、体积和色彩关系，是三维游戏美术制作中的一个非常重要的环节。一款游戏的优劣很大程度上取决于游戏画面的优劣，优秀的游戏贴图能提升整个游戏画面的效果。作为一名优秀的贴图绘制人员，要能够详细地描绘出游戏场景中出现的所有物体的表面特征和细节，游戏贴图将弥补游戏模型因为面数的限制而在造型细节表现方面的不足。游戏贴图的绘制是游戏设计中最具挑战性的一个方面。在游戏贴图的绘制中，由于对结构和颜色有较高的要求，所以要求游戏美术工作者必须具有良好的美术基本功。如图1-19。

图 1-19 《魔兽世界》的贴图作品

模型上的很多结构和细节都是通过贴图表现出来的，贴图的每个部分都要表现得清楚、准确，比如金属的质感和厚重感、布的褶皱纹理、皮肤的半透明质感等。写实风格的贴图不仅色调要接近真实的效果，还要叠加一些真实的纹理以达到非常逼真的效果。卡通风格的贴图，其色调和结构都比较夸张。

网络游戏贴图的绘制通常需要模拟引擎的光源来画出基本的明暗和阴影关系，特别是细节部分。

根据游戏贴图项目的要求，游戏贴图的大小有一定限制，我们要在有限的空间里尽可能好地表现贴图，以提高其质量。

图1–20是《魔兽世界》场景的模型，其面数相当低，贴图尺寸也很小，但细节非常丰富。

图 1–20 《魔兽世界》场景

1. 写实风格贴图

游戏《剑侠情缘》角色的贴图效果，如图1－21。

2. 卡通风格贴图

网游《口袋西游》角色的贴图效果，如图1－22。

图 1－21 《剑侠情缘》角色贴图

图 1－22 《口袋西游》角色贴图

本章小结

美术基础是3D游戏美术设计的必备条件，对学生的造型能力、设计能力、审美水平的培养都起着非常重要的作用。3D游戏美术设计师的工作是通过建立模型、绘制贴图，把游戏中各种角色、道具、场景都逐一制作出来。一个没有美术基础的人很难制作出比例协调的模型，绘制出细节丰富的贴图，游戏公司对美术设计师的基本要求就是要具有扎实的美术基础。打好扎实的美术基本功，并不是一件轻松的事情，需要不断地探索和实践，反复思考，在实践和思考中飞跃，不断攀登艺术高峰。对于有志投身于游戏美术这一行的人来说，先沉下心来踏踏实实地打好美术基础，就是迈向游戏行业的第一步。

思考与练习

1.美术基础对于游戏制作有什么重要性？

2.游戏贴图的绘制遵循什么原理？

3.怎样通过贴图来表现模型的结构和细节？

第二章

游戏美术软件基

第一节 3ds Max 软件基础

一、3ds Max 简介

3ds Max（或称Max）是Autodesk公司开发的基于PC系统的三维动画渲染和制作软件，其前身是基于DOS操作系统的3D Studio系列软件，最新版本是2014版。3ds Max广泛应用于影视动画、建筑设计、广告、多媒体制作、游戏、科研等领域。3ds Max在中国十分流行，成为目前极为优秀、使用非常广泛的三维游戏制作软件之一。如图2–1、图2–2。

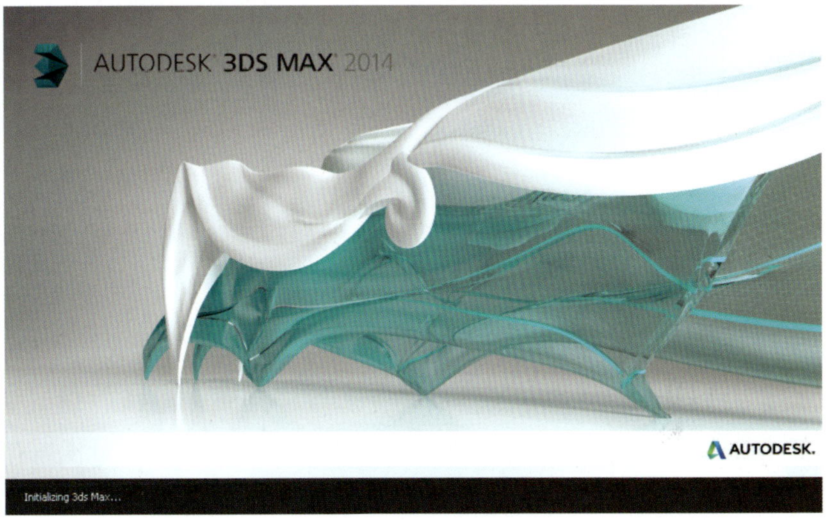

图 2–1 3ds Max 界面

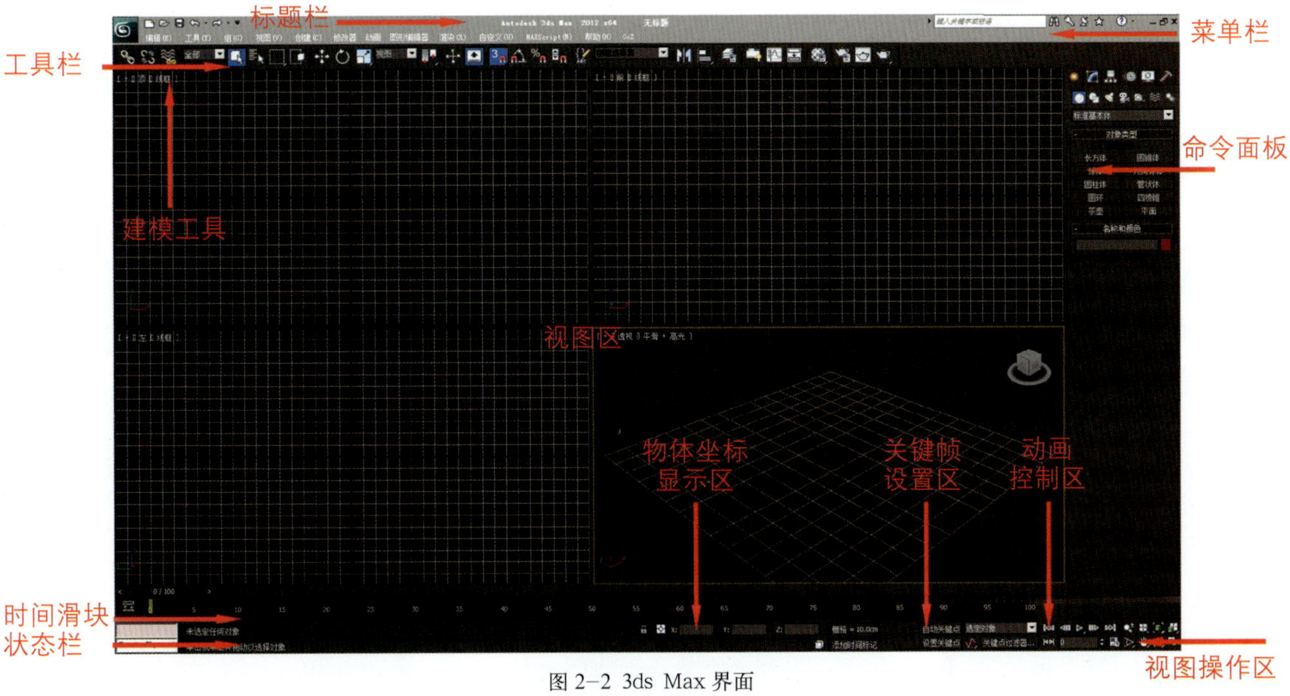

图 2–2 3ds Max 界面

二、3ds Max 在游戏美术设计中的基本运用

随着CG产业逐渐地发展壮大，3ds Max被广泛运用于游戏领域，其强大的功能、直观简便的操作方法、各种实用的插件，使人们可以更容易地创造出专业的模型和形象逼真的动画，利用它制作出来的效果图可以达到十分逼真的效果。3ds Max可以说是游戏开发的“排头兵”，在《反恐精英》

《暗黑》《魔兽世界》《传奇》《古墓丽影》等游戏的设计中都立下了汗马功劳。游戏美术设计主要运用3ds Max的多边形建模、UV贴图、角色动作、特效等技术，完成各种各样的武器道具、场景、怪兽、角色等制作。

第二节 3ds Max 建模基础

一、二维图形的创建和编辑

二维建模是在二维图形的基础上增加一些命令生成三维模型的过程。要进行二维建模，首先要掌握二维图形的创建和编辑技能。二维图形可创建线、圆、弧、多边形、文本、截面、矩形、椭圆、圆环、星形、螺旋线等图形。二维图形的创建是通过图形创建面板来完成的，如图2–3。

我们来介绍一下线的创建，如图2–4。其方法如下：

①通过单击和拖动鼠标改变线上点的类型。

②按键盘上的<Shift>键，并移动鼠标可以绘制水平和垂直的线，返回键可重新绘制点。

③单击鼠标右键完成当前线的绘制，接着进入下一个线的绘制，如结束对线的创建则单击鼠标右键。

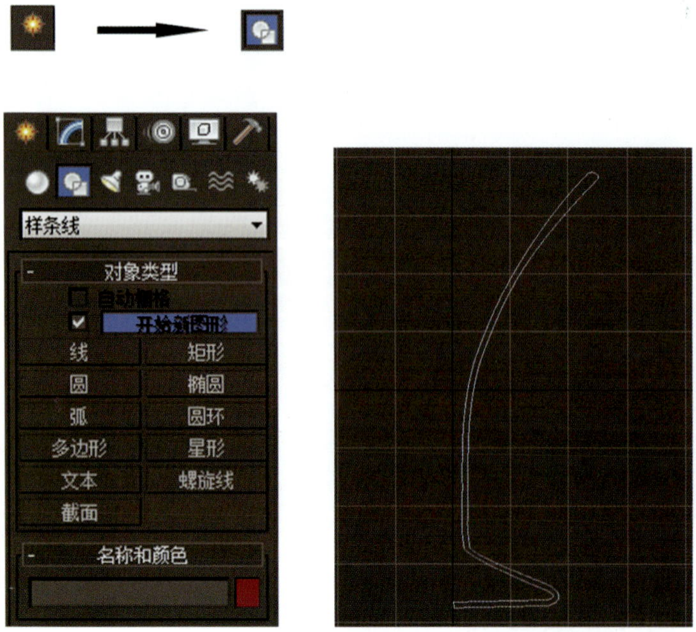

图 2–3 二维图形面板

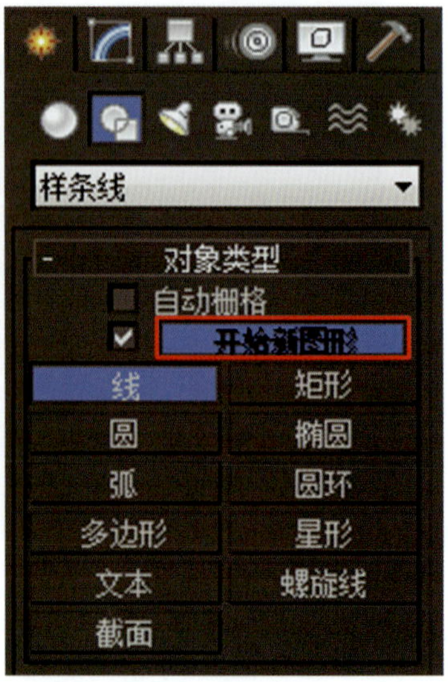

图 2–4 线的创建

注意：勾选“开始新图形”复选框，创建的图形就是独立的新的图形。不勾选“开始新图形”复选框，创建的二维图形就会成为当前创建的二维图形的一部分。

二、二维图形中线的类型

在3ds Max里，线是可控的曲线，由顶点、线段、样条线三部分组成，它通过数学公式计算生成。在设计中线的点、线段及z线的空间位置不同，可得到不同的模拟效果，从而最终达成设计的效果。如图2–5。

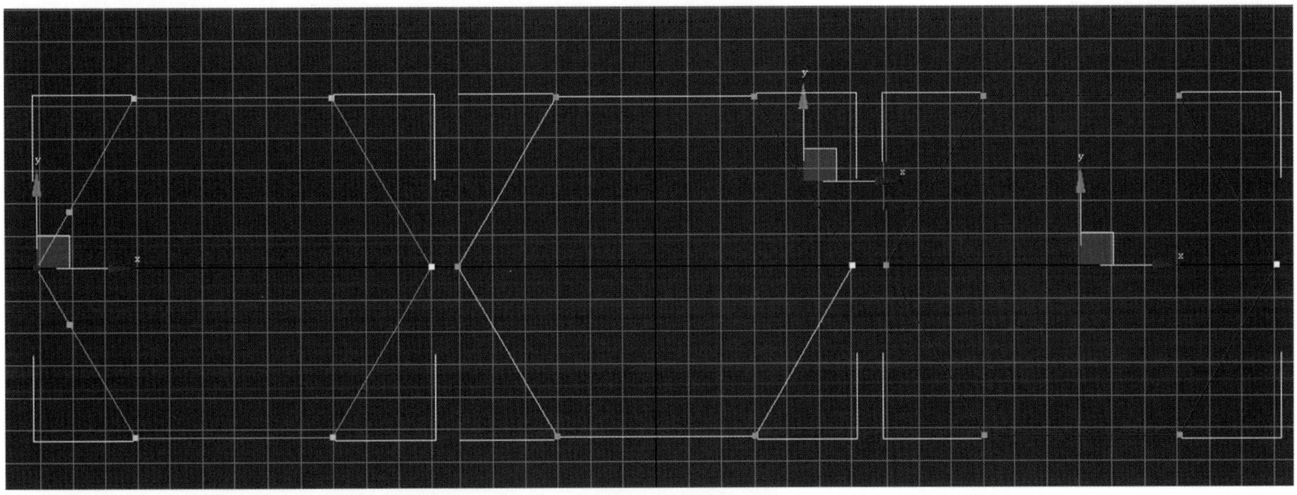

顶点　　线段　　样条线

图 2–5 线的类型

三、顶点的类型

顶点的类型可分为角点、平滑、Bezier、Bezier角点四种类型，我们可根据不同的需要对点进行编辑，如图2–6。

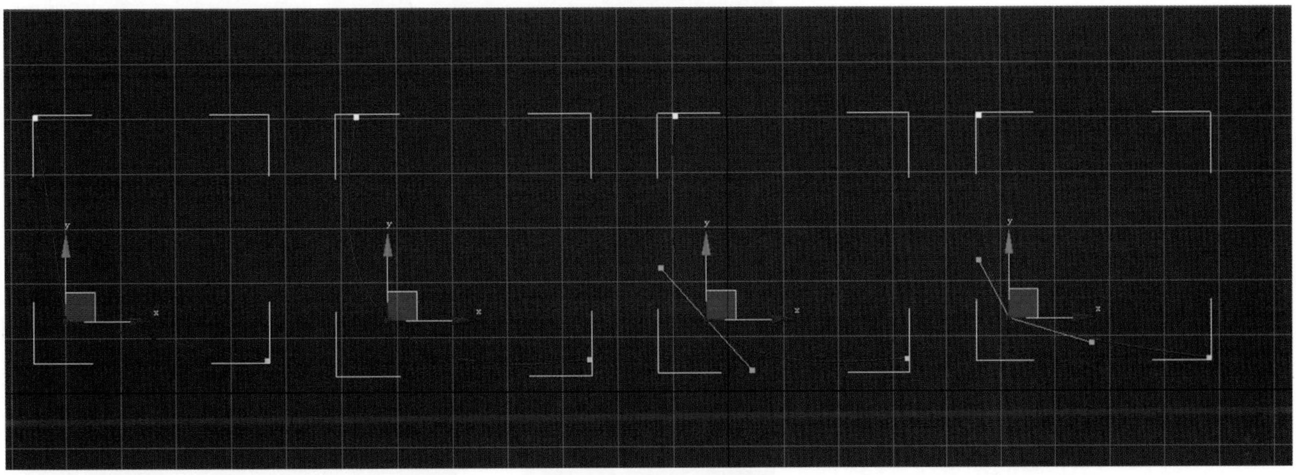

角点　　平滑　　Bezier　　Bezier 角点

图 2–6 顶点的类型

四、二维图形的共有属性

在默认情况下，二维图形不能被渲染，勾选“在渲染中启用”才可以把二维图形渲染出来。“阈值”决定近视样条线的直线段数。“步数”决定在线段的两个节点之间插入的中间点数，参数

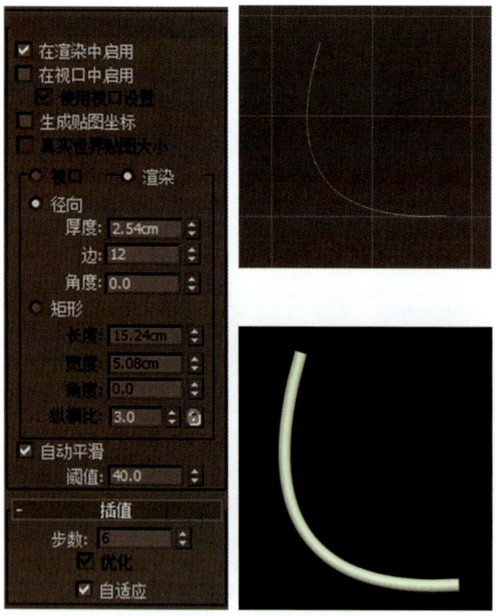

图 2–7 二维图形的属性

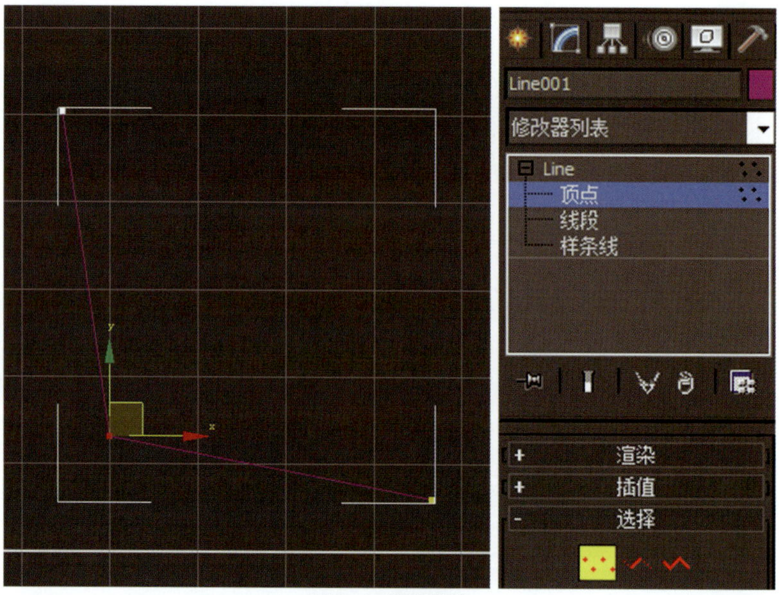

图 2–8 线的编辑

的取值范围是0～100，该数值越大，插入的中间点就越多。如图2–7。

五、编辑样条线修改器

线可以直接通过顶点、线段、样条线进行编辑。如图2–8。

除了线以外，其他二维图形都需要转换成“可编辑样条线”才能进行编辑。如图2–9。

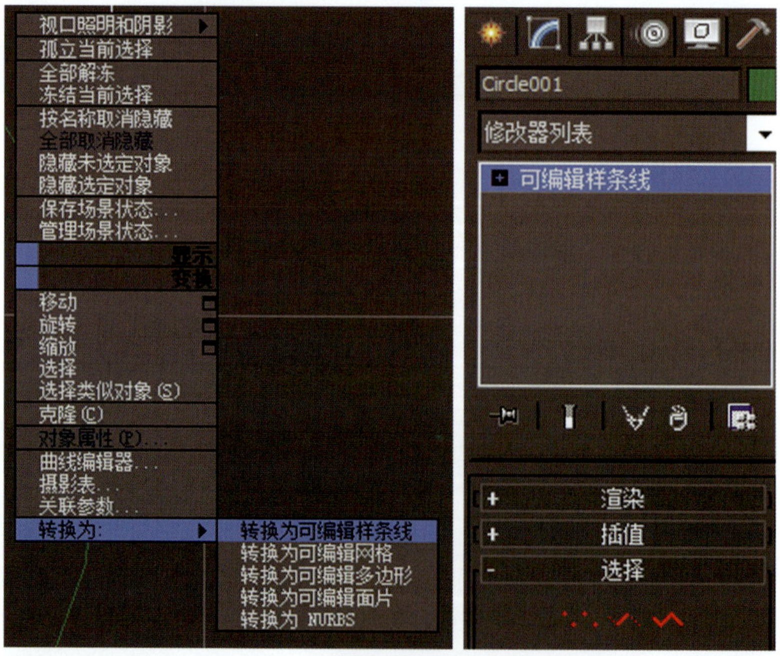

图 2–9 其他二维图形的编辑

六、应用于样条线的修改器

1．挤出修改器

挤出修改器用于：沿着二维对象的局部坐标系的Z轴给二维图形增加一个厚度，还可以沿着拉伸方向给二维图形指定段数。如果二维图形是封闭的，可以指定拉伸的对象是否有顶面和底面。

①创建一个星形，将半径1设为50cm，半径2设为25cm，如图2–10。

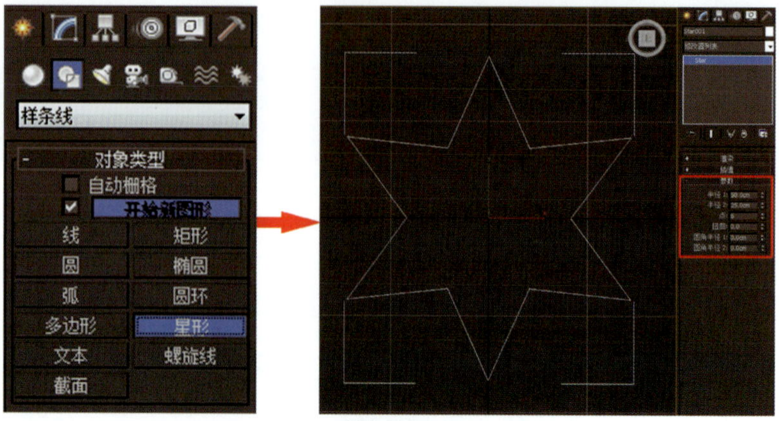

图 2–10 创建星形

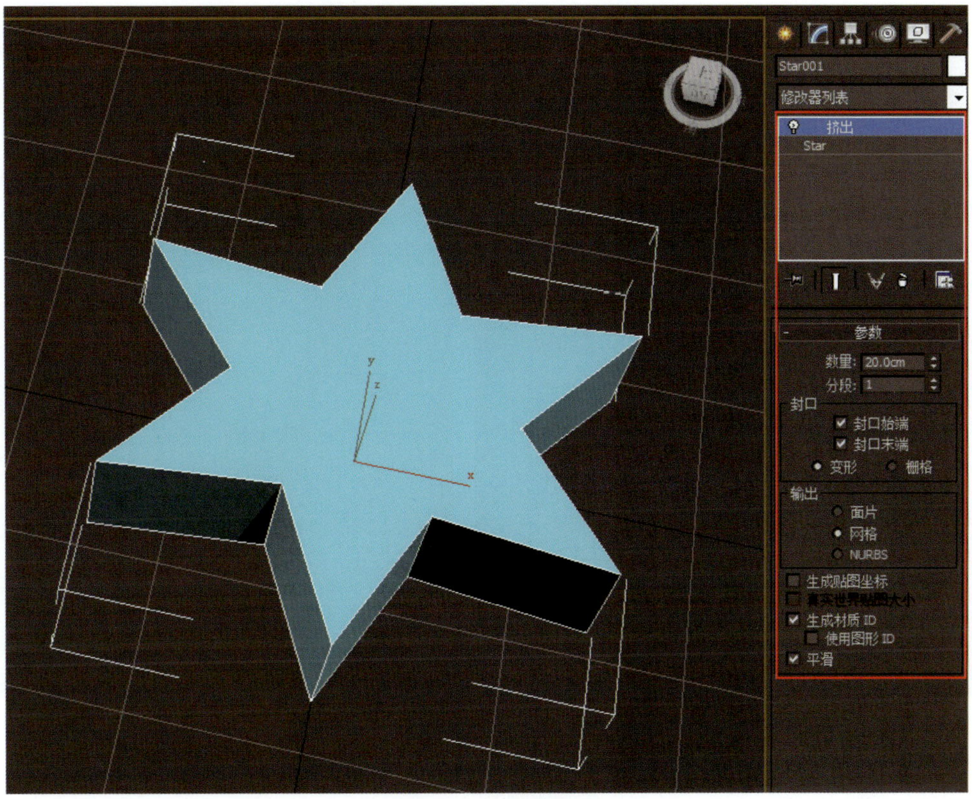

图 2-11 设置数值

②增加挤出修改器，将数量设置为20cm，如图2-11。

2. 车削修改器

车削修改器是绕指定的轴向旋转二维图形，使二维图形转变为三维图形的一种成型工具。它常用来建立诸如高脚杯、盘子和花瓶等模型。旋转的角度为0°～360°。

①用二维图形“线”创建高脚杯截面图形，如图2-12。

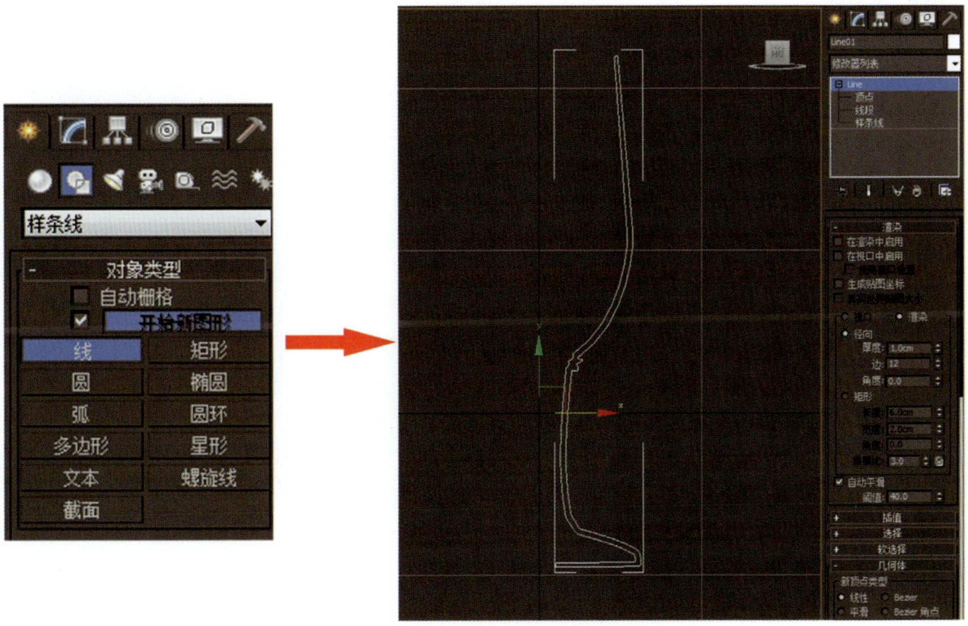

图 2-12 创建高脚杯截面图形

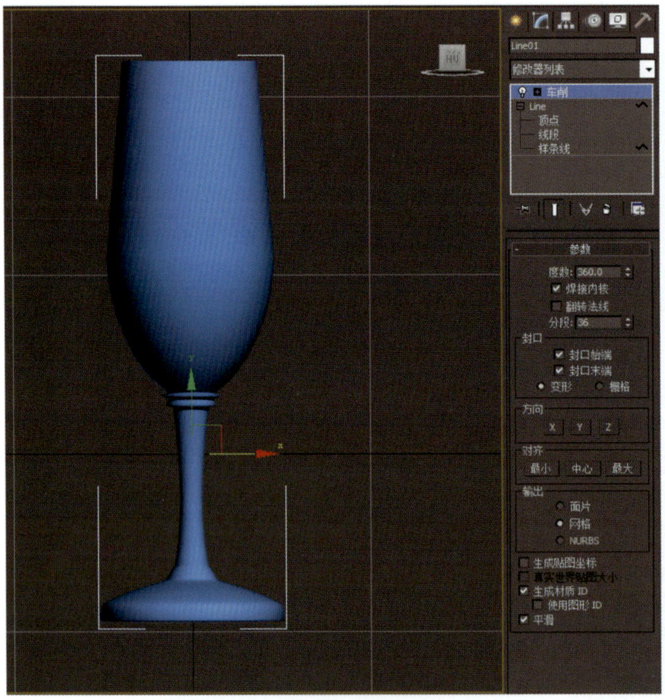

图 2-13 生成高脚杯模型

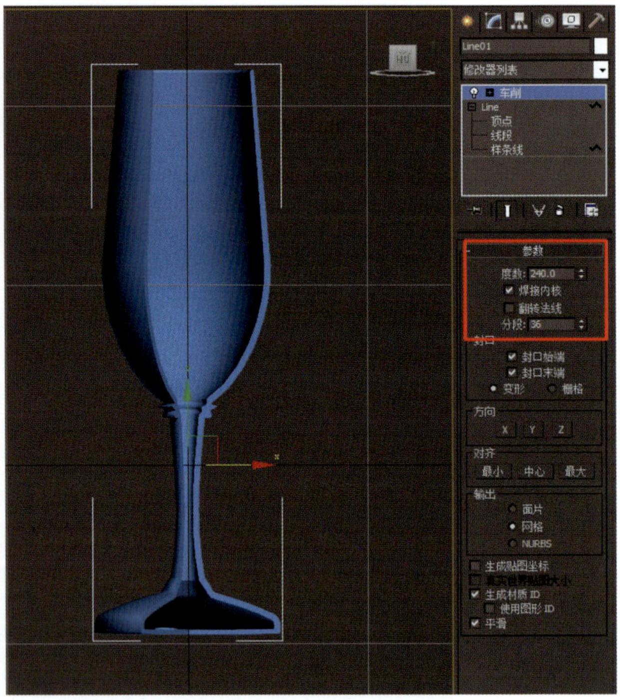

图 2-14 设置旋转度数

②增加车削修改器，让高脚杯截面图形绕轴旋转，生成高脚杯模型，如图2-13。

③将旋转度数设置为240，如图2-14。

3．倒角修改器

倒角修改器与挤出修改器类似，但是比挤出的功能要强一些。它除了沿着对象的局部坐标系的Z轴旋转对象外，还可以分3个层次调整截面的大小，创建诸如倒角字一类的效果。

①在二维图形“文本”里输入黑体字母“MAX”，创建二维图形“MAX”，如图2-15。

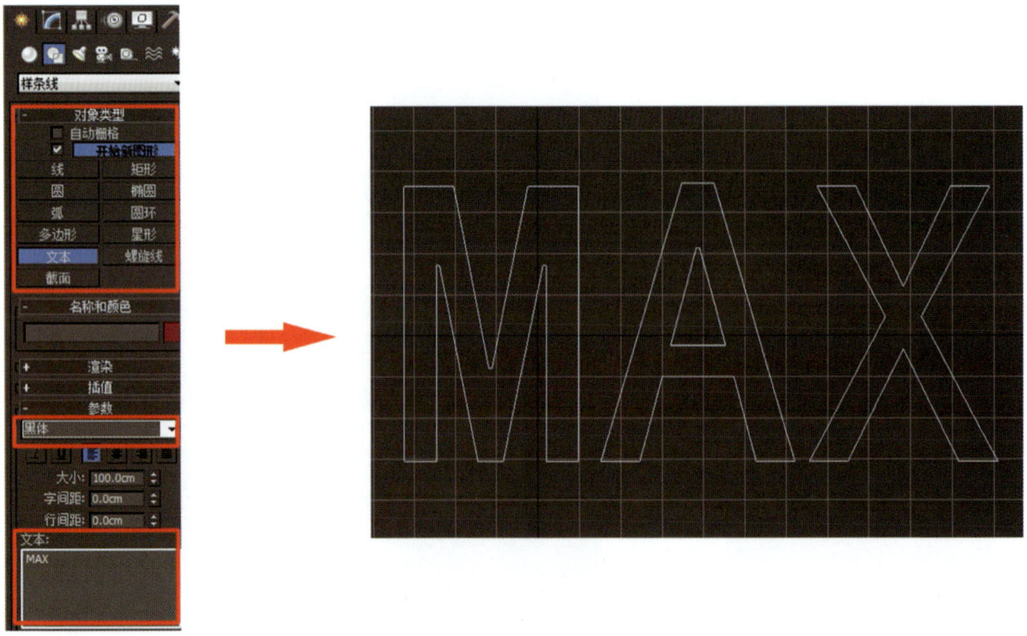

图 2-15 创建二维图形

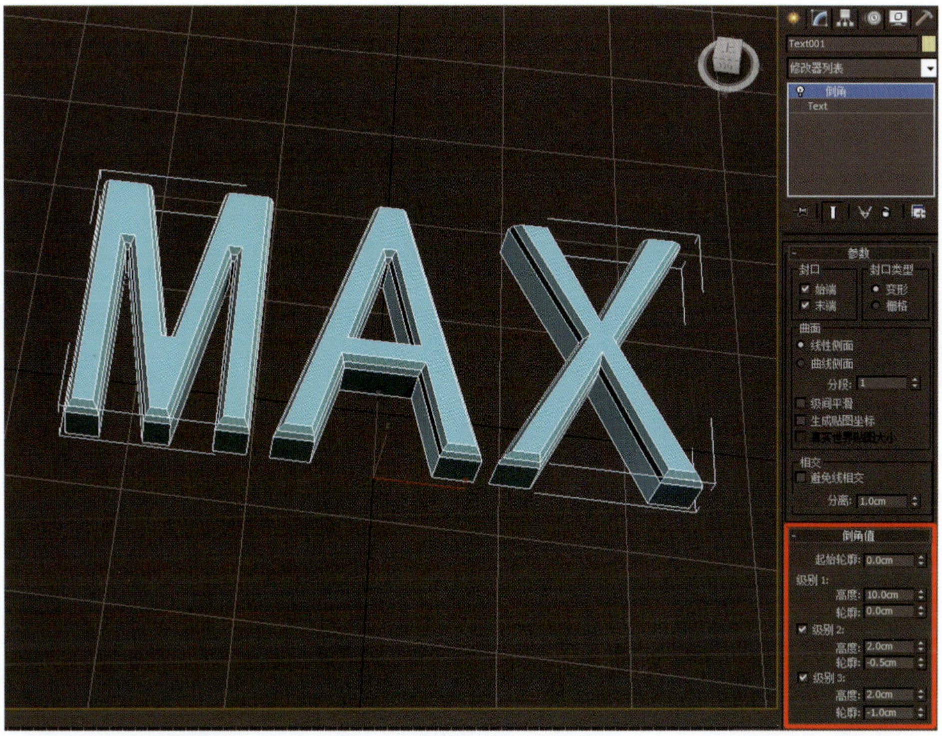

图 2–16 设置 3 个级别的数值

②增加倒角修改器，将倒角值级别1的高度设置为10cm，轮廓为0cm；将级别2的高度设置为2cm，轮廓设置为−0.5cm；将级别3的高度设置为2cm，轮廓设置为−1cm，如图2−16。

4. 倒角剖面修改器

倒角剖面修改器的作用类似于倒角修改器，但是比前者的功能更强大些，它是用一个称之为侧面的二维图形来定义截面大小的，因此三维图形的变化更为丰富。

①创建一个矩形，将长度设置为80cm，宽度设置为50cm，再用二维图形“线”创建一个截面，如图2−17。

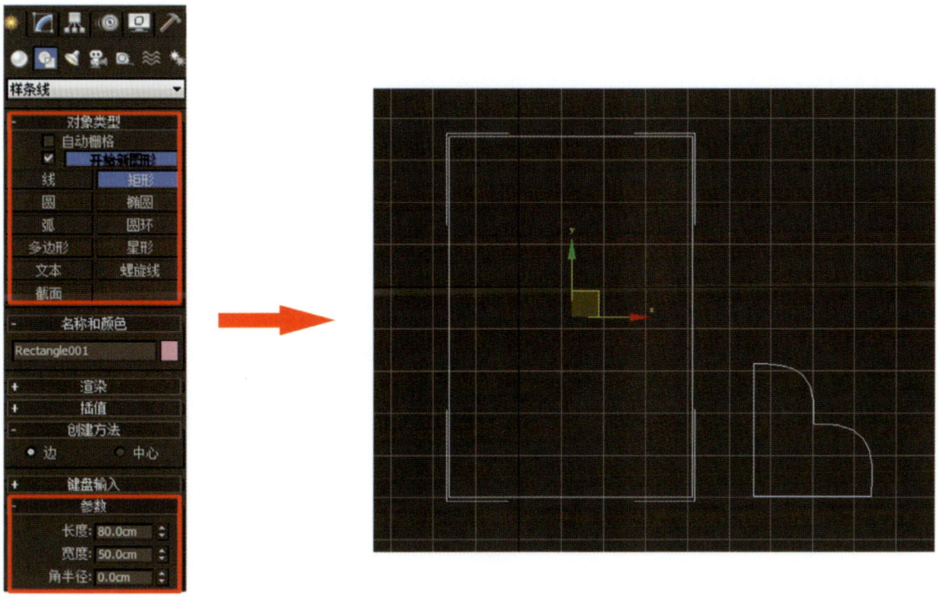

图 2–17 创建矩形与截面

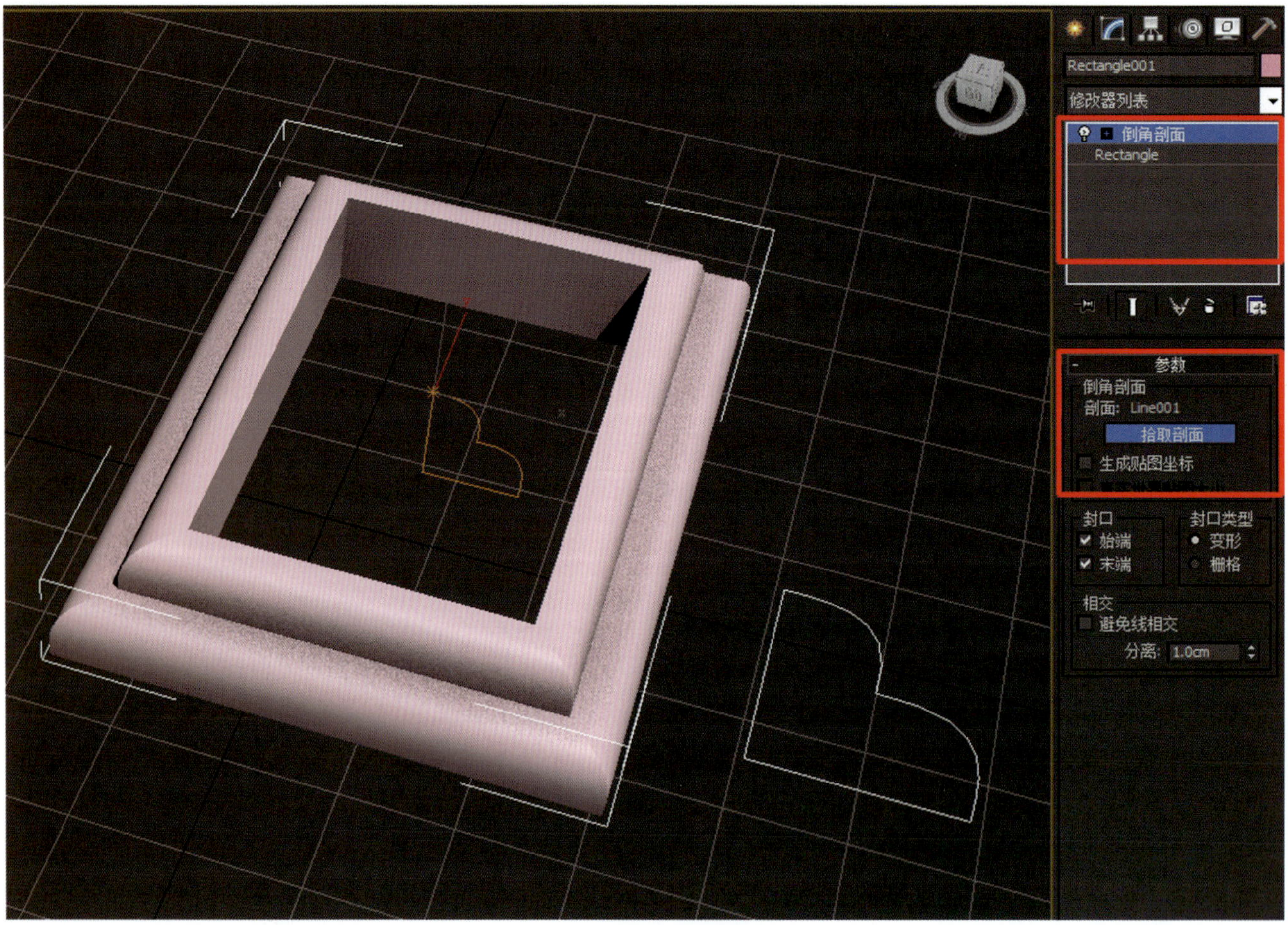

图 2-18 生成 3D 模型

②选择矩形，增加“倒角剖面”命令，选择“拾取剖面”后点击创建的截面来生成模型，如图 2-18。

七、归纳总结

二维图形是由一条或多条线组成的。线最基本的元素是顶点。在线上相邻两个顶点中间的部分是线段。我们可以通过改变顶点的类型来控制曲线的光滑度。

所有二维图形都有相同的渲染和插值卷展栏。如果二维图形被设置成可渲染的，就能指定它的厚度和网格密度。插值用来设置控制渲染结果的近似程度，线工具用来创建一般的二维图形，而其他标准的二维图形工具用来创建参数化的二维图形。

二维图形的次对象包括样条线、线段和顶点。要访问线的次对象需要选择修改面板，要访问参数化的二维图形的次对象需要应用编辑样条线修改器，或者将它转换成可编辑样条线。

应用一些如挤出、车削、倒角、倒角剖面等编辑修改器可将二维图形转换成三维几何体。

第三节 创建三维图形和编辑多变形

3ds Max中，所有原始模型的创建都在创建面板里。如图2−19、图2−20。

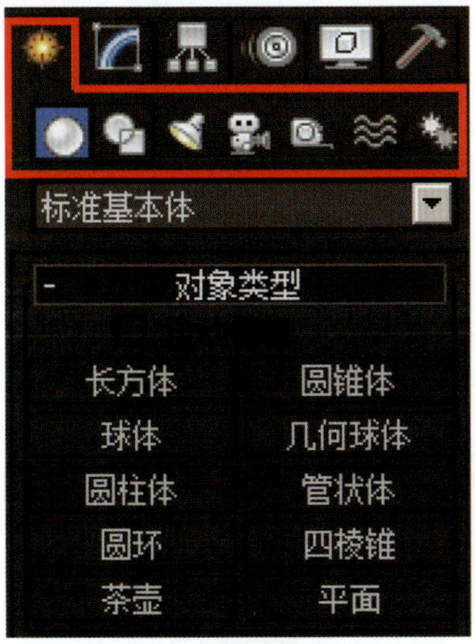

图 2−19 创建面板界面

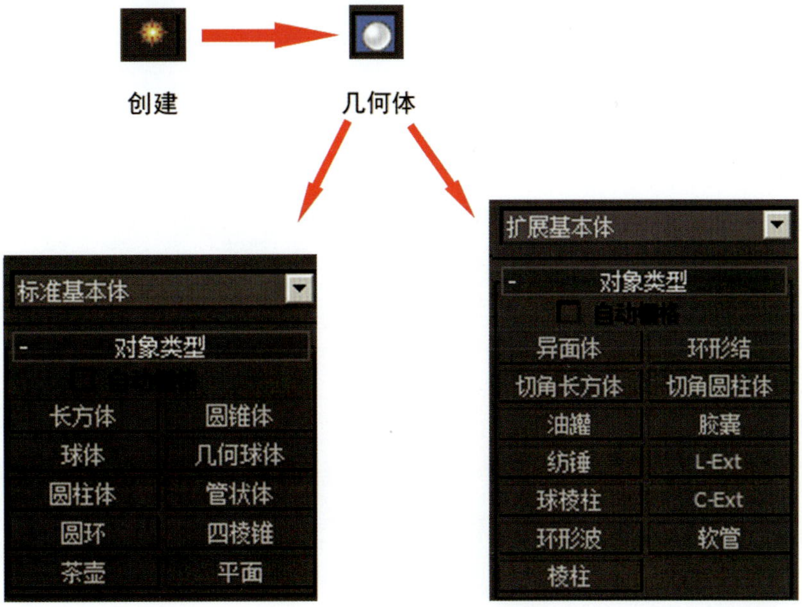

图 2−20 各对象类型的选择路径

一、三维图形的创建

1. 可编辑多边形修改器

多边形建模是由点构成边、由边构成多边形，再通过多边形组合来制作成用户要求的造型的。编辑多边形修改器提供选定对象的不同子对象层级的编辑工具：节点、边界、边界环、多边形面、元素。

一个物体是由点、面、多边形、元素等组成，通过编辑多边形对模型的点、线、面进行编辑，从而产生我们所需要的造型。如图2−21。

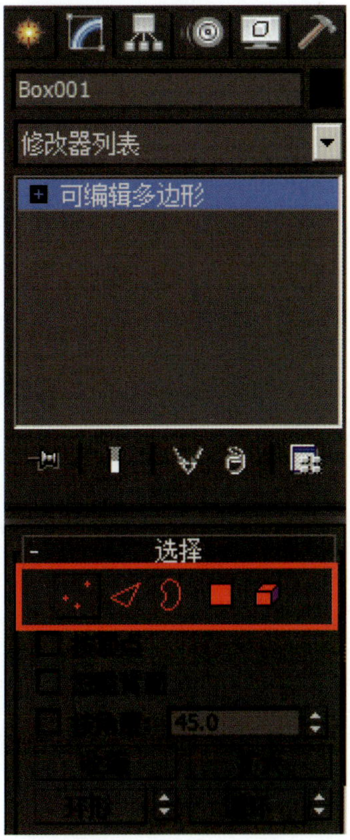

图 2−21 可编辑多边形界面

2. 可编辑多边形

编辑多边形是指通过模型的顶点、边、边界、多边形、元素对模型进行编辑。如图2−22、图2−23。

按顶点：按顶点选择（在边、边界、多边形层级下激活）。如在边的层级下，把“按顶点”勾选上，然后点击红线中的点。如图2−24。

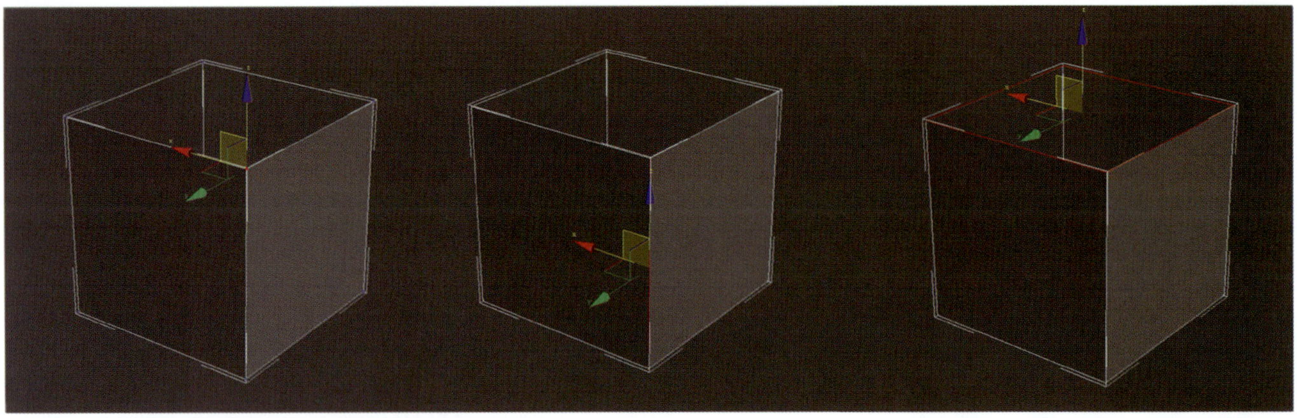

顶点　　边　　边界

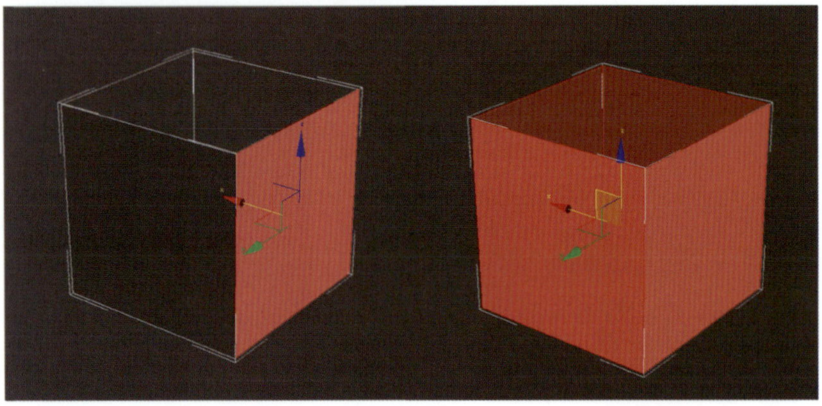

多边形　　元素

图 2-22 编辑多边形的 5 个要素

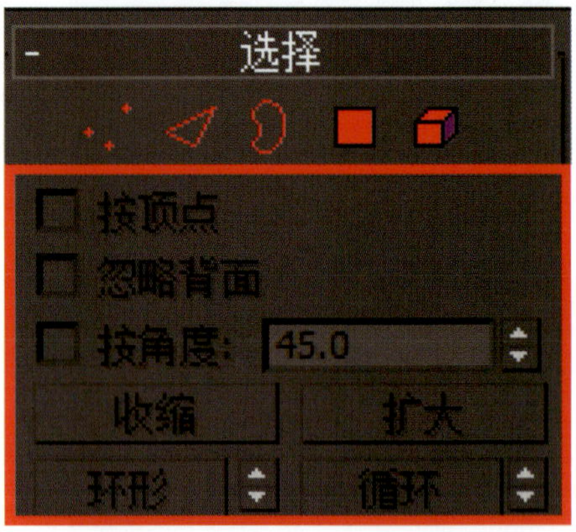

图 2-23 不同层级下的选项面板

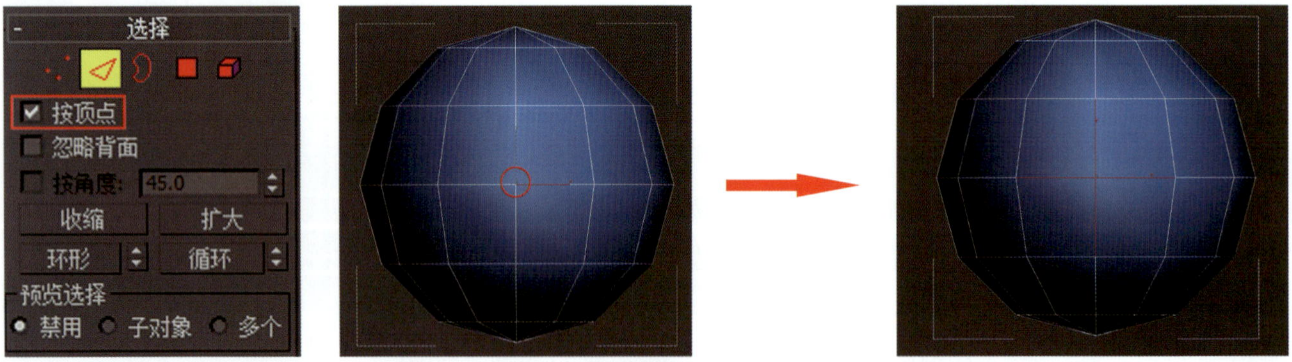

图 2-24 按顶点选择后的效果图

忽略背面:忽略背面的选择。

按角度：按角度选择（在多边形层级下激活），选中呈一定角度的所有面。

收缩/扩大：缩小选择，扩大选择。当在元素层级下，点击缩小或扩大时会同时选择减少或增加与其相连的一圈元素。如图2-25。

环形/循环：在边和边界层级下激活。当在线层级下选择一条边或一部分边后，按下“环形”可选择和它循环的所有边，按下右边的小箭头可以选择下一个与其循环的边。循环的原理和环形一样，只是所选择的边是与原边连接的。如图2-26。

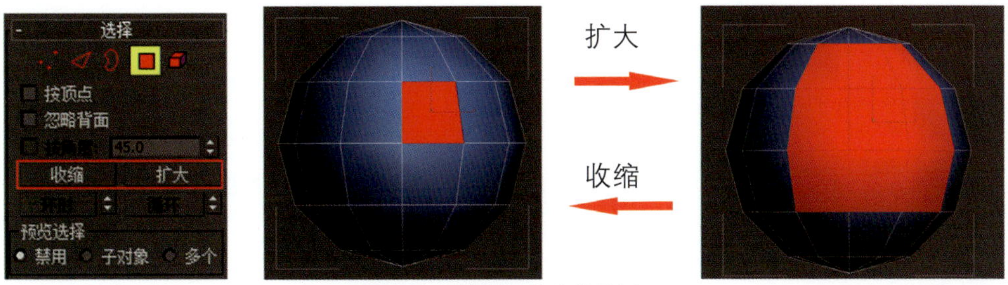

图 2–25 收缩 / 扩大效果图

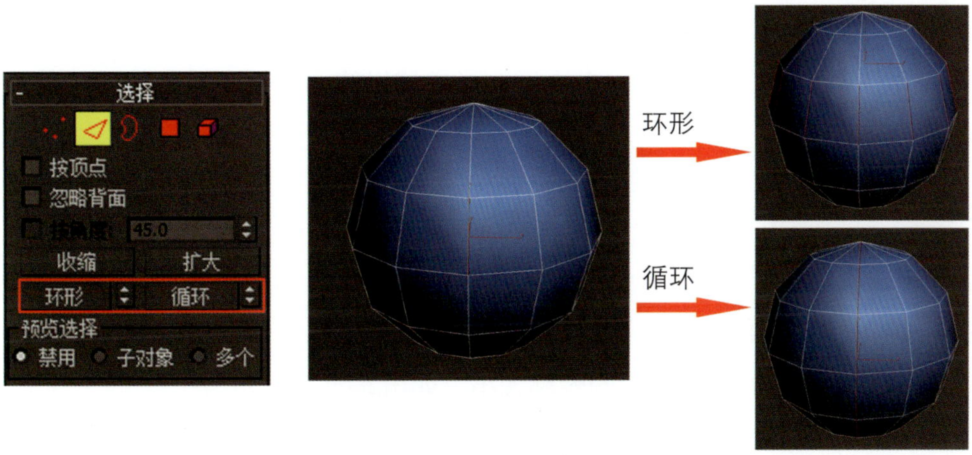

图 2–26 环形 / 循环效果图

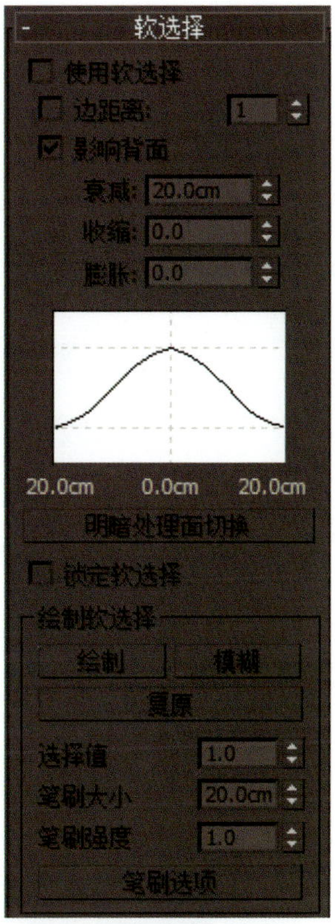

图 2–27 软选择界面

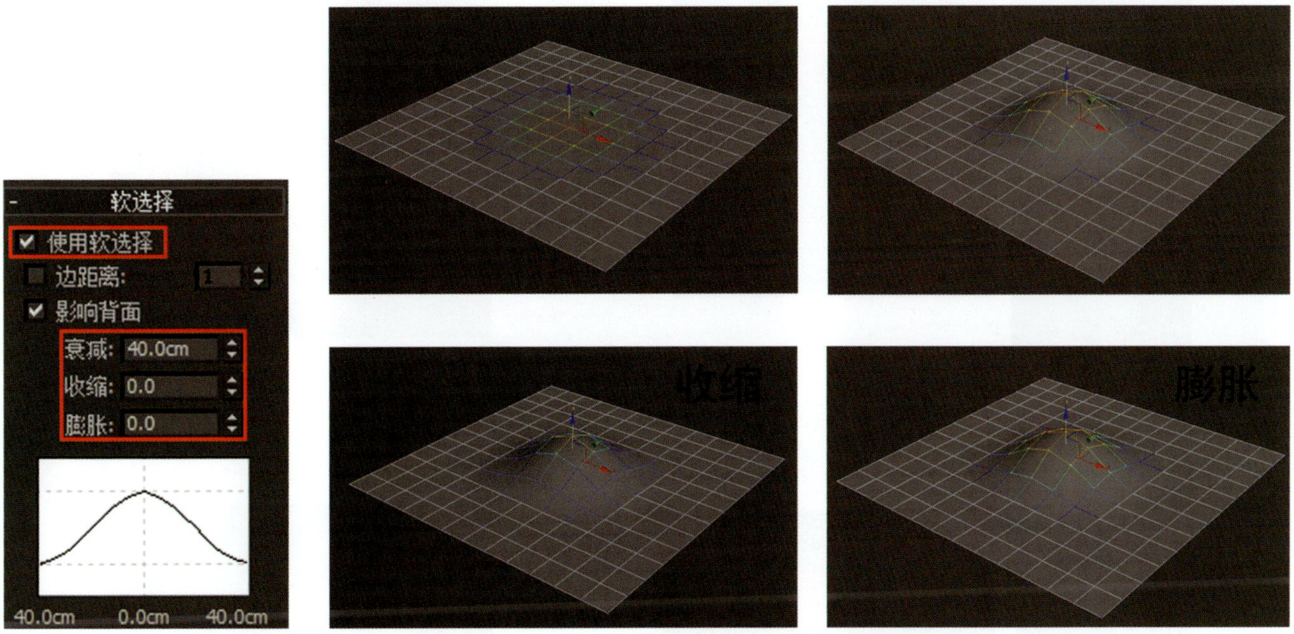

图 2–28 软选择效果图

软选择（图2–27）：勾选“使用软选择”，然后选择一个点就会出现向上移动的效果。如图2–28，红色区域为选择的点，然后影响值从黄色到蓝色渐弱，通过衰减、收缩和膨胀的数值大小来调整影响的点的范围。

二、常用编辑命令

1. 常用快捷键

数字键1、2、3、4、5分别代表顶点、边、边界、多边形、元素，<Alt+L>组合键代表环形，<Alt+R>组合键代表循环。

2. 挤出快捷键：<Shift+E> 组合键

在多边形层级下，选择多边形按“挤出”命令，挤出方式可以选择按组、局部法线和多边形。挤出顶点时，顶点会沿法线方向移动，并且创建新的多边形，形成挤出的面。挤出对象的面的数目与原来的数目一样。如图2–29。

3. 倒角快捷键：<Shift+Ctrl+B> 组合键

在多边形层级下，选择多边形“倒角”命令，倒角方式可以选择按组、局部法线和多边形。倒角方式为多边形时，这些多边形将会沿着法线方向移动，然后创建新的多边形，同时向外（正值）或向内（负值）进行倒角，可以指定拉伸的距离和面的轮廓大小。如图2–30。

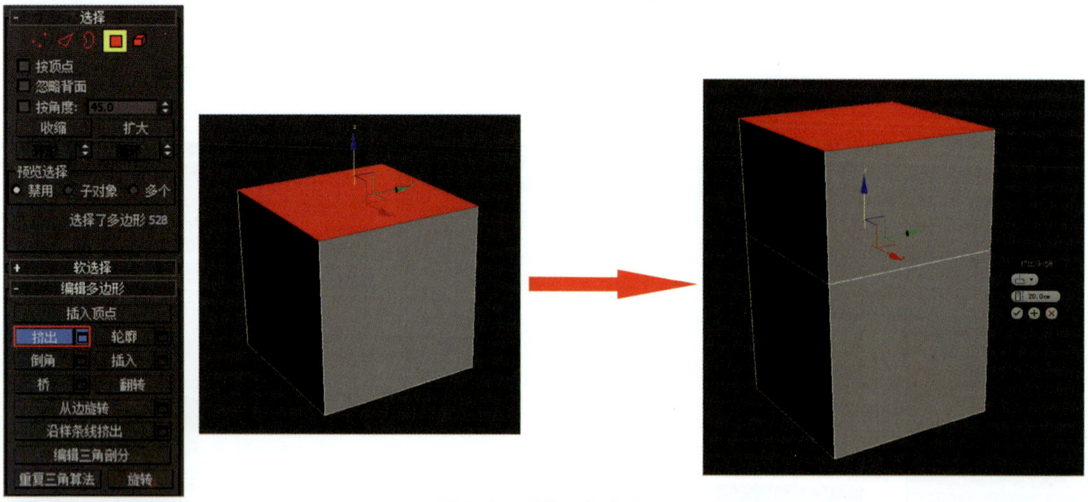

图 2–29 “挤出”命令

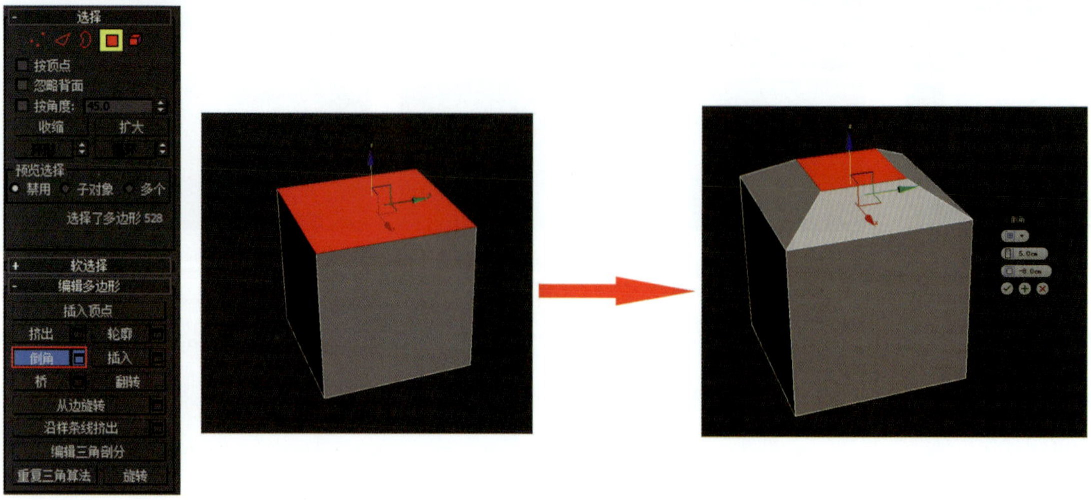

图 2–30 “倒角”命令

4. 插入

在多边形层级下，选择多边形“插入”命令，插入方式可以选择按组和多边形。“插入”是执行没有高度的倒角操作，即在选定的多边形平面内执行的操作，可以增加新的面轮廓。如图2–31。

5. 桥接

在多边形层级下，选择两个面，然后点击“桥”命令，就把选择的两个面桥接到一起了。如图2–32。

6. 沿样条线挤出

在多边形层级下，选择多边形的面，点击“沿样条线挤出”命令，再拾取创建的样条线，就会沿样条线生成新的模型。如图2–33。

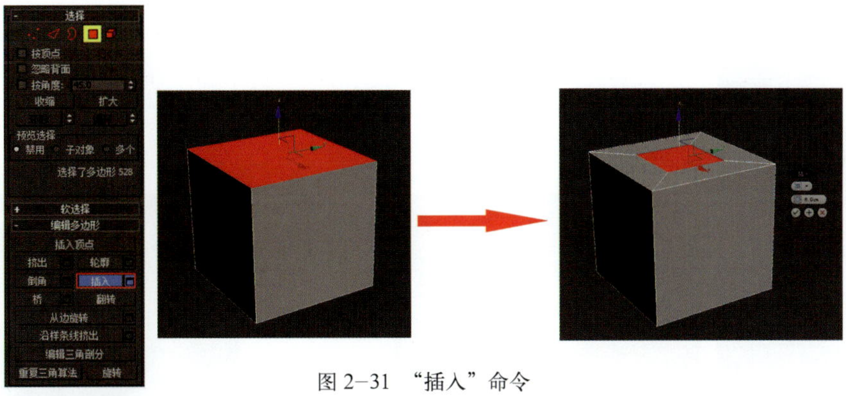

图 2–31 “插入”命令

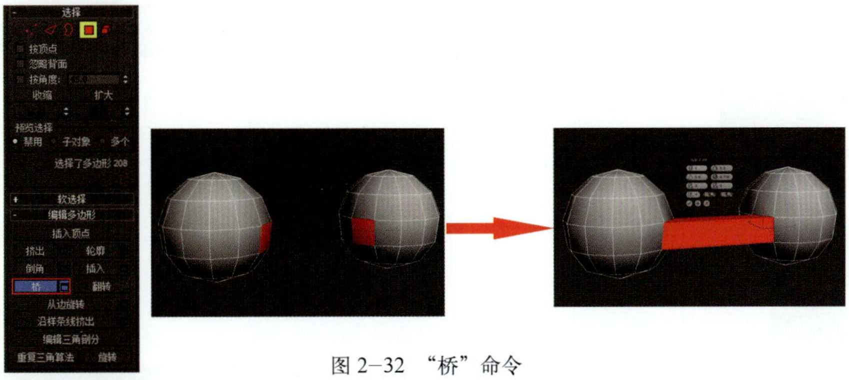

图 2–32 “桥”命令

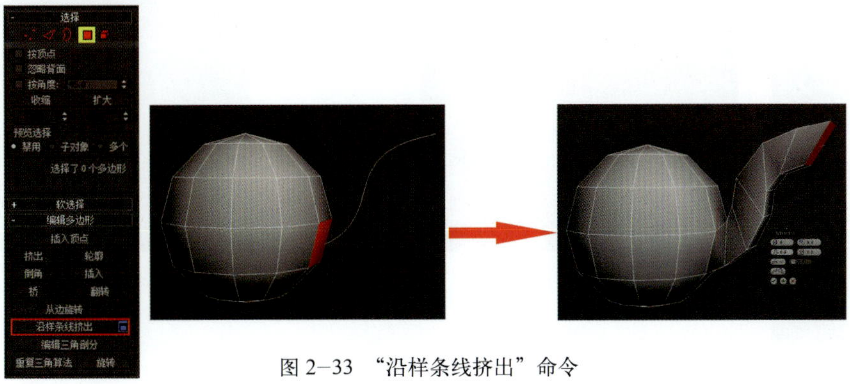

图 2–33 “沿样条线挤出”命令

第二章 游戏美术软件基础

7. 封口快捷键：<Alt+P> 组合键

在边界层级下，选择多边形的边界，再点击“封口”命令，可对边界进行面的闭合操作。如图2–34。

8. 切割快捷键：<Ctrl+C> 组合键

“切割”命令允许在多边形表面创建任意边。在顶点层级下，选择“切割”命令，单击多边形的任一点来确定起点，然后移动鼠标，再次单击和移动，这样在多边形的表面就创建了一条边。如图2–35。

9. 切角快捷键：<Shift+Ctrl+C> 组合键

在顶点层级下，选择多边形的点，再点击“切角”命令，使多边形生成新的四边形。可通过数值设置指定切角的距离。如图2–36。

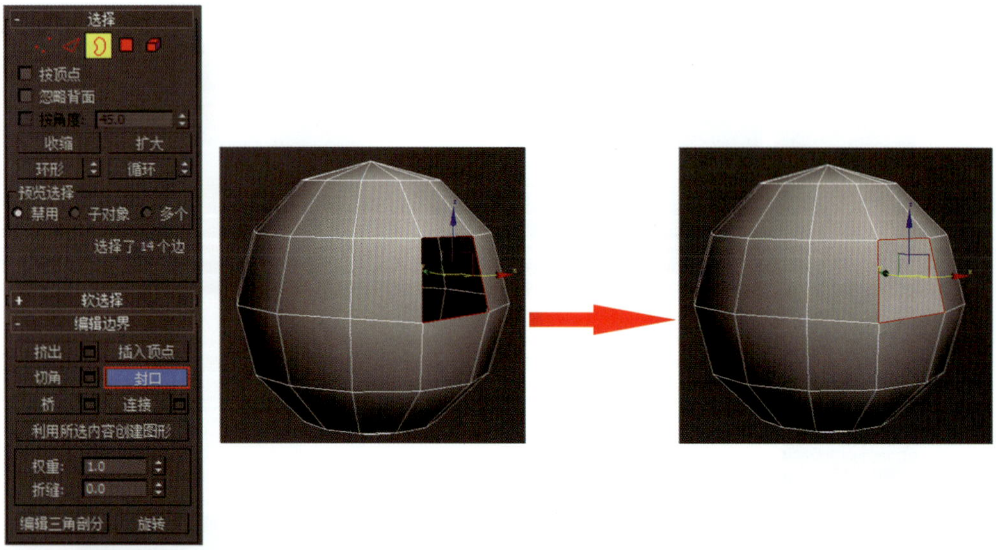

图 2–34 “封口”命令

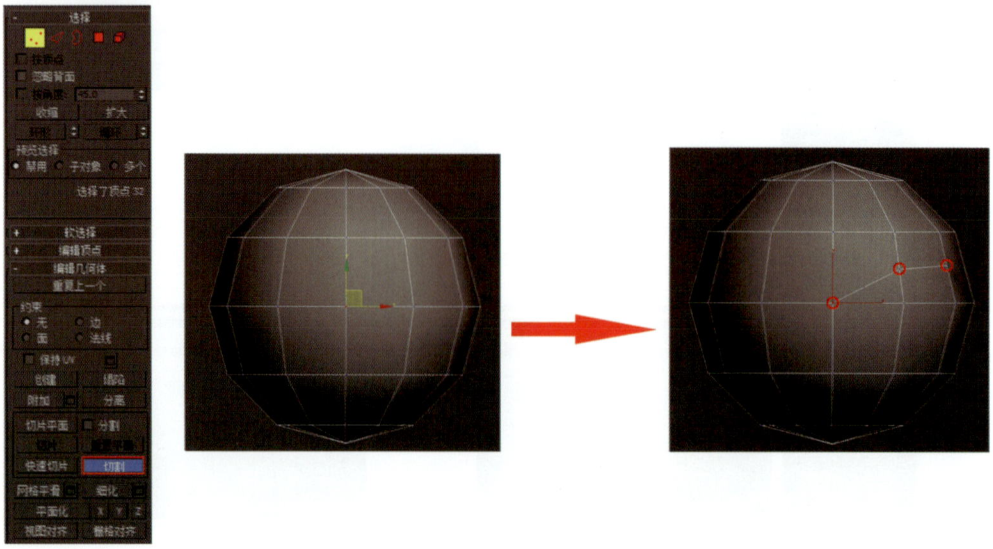

图 2–35 “切割”命令

10．断开

在顶点层级下，选择多边形的点，再点击“断开”命令，使选择的点分离。如图2–37。

11．焊接快捷键：<Shift+Crtl+W> 组合健

在顶点层级下，选择多边形断开的点，再点击“焊接”命令，使分点合并。焊接命令受焊接数值的影响，当选定的顶点在此数值范围内时它们将焊接为一个顶点，所有使用该点的边都会与焊接产生的单个顶点连接。如图2–38。

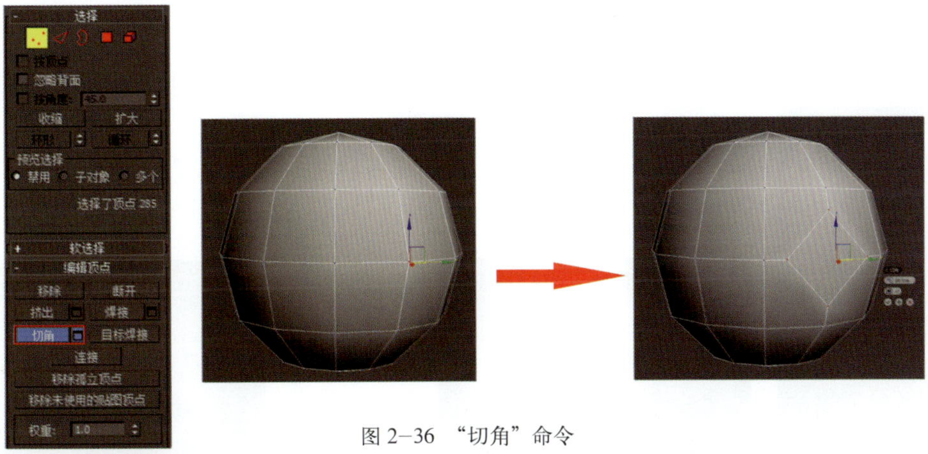

图 2–36 “切角”命令

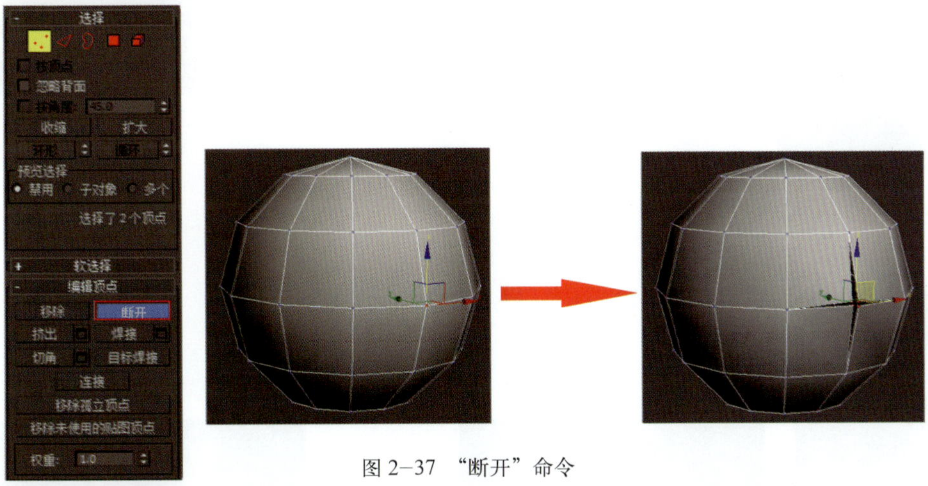

图 2–37 “断开”命令

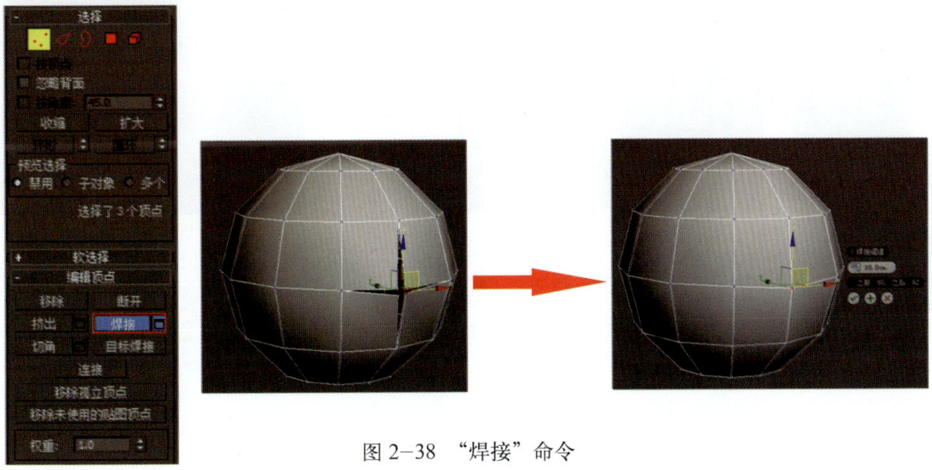

图 2–38 “焊接”命令

12. 移除快捷键：<Ctrl+ 退格 > 组合键

在顶点层级下，选择多边形的点，点击“移除”命令，删除选定的顶点，并组合这个顶点所在的多边形。“移除”命令可以直接去除某个顶点而保留它所在的面。如图2-39。

13. 连接快捷键：<Shift+Ctrl+E> 组合健

在边层级下，选择两条边后点击“连接”命令，可以通过分段、收缩、滑块设置边的数量和距离。“连接”命令可以在选定边之间创建新的边，但只能连接同一多边形上的边。该操作不会让新的边交叉。如图2-40。

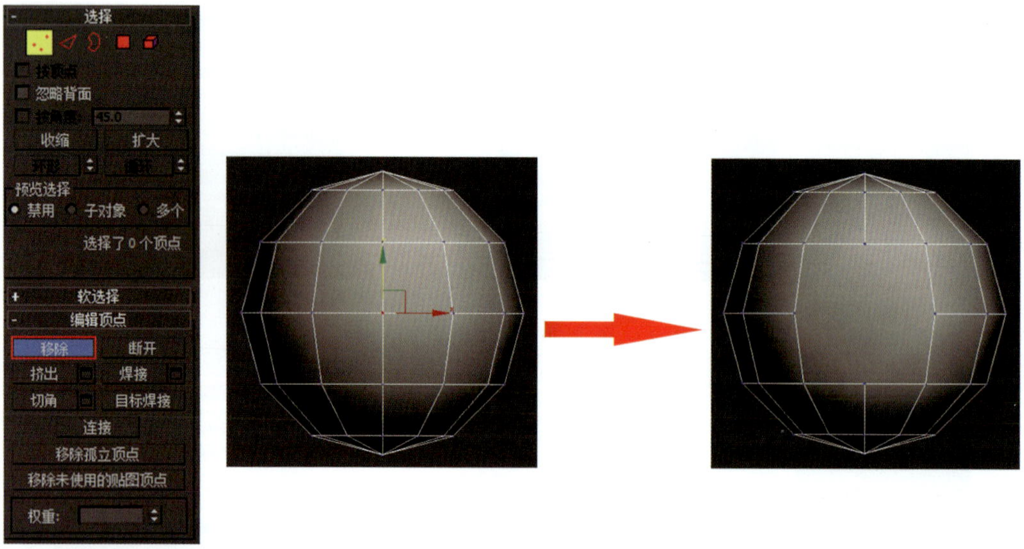

图 2-39 “移除”命令

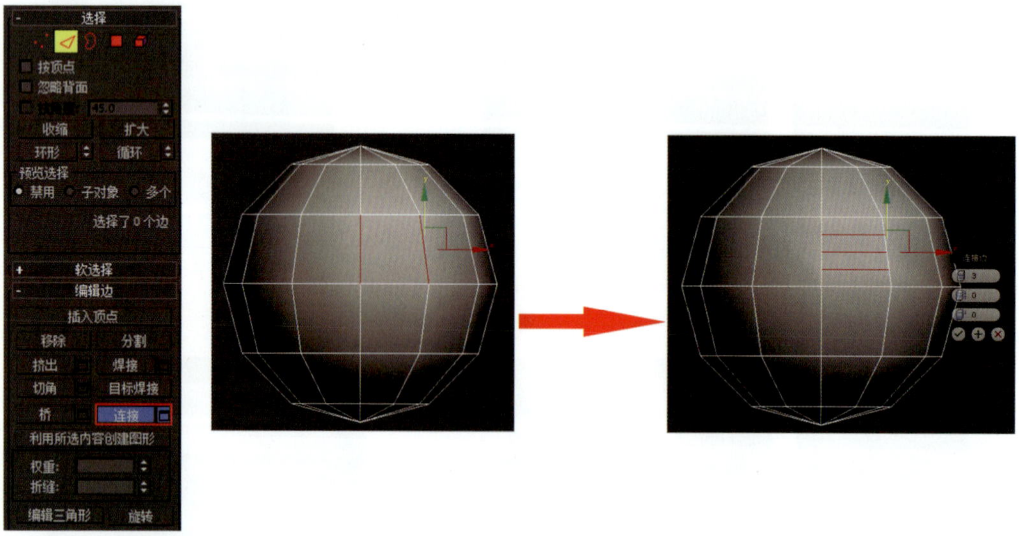

图 2-40 “连接”命令

第四节 Photoshop 软件基础及应用

一、Photoshop 简介

Adobe Photoshop，简称“PS”，是Adobe公司旗下极为出名的图像处理软件之一。Photoshop主要处理由像素构成的数字图像。使用其众多的编修与绘图工具，可以有效地进行图片编辑工作。2003年，Adobe将Adobe Photoshop 8更名为Adobe Photoshop CS。2013年，Adobe公司推出了最新版本的Photoshop CC，自此，版本Adobe Photoshop CS6是Adobe Photoshop CS系列的最后一个版本。Photoshop的应用领域很广泛，在图像、图形、文字、视频等各方面都有涉猎。如图2-41、图2-42。

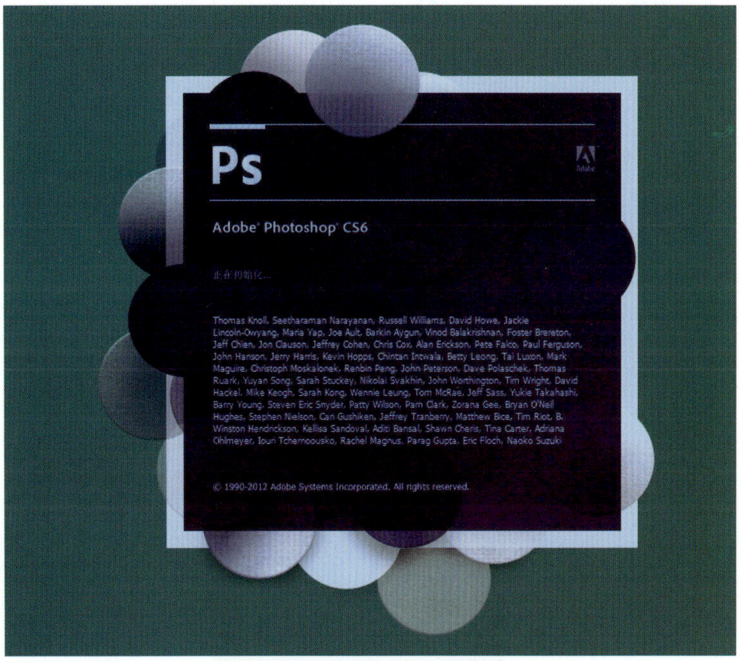

图 2-41 Photoshop CS6

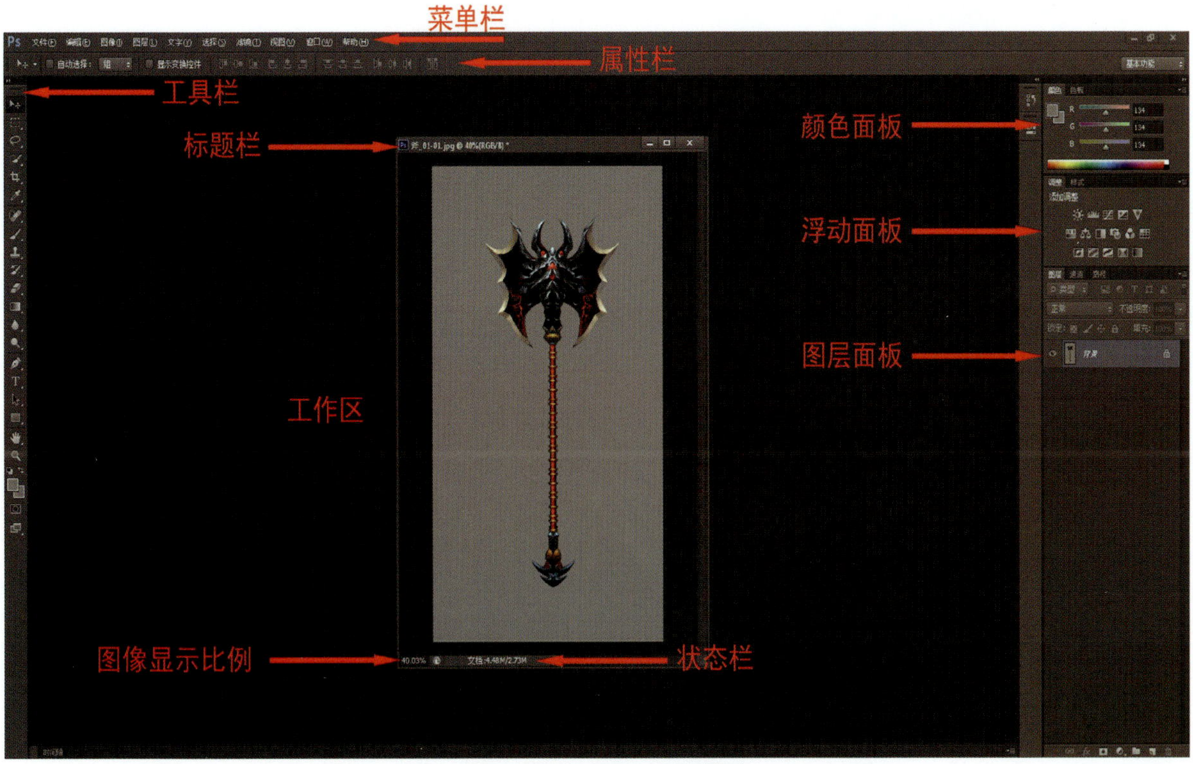

图 2-42 Photoshop CS6 界面

二、Photoshop 在游戏中的运用

Photoshop除了广泛运用于平面设计领域之外，在游戏美术设计中也是一个不可或缺的软件。游戏中的界面、贴图、宣传海报、原画等，都会运用Photoshop来完成。在3D游戏美术制作中，Photoshop主要运用于贴图绘制和处理图像。

三、Photoshop 文件的新建

在菜单栏“文件”下点击“新建”，或使用<Ctrl+N>组合键，或按住<Ctrl>键的同时鼠标双击界面空白处，都可新建文件。在新建面板中可以更改文件名称，设置尺寸大小、分辨率大小、颜色模式及背景内容。如图2-43。

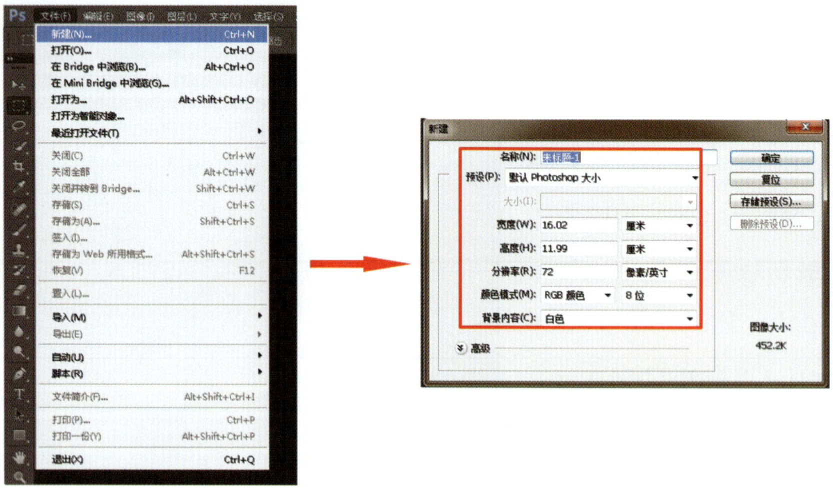

图 2-43 “新建”命令

四、图层的功能与操作

1. 图层的基本概念

“图层”是Photoshop中最基本也是最重要的概念，可以理解为一张张依次叠起来的透明纸，没有绘制内容的区域是透明的，透过透明区域可看到下面图层的内容，每个图层上绘制的内容叠加起来就构成了完整的图像。如图2-44。

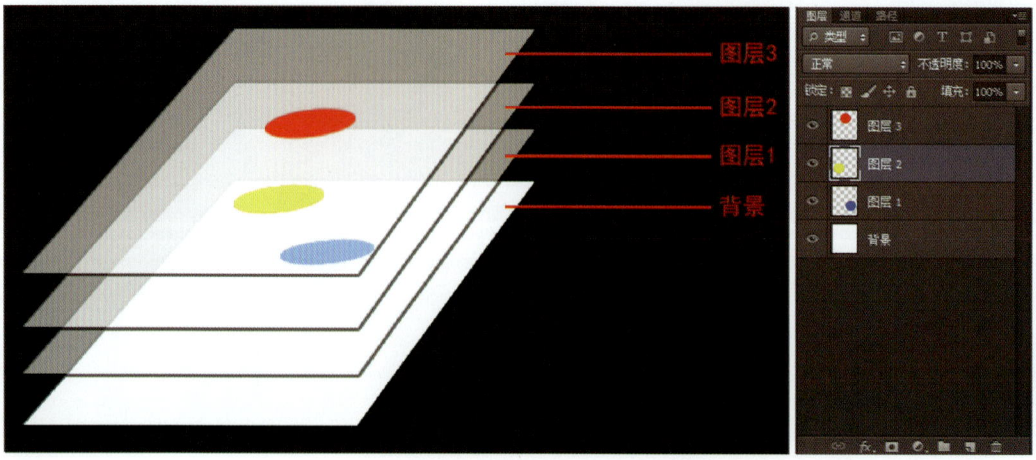

图 2-44 图层

2. 图层调板

图层调板是用来管理或操作图层的，使用图层调板可以快速地完成大部分对图层的操作。图层调板列出了图像中的所有图层、组和图层效果。图层调板可以显示和隐藏图层、创建新图层以及处理图层组，还可以访问其他命令和选项。如图2–45。

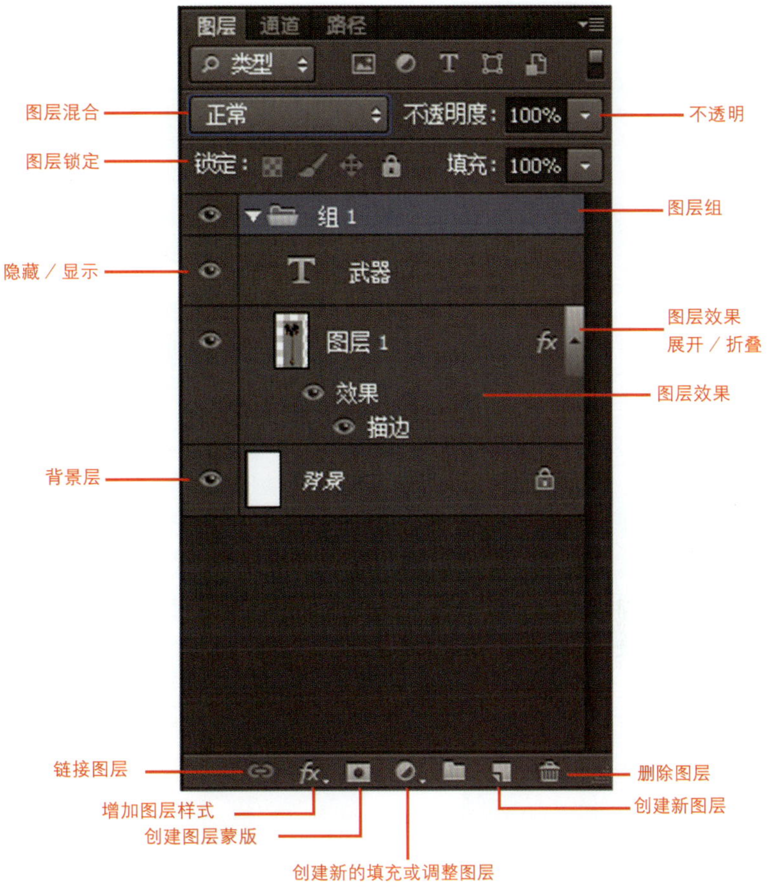

图 2–45 图层调板

图层调板中各部分内容的含义：

●图层混合模式：在下拉列表框中选择当前图层与下方图层之间的混合方式。

●不透明度：控制当前图层的透明度，100%为不透明，0%为完全透明。

●锁定：完全或部分锁定图层以保护其内容。比如锁定透明度，图像的透明区域受到保护，不会被编辑。

●隐藏/显示按钮：控制当前图层是否显示在图像区域中，有眼睛图标时表示显示。

●图层效果展开/折叠按钮：图层上应用的效果显示/隐藏在图层调板上。

●链接图层按钮：单击此按钮，可将选定的多个图层链接在一起，再次单击此按钮可取消链接。

●添加图层样式按钮：单击此按钮，可打开图层样式菜单，为图层添加一个新的图层样式。

●创建图层蒙版按钮：可在图层上添加一个图层蒙版。

●创建新的填充或调整图层按钮：单击此按钮，在当前图层上添加一个填充有特殊效果的图层或调整图层。

●创建新图层组按钮：单击此按钮，可在当前图层或组之上创建新图层组。

●创建新图层按钮：单击此按钮，可在当前图层之上添加新图层。

●删除按钮：将不需要的图层直接拖到此按钮上，可删除图层。

五、工具栏常用工具

1. 画笔工具

画笔工具是Photoshop中极为重要的工具之一。在工具栏中点击“画笔工具”，或按<B>快捷键（<Shift+B>组合键可切换画笔）选择画笔工具。点击属性栏中的“画笔预设”和“画笔面板”

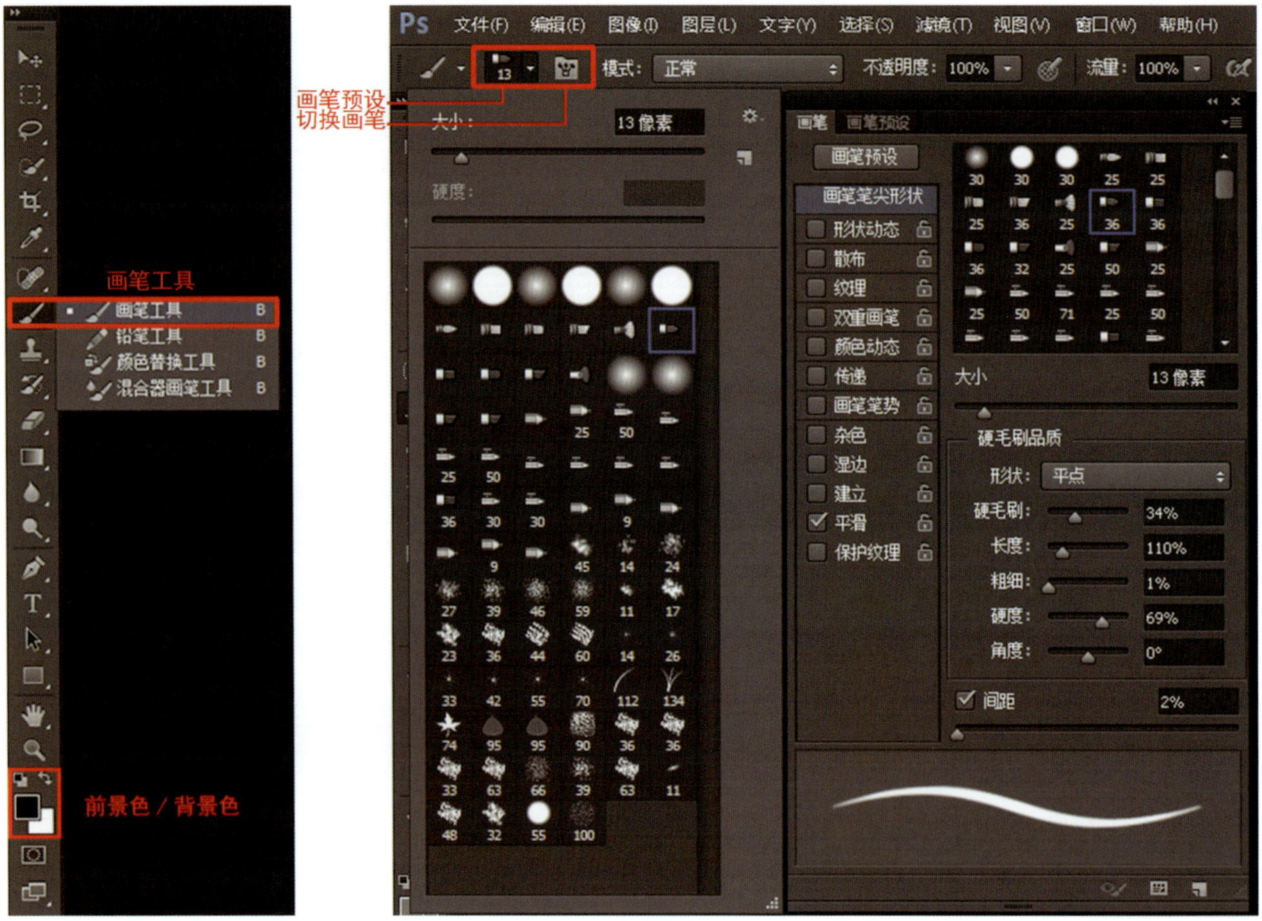

图 2–46 画笔工具

按钮，可设置画笔的相关属性。<D>快捷键可将Photoshop的颜色设置为默认的前景色(黑色)、背景色(白色)；<X>快捷键可切换前景色和背景色。如图2–46。

2. 橡皮擦工具

在工具栏中点击“橡皮擦工具”，或按<E>快捷键（<Shift+E>组合键可切换橡皮擦），点击属性栏中的“画笔预设”和“画笔面板”按钮，可设置橡皮擦的相关属性，如大小及软硬程度。画笔模式有“画笔”“铅块”和“块”。如果选择“画笔”，它的边缘显得柔和，也可改变“画笔”的软硬程度；如选择“铅笔”，线的边缘就显得尖锐；如果选择“块”，橡皮檫就变成一个方块。如图2–47。

3. 吸管工具

吸管工具可以从图像中吸取某一点的颜色，或者拾取点周围的平均色进行颜色取样，从而改变前景色或背景色。在工具栏中点击“吸管工具”，或按<I>快捷键（<Shift+I>组合键可切换吸管工具、颜色取样器工具、标尺工具、注释工具），单击“取样大小”选项的下三角按钮，可弹出下拉菜单，在其中可选择吸取颜色的范围。如图2–48。

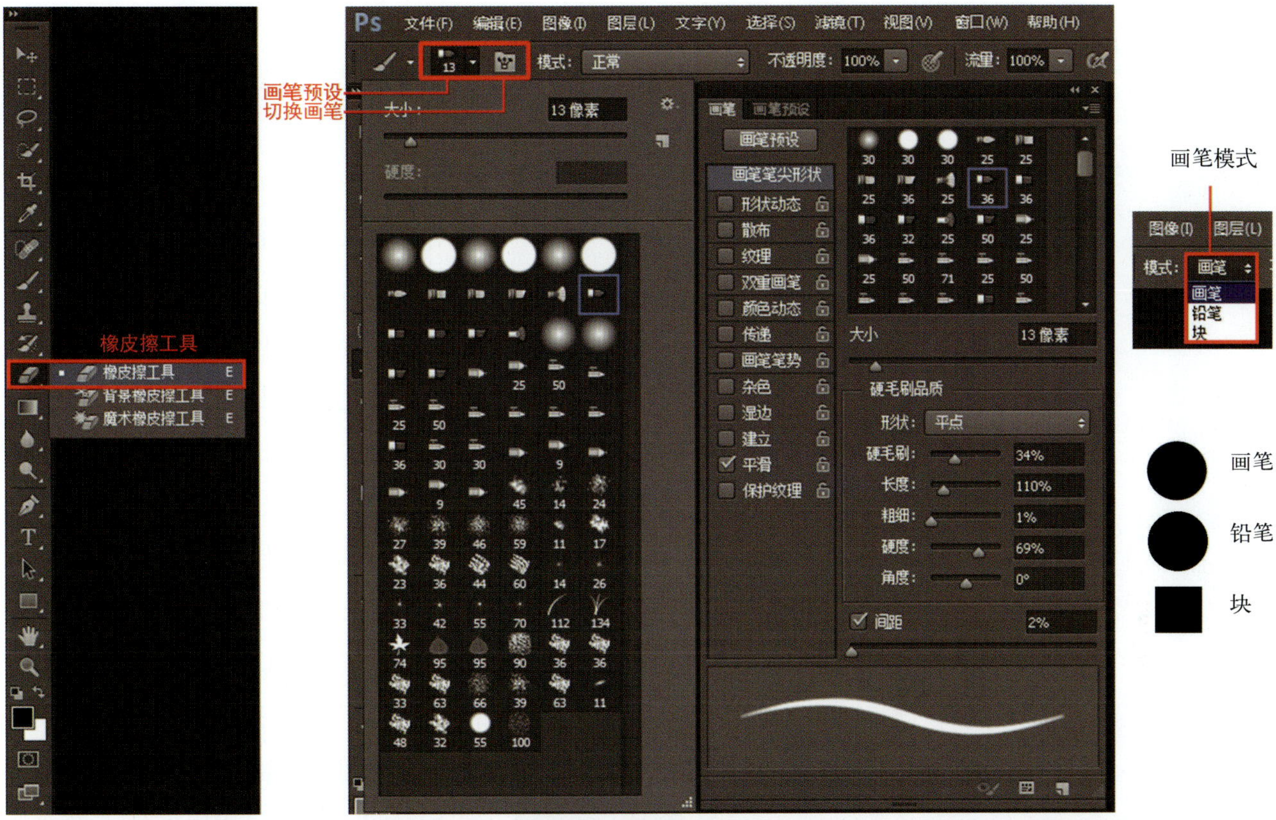

图 2-47 橡皮擦工具

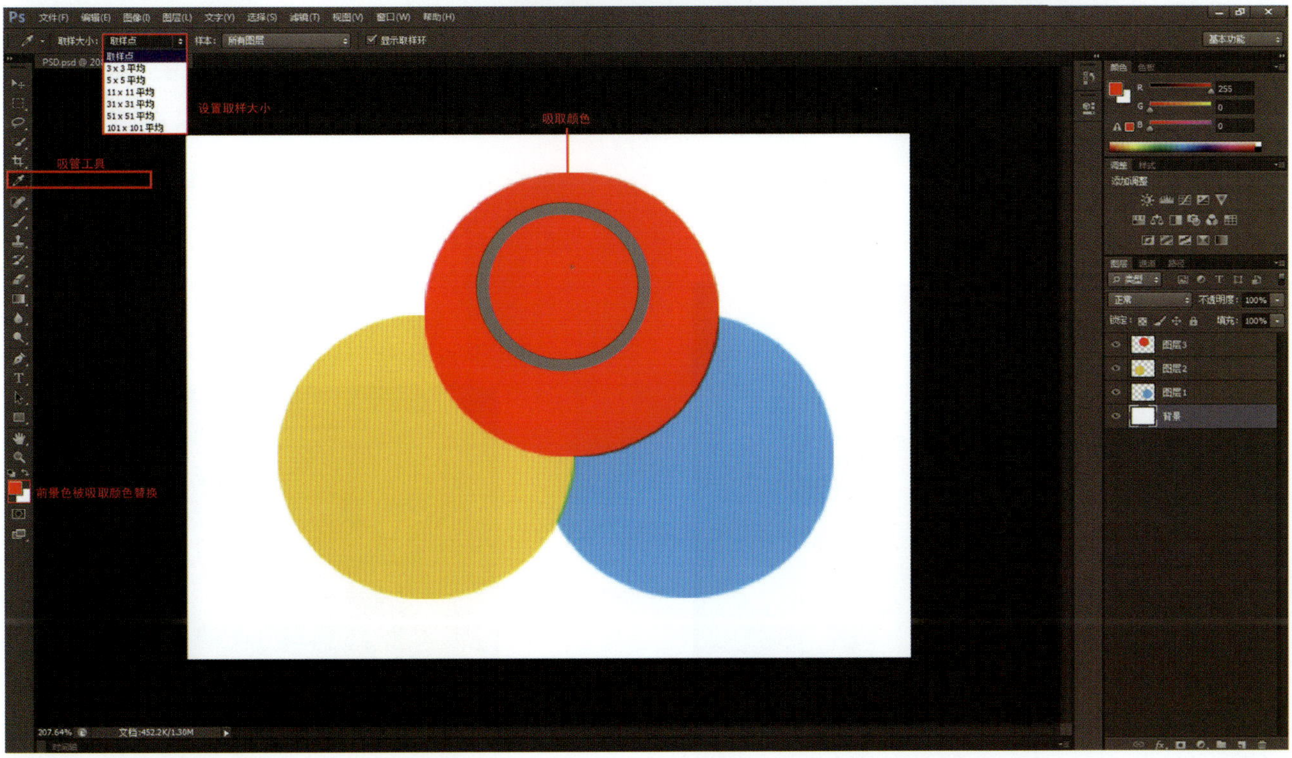

图 2-48 吸管工具

4. 选区工具

为了适应图像制作的需要，Photoshop为我们提供了三种选择工具，分别为规则选择工具、不规则选择工具和魔术棒选择工具。

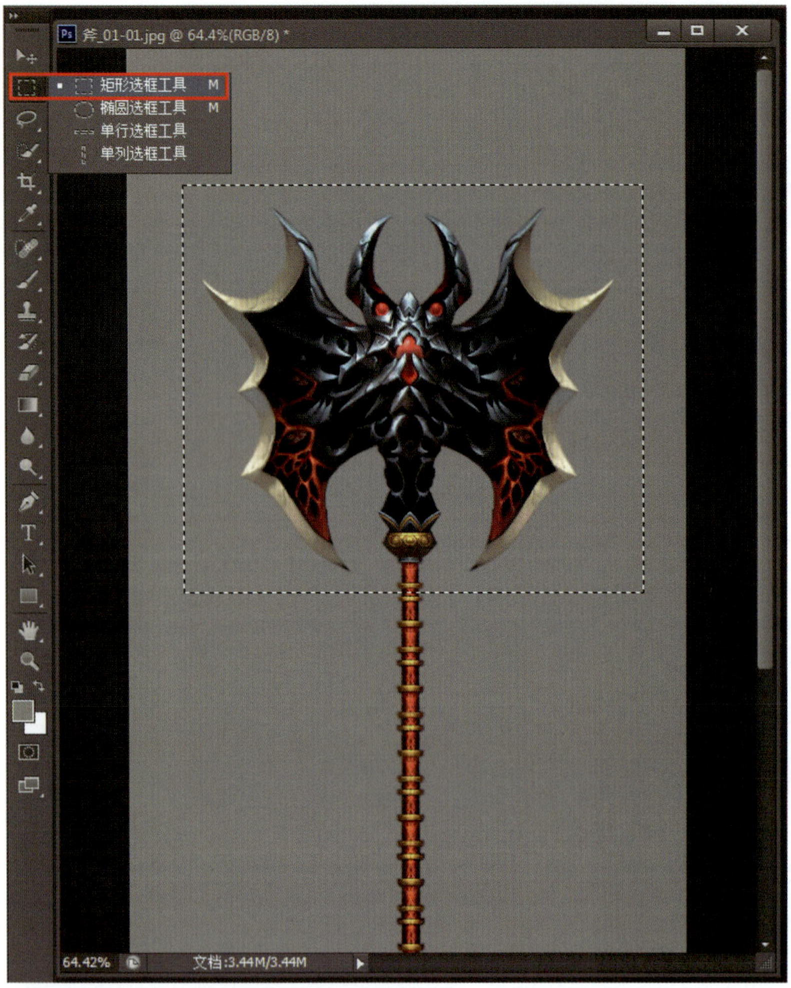

图 2–49 规则选择工具

（1）规则选择工具

规则选择工具包括矩形选择工具、椭圆形选择工具、单行和单列选择工具。他们的快捷键为<M>键，使用<Shift+M>组合键可以在矩形选择工具和椭圆形选择工具中切换。其实规则选择工具使用非常简单，就是按照需要选择工具类型，然后用鼠标点击左键，在图像中选取需要的区域就可以了。如图2–49。

（2）不规则选择工具

不规则选择工具包括套索工具、多边形套索工具、磁性套索工具三种，主要用于对图像中不规则部分的选取。它们的快捷键为<L>键，使用<Shift+L>组合键可以实现三种工具的切换。

套索工具类似于徒手绘画工具，操作时只需要用鼠标在图形内拖动，鼠标的轨迹就是选择的边界，如果起点和终点不在一个点上，那么

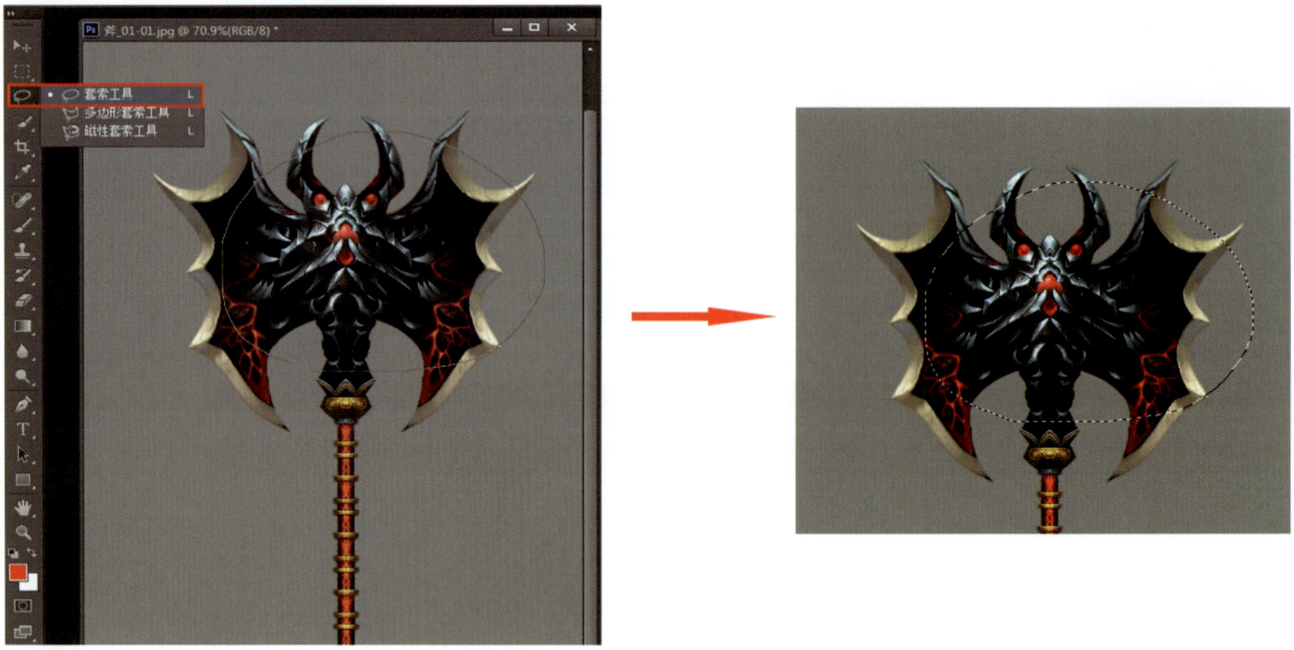

图 2–50 不规则选择工具——套索工具

Photoshop通过直线使之连接。该工具的优点是使用方便、操作简单，缺点是难以控制，所以主要用在精度不高的区域。如图2-50。

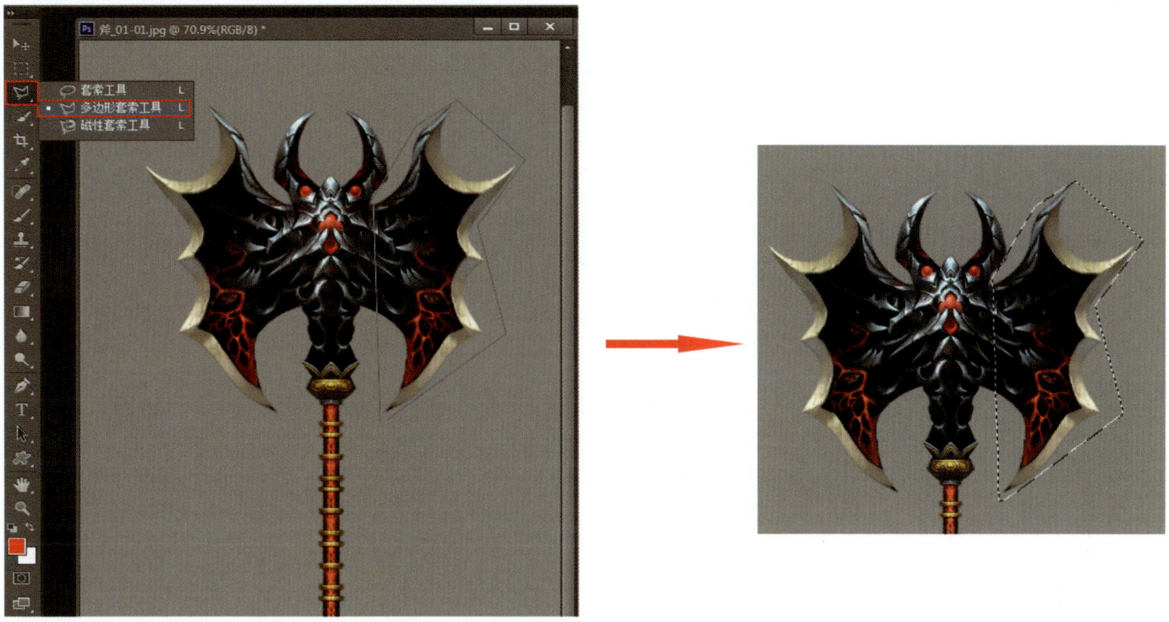

图 2-51 不规则选择工具——多边形套索工具

多边形工具类似于徒手绘制多边形。操作的时候只需要在工作区域中单击，增加一个拐点，需要结束时双击鼠标，或者当鼠标回到起点变成小圆圈时单击鼠标。该工具的优点是选择比较精确，缺点是操作复杂，所以主要用在选择边界为直线、边界复杂的多边形图案上。如图2-51。

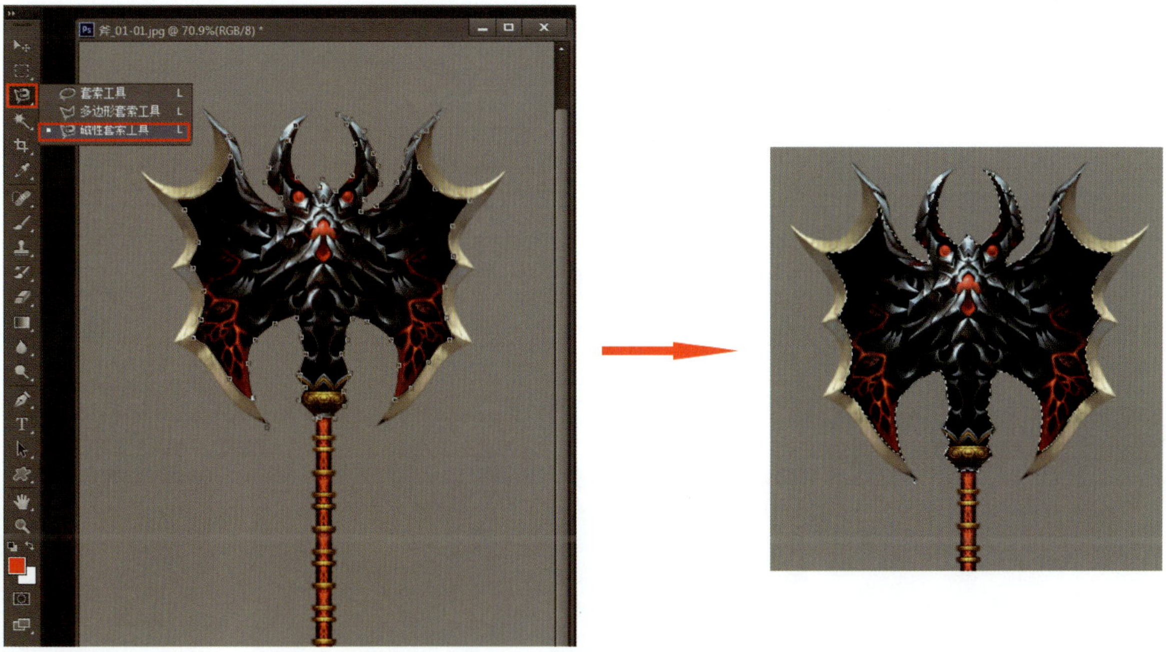

图 2-52 不规则选择工具——磁性套索工具

磁性套索工具类似于一个感应选择工具。它根据图像边界像素点的颜色来决定选择区域。在图像和背景色差别较大的地方，可以直接沿边界拖拽鼠标，套索工具根据颜色差别自动勾勒出选择框。如图2-52。

（3）魔术棒选择工具

魔术棒选择工具可以用来选取图像中颜色相似的区域。当用魔术棒工具单击某个点时，与该点颜色相似和相近的区域将被选中，根据单击点的像素和给出的容差值来决定选择区域的大小。在魔术棒选择工具面板中有一个参数取值范围，即0～255，该参数的值决定了选择的精度，值越大选择的精度越小。如图2-53。

图 2-53 魔术棒选择工具

5. 减淡、加深和海绵工具

Photoshop中的减淡、加深工具同属于色彩调整，海绵工具用于改变某一区域的色彩饱和度，以进一步修饰图像的细节。

减淡工具常通过提高图像的亮度来校正曝光度。在工具栏中点击“减淡工具”，可以对图像上的阴影、中间调和高光范围进行色彩调整。“曝光度”的数值越大，则调整效果越强烈。如图2-54。

加深工具和减淡工具的作用正好相反。在工具栏中点击“加深工具”，加深范围可以对图像上的阴影、中间调和高光范围进行色彩调整。“曝光度”的数值越大，则调整效果越强烈。如图2-55。

注意：减淡工具对白色不起作用，加深工具对黑色不起作用，当图像已是灰阶图像，使用海绵工具无作用。按<Alt>键可以在“减淡”与“加深”间切换，释放<Alt>键则回到以前的状态。

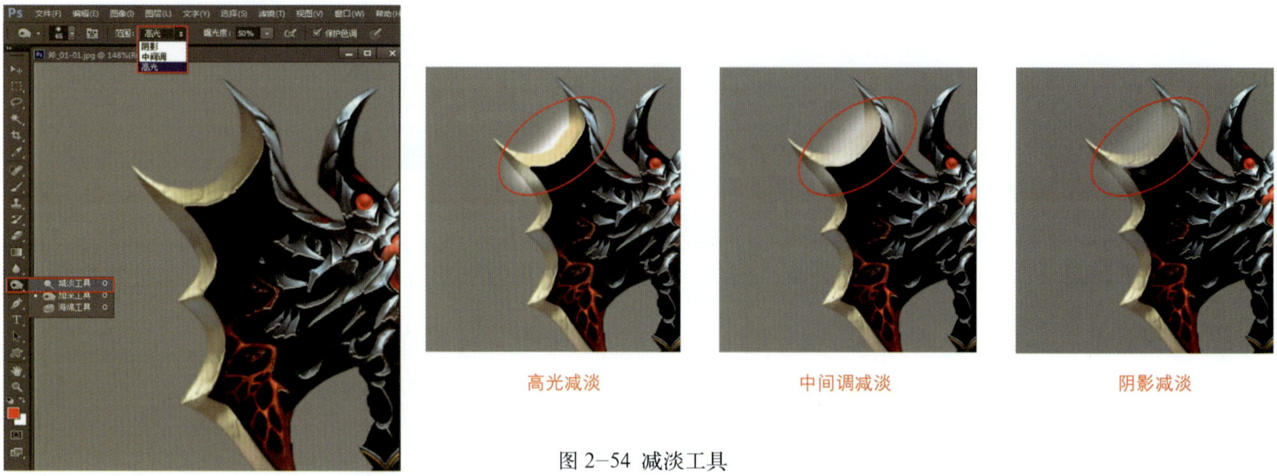

图 2-54 减淡工具

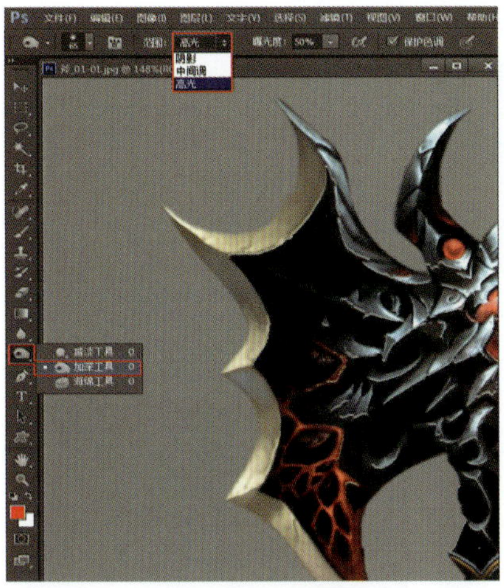

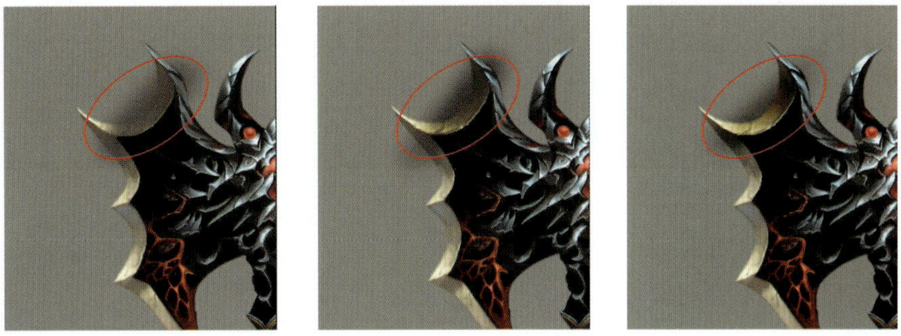

图 2–55 加深工具

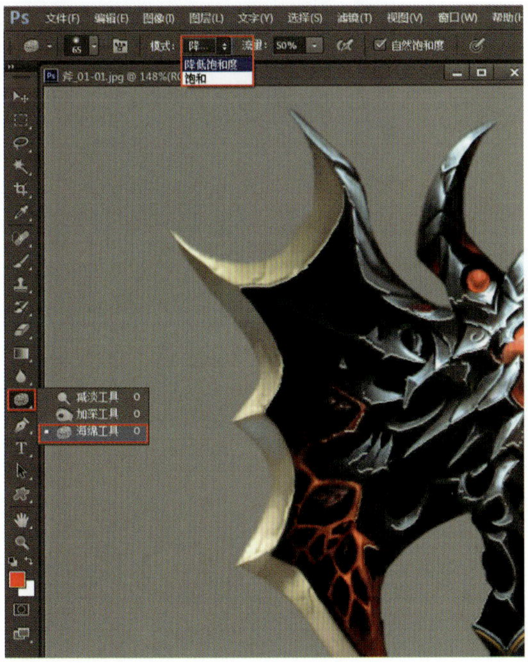

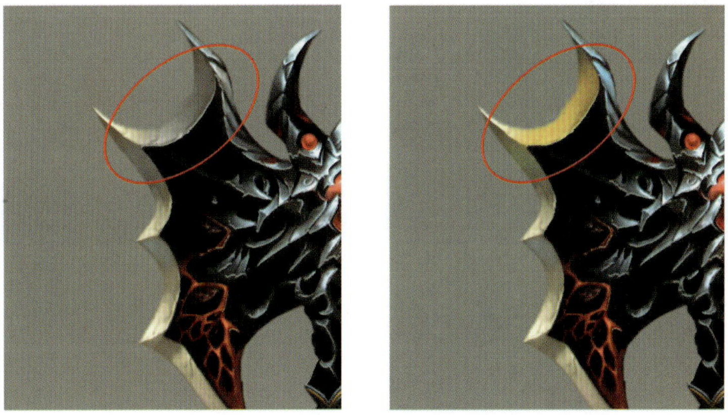

图 2–56 海绵工具

海绵工具主要用于增加或减少图像的饱和度，使图像的颜色变得更加鲜艳或灰暗。在工具栏中点击“海绵工具”，在“模式”里可以选择“降低饱和度”和“饱和”，“流量”的数值越大，饱和度的改变效果越明显。如图2–56。

6. 文字工具

文字工具有4种，即横排文字工具、直排文字工具、横排文字蒙版工具和直排文字蒙版工具，快捷键为<T>（<Shift+T>组合键可在4种工具之间切换）。在工具栏中选择“文字工具”，在图层任意位置中点击，Photoshop会自动生成一个新的文字图层，并把文字光标定位在这一层中，输入文字后，屏幕上出现的文本颜色是当前的前景色或选项条上出现的颜色。我们可以很容易地通过空格键、鼠标拖拉等方式对文字进行编辑。如图2–57。

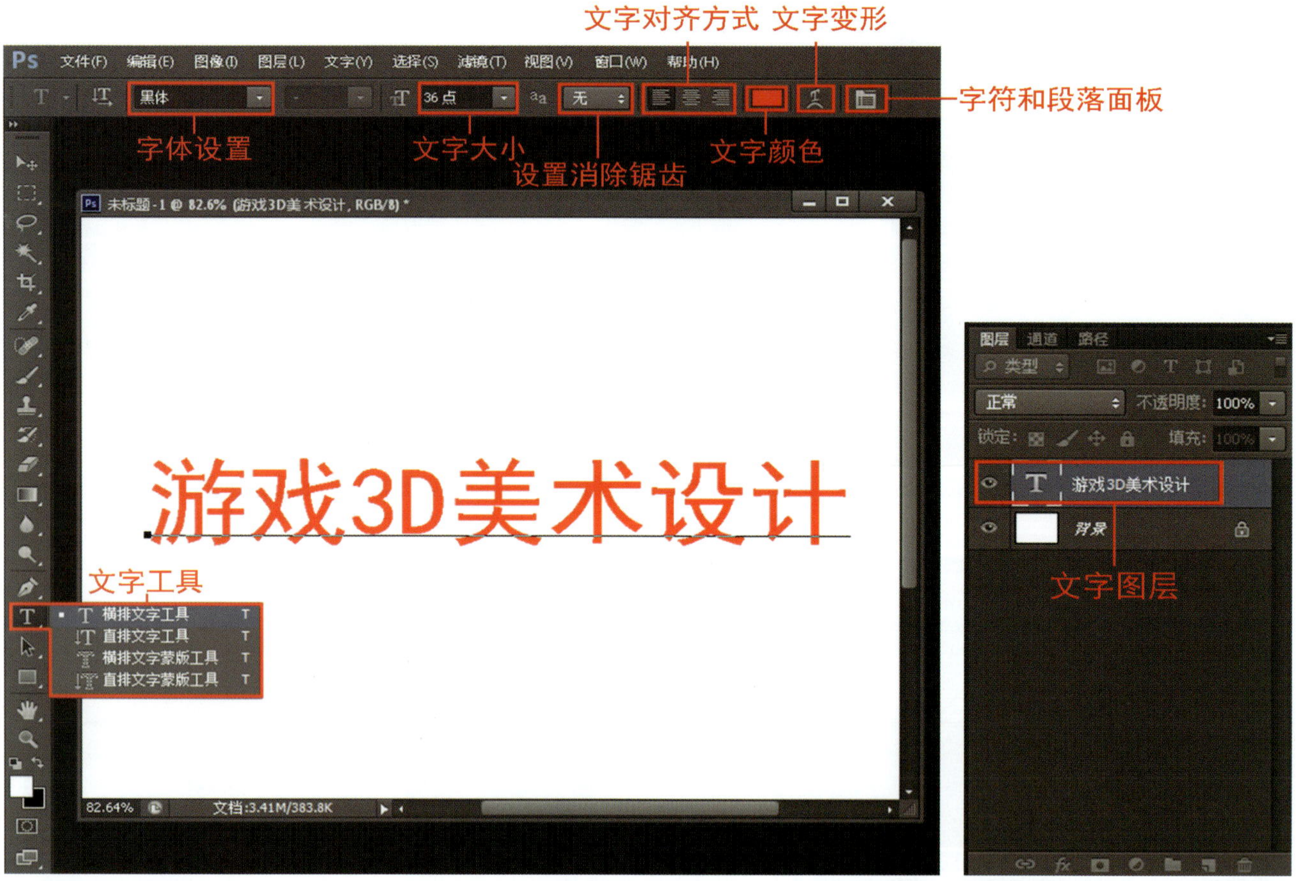

图 2–57 文字工具

六、图像调整基本命令

在游戏美术制作中，对图像的色彩和色调进行调整是必不可少的步骤，它主要是对图像的亮度、对比度、饱和度和色相进行调整。

1. 色阶

色阶是指图像中的颜色或颜色中某一组成部分的亮度范围。打开一幅图片，在菜单栏中选择“图像—调整—色阶”命令，或按<Ctrl+L>组合键都会弹出“色阶”对话框（如图2–58）。色阶是根据每个亮度值（0～255）上的像素点的多少来划分的，最暗的像素点在左边，最亮的像素点在右边。

●通道：其右侧的下拉列表中包括了图像所使用的所有色彩模式，以及各种原色通道。在通道中所做的选择将直接影响该对话框中的其他选项。

●输入色阶：用来指定选定图像的最暗处、中间色调和最亮处的数值，改变数值将直接影响色调分布图三个滑块的位置。

●色调分布图：用来显示图像中明、暗色调的分布。选择的颜色通道不同，其分布图的显示也不同。

●输出色阶：在下方的两个框中输入数值，可以调整图像的亮度和对比度。

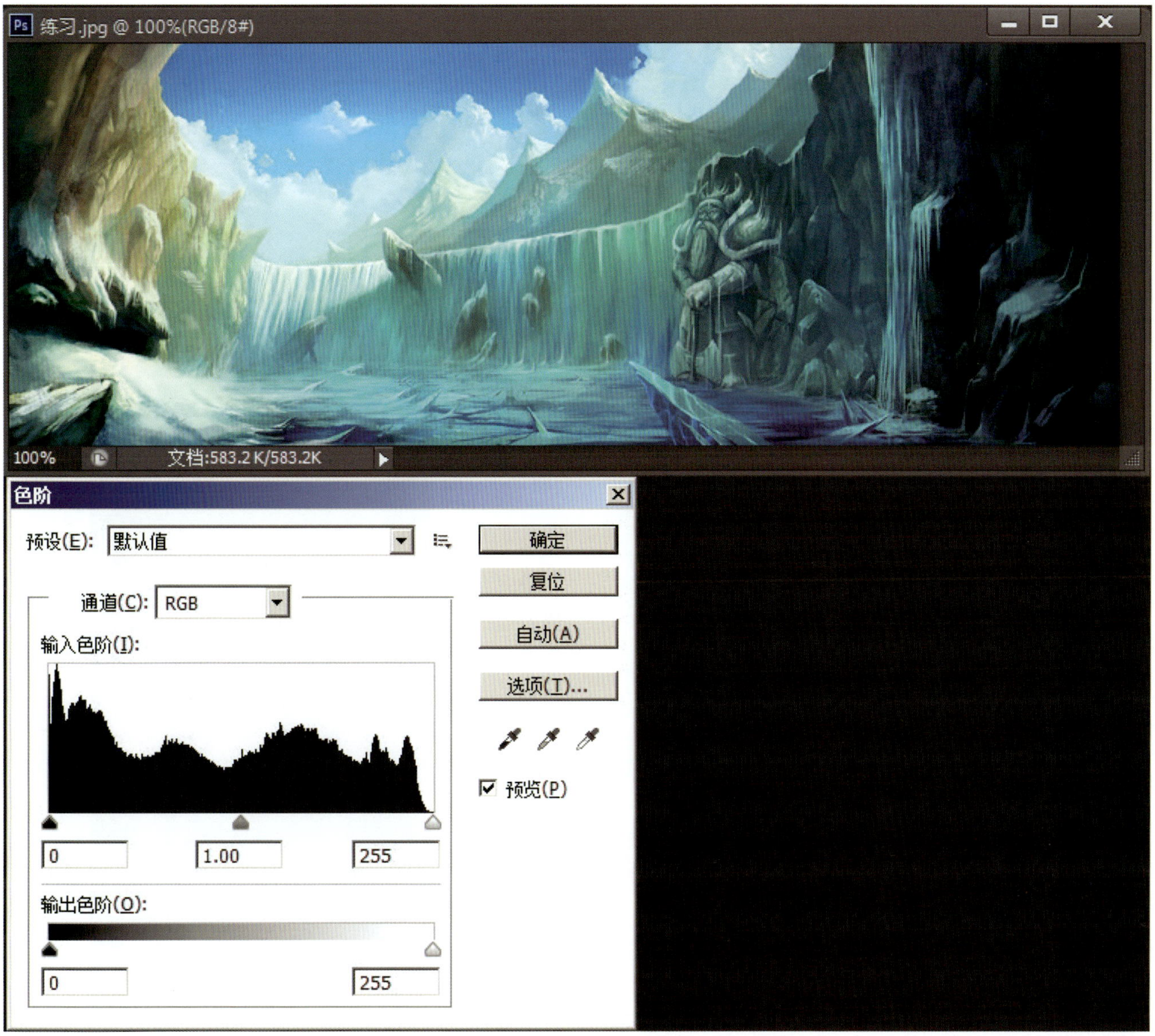

图 2-58 色阶命令

●吸管工具：该对话框有3个吸管工具，由左至右依次是“设置黑场”工具、“设置灰场”工具、“设置白场”工具，在图像中单击鼠标左键可以将取样点作为图像的最亮点、灰平衡点或最暗点。

●载入：单击该按钮，可载入已保存的色阶效果。

●储存：单击该按钮，可以将当前调整的色阶效果保存。

●自动：单击该按钮，将自动对图像的色阶进行调整。

2. 曲线

曲线命令是用来调整图像的色彩范围的，和色阶命令相似。不同的是，色阶命令只能调整亮部、暗部和中间色调，而曲线命令将颜色范围分成若干个小方块，每个方块都可以控制一个亮度层次的变化，它不仅可以调整图像的亮部、暗部和中间色调，还可以调整灰阶曲线中的任何一个点。打开一幅图片，在菜单栏中选择“图像—调整—曲线”，或按<Ctrl+M>组合键都可打开“曲

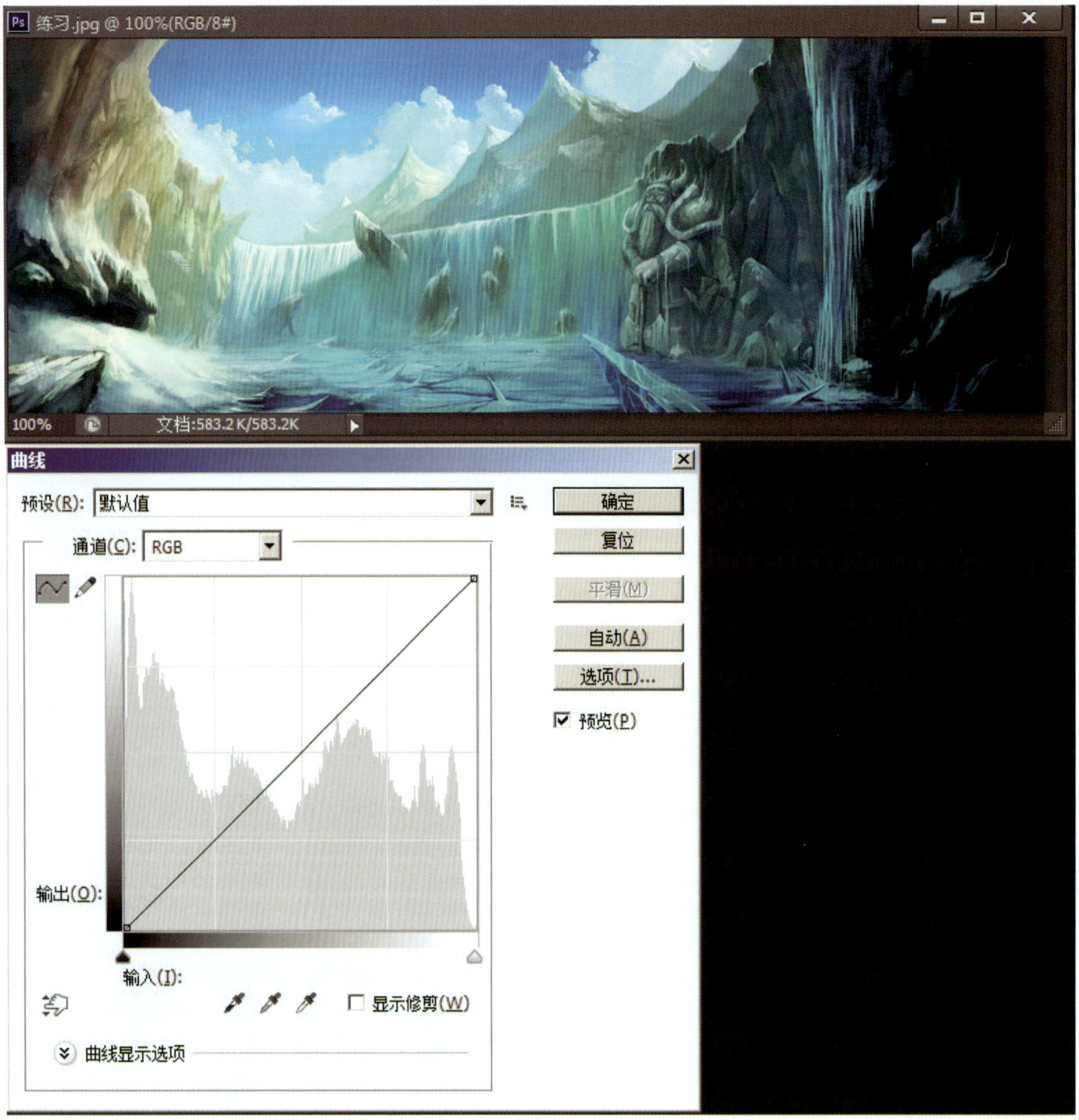

图 2–59 曲线命令

线”对话框，如图2–59。在该对话框中，水平轴向代表原来的亮度值，类似“色阶命令”中的“输入”，垂直轴向代表调整后的亮度值，类似“色阶命令”中的“输出”。单击图中曲线上的任一位置，会出现一个控制点，拖拽该控制点可以改变图像的色调范围。单击编辑点工具，可以在对话框的曲线图中直接绘制曲线，点击铅笔工具可以在曲线图中绘制自由形状的曲线。

3. 色彩平衡

该命令可以粗略地调整图像的总体混合效果，只有在复合通道中才可用。打开一张要调整的图片，选择“图像—调整—色彩平衡”命令，或按<Ctrl+B>组合键都可弹出“色彩平衡”对话框。如图2–60。

图中的3个滑块用来控制各主要色彩的变化，3个单选按钮可以选择“暗调”“中间色调”和“高光”来对图像的不同部分进行调整，选中“预览”可以在调整的同时随时观看生成的效果，选择“保持明度”，图像像素的明度值不变，只有颜色值发生变化。如图2–61。

图 2–60 “色彩平衡”命令

图 2–61 “色彩平衡”命令下的效果图对比

4. 亮度 / 对比度

“亮度/对比度”可以粗略地调整图像的色调范围。打开一幅图片，在菜单栏中选择“图像—调整—亮度/对比度”，弹出该对话框，如图2–62。在此对话框中，亮度和对比度的设定范围是–100～100，如图2–63。

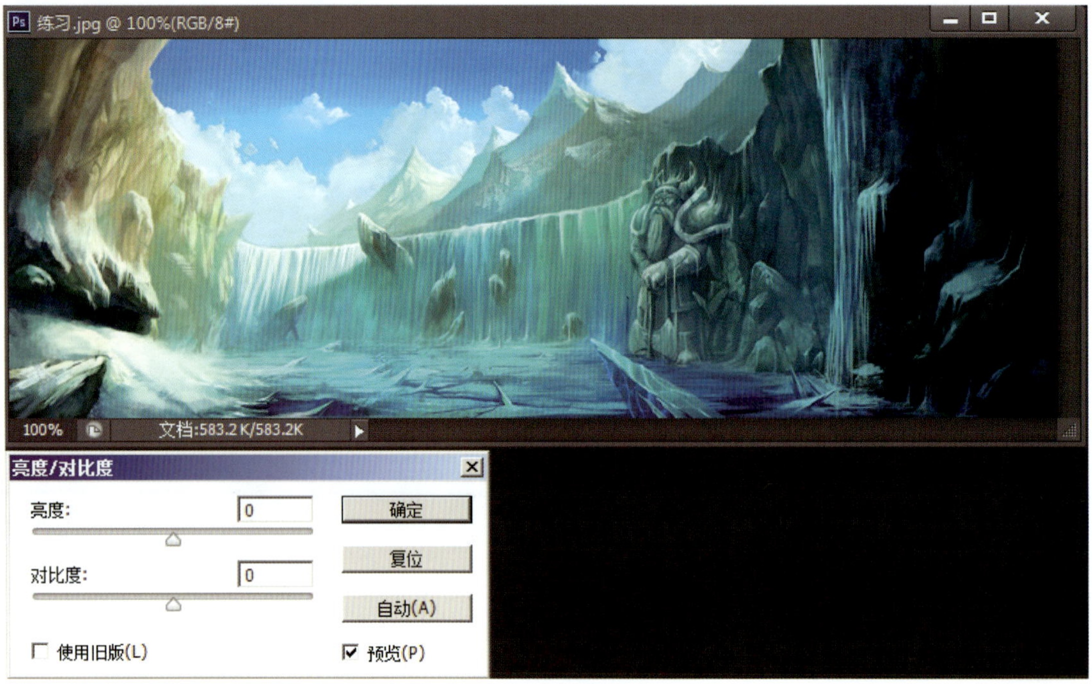

图 2–62 “亮度 / 对比度”命令

图 2–63 “亮度 / 对比度”命令下的效果图对比

5. 色相／饱和度

“色相/饱和度”不但可以调整图像的色相、饱和度和明度，还可以分别调整图像中不同颜色的色相、饱和度和明度，或使图像成为一幅单色调图。在菜单栏中选择“图像—调整—色相/饱和度”，弹出“色相/饱和度”对话框。如图2–64。

●编辑：下拉列表包括红色、绿色、蓝色、青色、洋红和黄色6种颜色，可选择一种颜色单独调整，也可以选择“全图”选项，对图像中的所有颜色进行整体调整。

●色相：拖动滑块，或在数值框中输入数值可以调整图像的色相。

●饱和度：拖动滑块，或在数值框中输入数值可以改变图像的饱和度。

●明度：拖动滑块，或在数值框中输入数值可以调整图像的明度，设定范围是–100～100。对话框最下面的两个色谱条，上面一条表示调整前的状态，下面一条表示调整后的状态。

●着色：选中后，可以对图像添加不同程度的灰色或单色。

●吸管工具：该工具可以在图像中吸取颜色，从而达到精确调节颜色的目的。

●添加到取样：该工具可以在当前颜色的基础上，增加被调节的颜色。

●从取样中减去颜色：该工具可以在当前颜色的基础上，减少被调节的颜色。

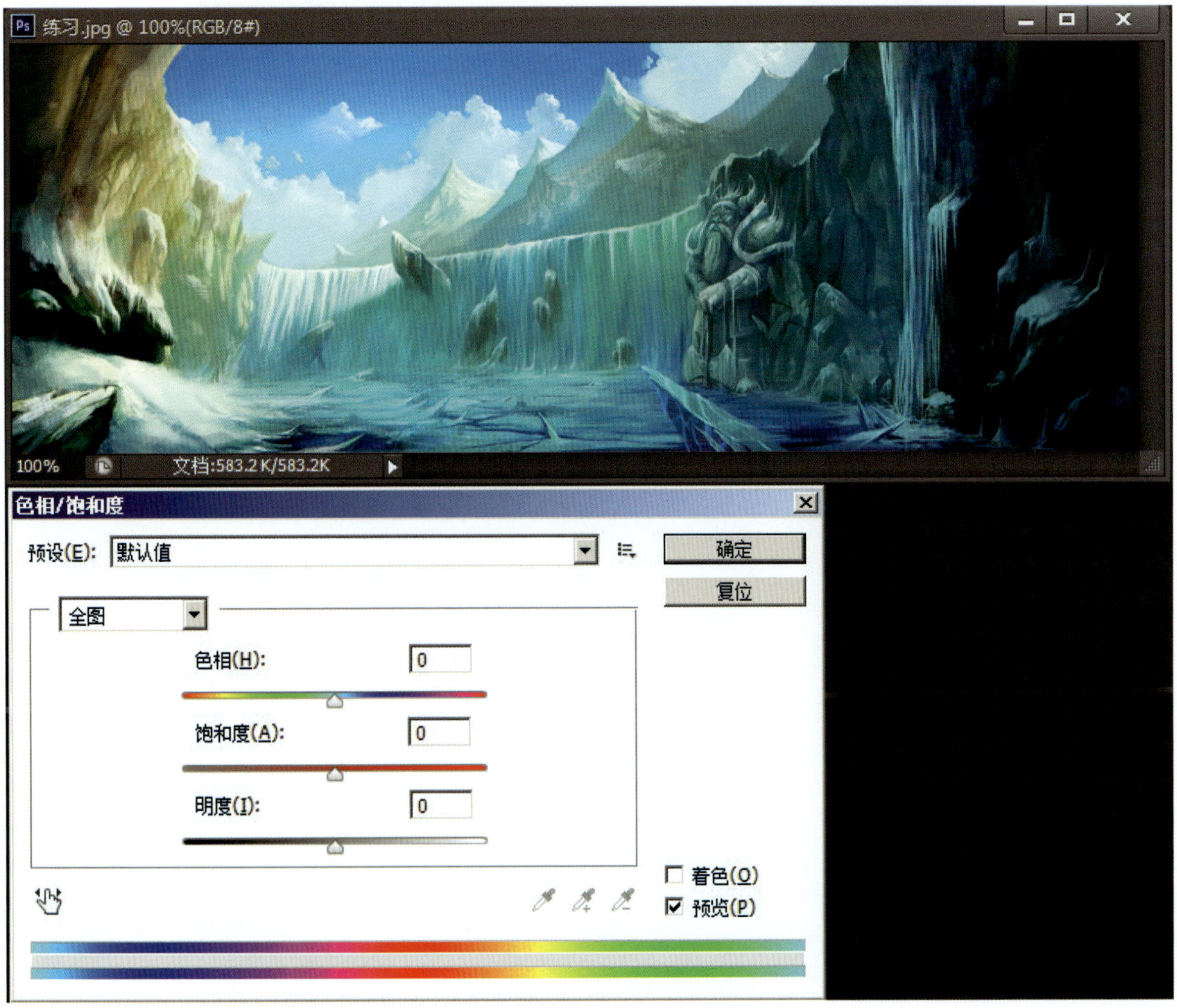

图 2–64 “色相／饱和度”命令

第五节 Bodypaint 3D 软件基础及应用

一、Bodypaint 简介

Bodypaint 3D是德国Maxon公司出品的一款专业的三维贴图绘制软件。该软件可以充分地与目前的动画软件结合，可以在3D物体表面直接彩绘，还提供了完美的材质操作和U V W编辑功能，支持颜色、透明、凹凸、高光、自发光等多种贴图通道，使用绘制工具时可以及时看到绘制结果，并根据需求来使用不同的显示级别和效果，做到所见即所得。Bodypaint 3D软件在使用习惯上也很接近于三维软件及Photoshop软件的操作。《蜘蛛人》《亚瑟王》以及其他众多的好莱坞影片都使用了Bodypaint 3D软件来绘制贴图。

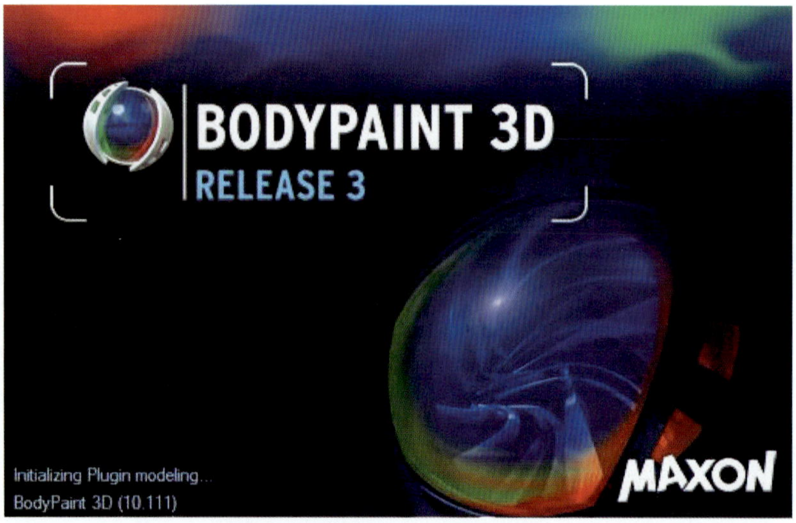

图 2-65 启动 Bodypaint 3D 软件

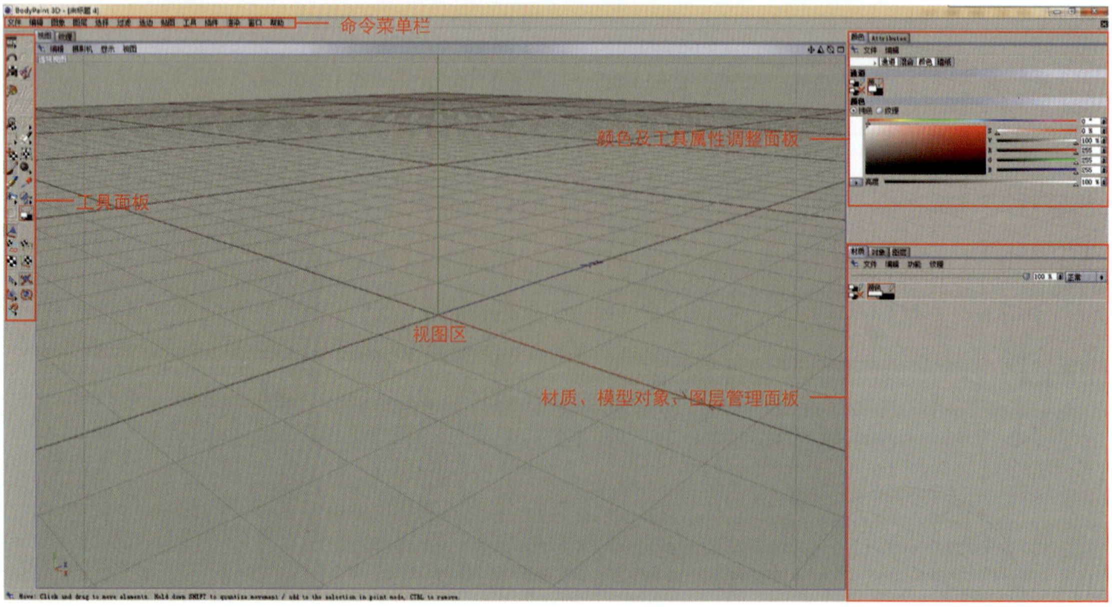

图 2-66 Bodypaint 3D 界面

二、Bodypaint 3D 在游戏中的运用

Bodypaint 3D在游戏制作中主要运用于绘制角色、场景的材质贴图，以及处理接缝和一些细节的纹路。Bodypaint 3D拥有许多先进的技术可以通过最直观的方式绘制贴图，是许多三维艺术工作者制作模型贴图时的首要选择。

三、Bodypaint 3D 基本功能

在菜单栏中点击“文件—打开”，选择从MAX里导出的“头部.obj”，将模型导入Bodypaint 3D软件。如图2-67。

在“材质面板”文件下选择“新建材质”命令，创建一个新的材质球。如图2-68。

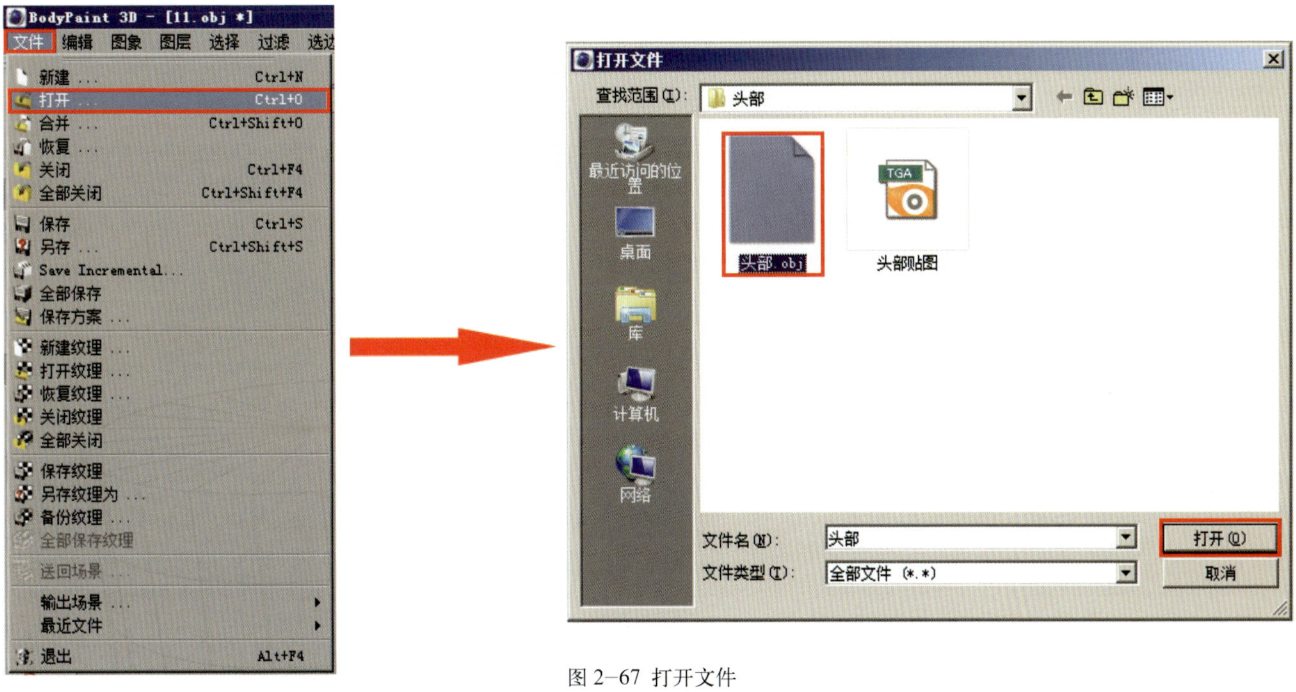

图 2-67 打开文件

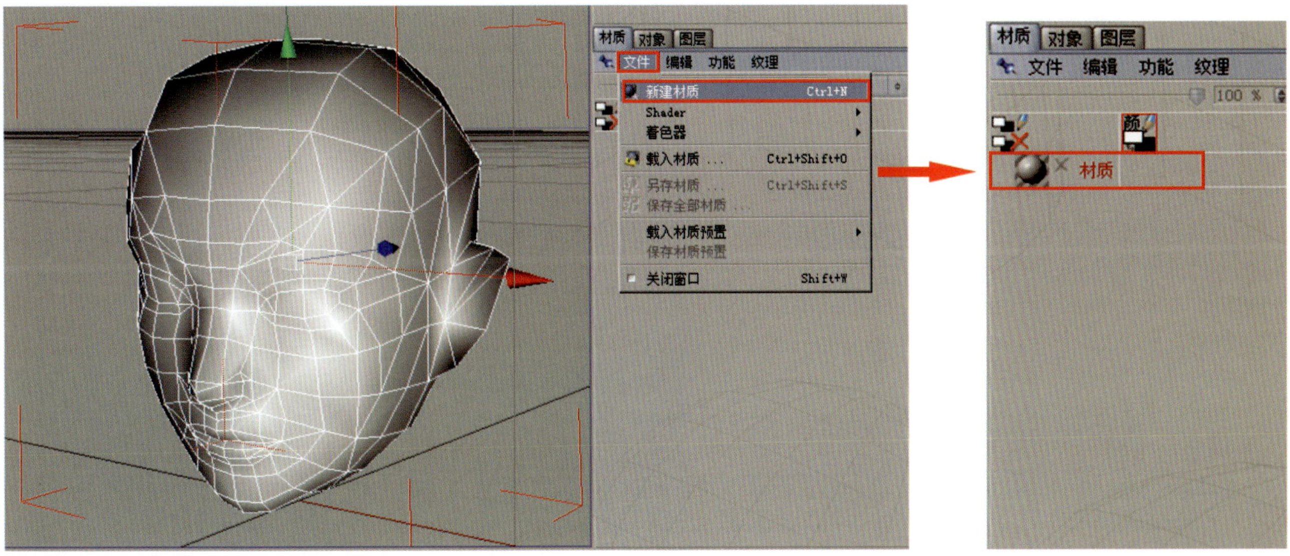

图 2-68 创建材质

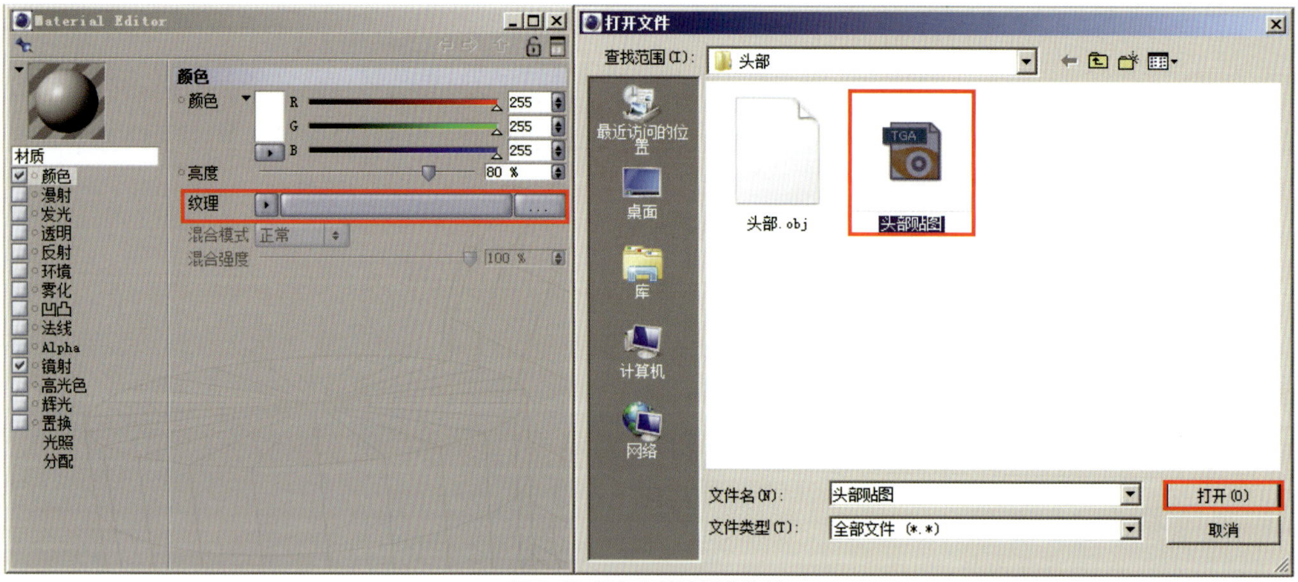

图 2-69 指定头部贴图的路径

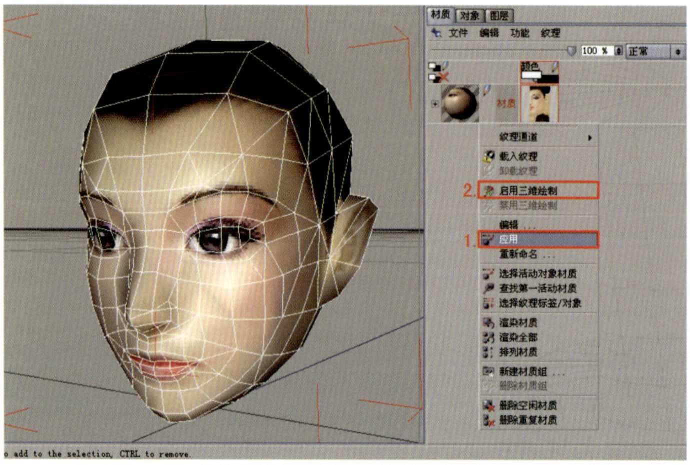

图 2-70 贴图编辑前的设置准备

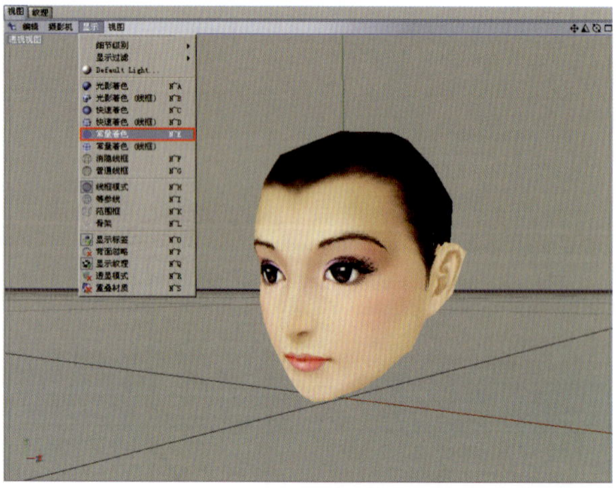

图 2-71 设置“常量着色”模式

双击材质球，在弹出的窗口中点击“纹理”，为模型指定头部贴图的路径。如图2-69。

选择头部模型后在“材质”面板中点击鼠标右键，弹出卷展栏，选择“应用”将材质指定给模型，再选择“启用三维绘制”以便在Bodypaint 3D中对头部贴图进行贴图编辑。如图2-70。

在Bodypaint 3D中，模型默认为灯光模式，为了方便观察，在绘制贴图时通常把显示设置为“常量着色”。如图2-71。

在贴图绘制过程中，可以在图层面板设置图层，图层的概念跟Photoshop类似。在图层面板点击“功能”选项，在弹出的卷展栏中可以新建图层、再制图层、删除图层等，双击图层可更改图层名称。如图2-72。

四、Bodypaint 3D 工作界面

Bodypaint 3D启动时默认的视图布局为标准的均等四视图，分别为透视、顶视、右视、前视图（正面视图），其效果如图2-73。

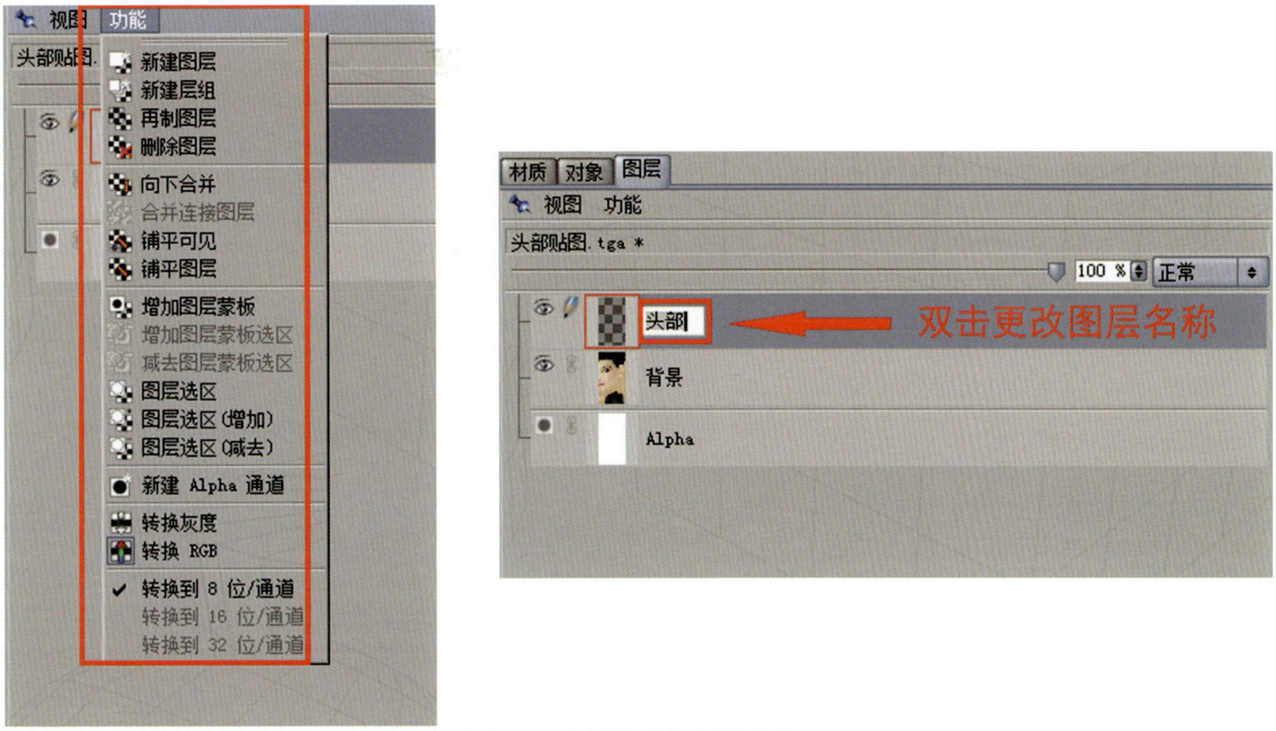

图 2-72 “功能”菜单的下拉菜单

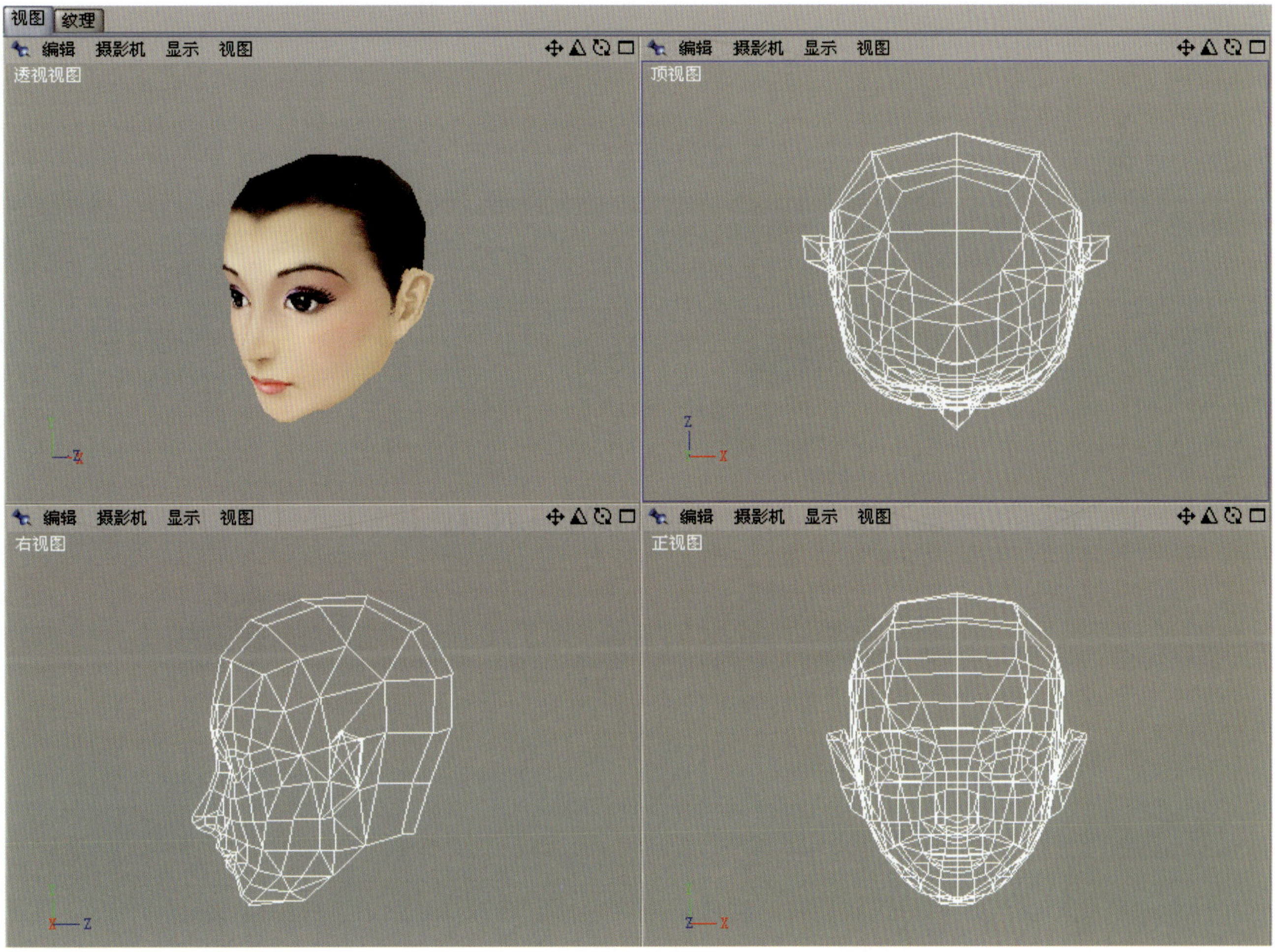

图 2-73 视图布局

每个视图的右上角都有可以操作视图的按钮工具，依次为移动视图、缩放视图、旋转视图、视图最大化，其效果如图2–74。相对应的快捷键：

●旋转视图为<Alt+鼠标左键>。

●平滑缩放视图为<Alt+鼠标右键>。

●快速缩放视图为鼠标滚轮调节。

●移动视图为<Alt+鼠标中键>。

●视图最大化用鼠标中键调节。

如果需要改变视图，只需要在所要改变的视图中点击摄影机选项，在其下拉菜单中选择想要的视图即可，也可以在视图面板中选择不同的视图布局。如图2–75。

在工具栏中，点击“视图工具”，可以选择将界面切换为BP UV Edit或BP 3D Paint界面。这样我们在编辑贴图时，可以在3D模式和UV平面模式中同时观察。如图2–76。

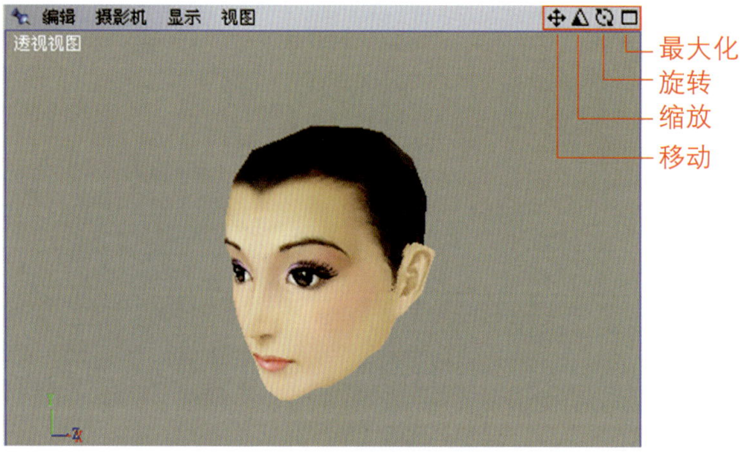

图 2–74 视觉按钮功能

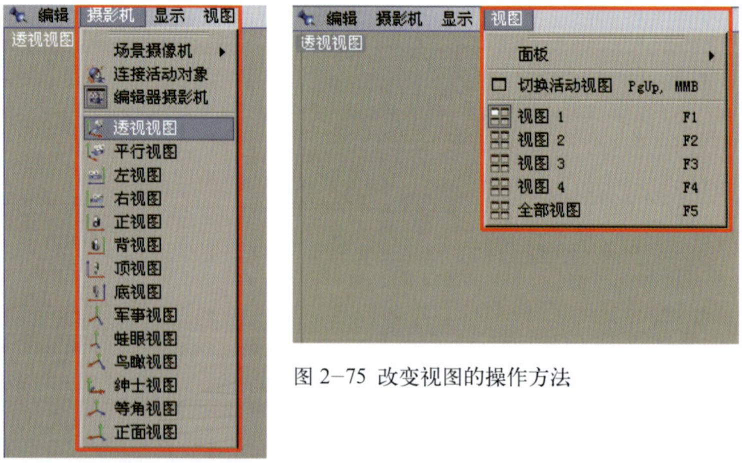

图 2–75 改变视图的操作方法

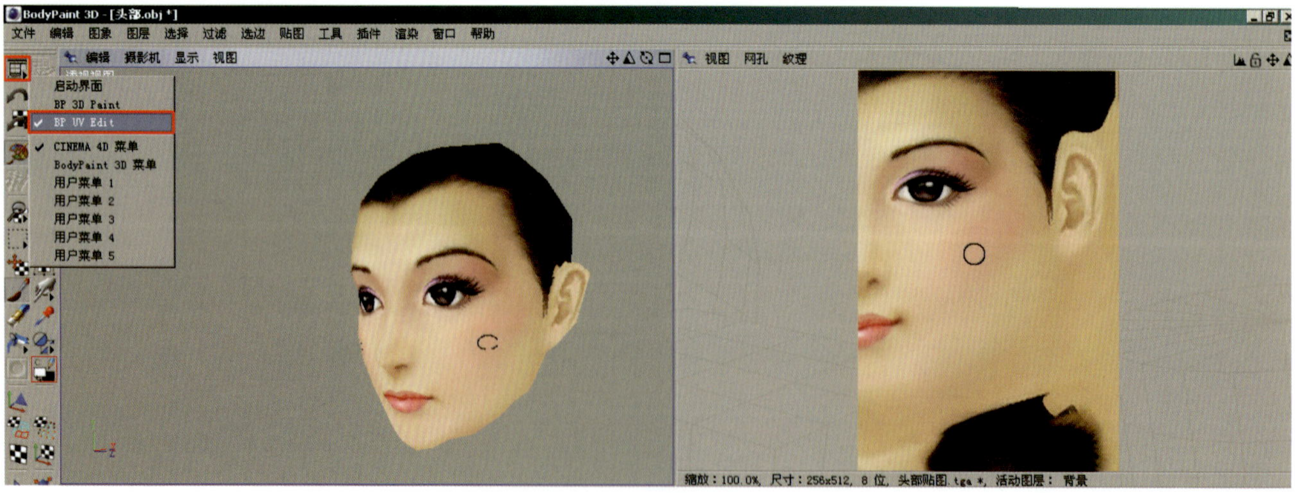

图 2–76 界面切换

五、Bodypaint 3D 常用工具

1. 画笔工具

在工具栏中点击“画笔工具”，在“颜色面板”中可以选择颜色，在Attributes面板中可以设置画笔的相关属性及画笔类型。如图2–77。

2. 橡皮工具

在工具栏中点击“橡皮工具”，在Attributes面板中可以设置橡皮的相关属性及橡皮类型。如图2–78。

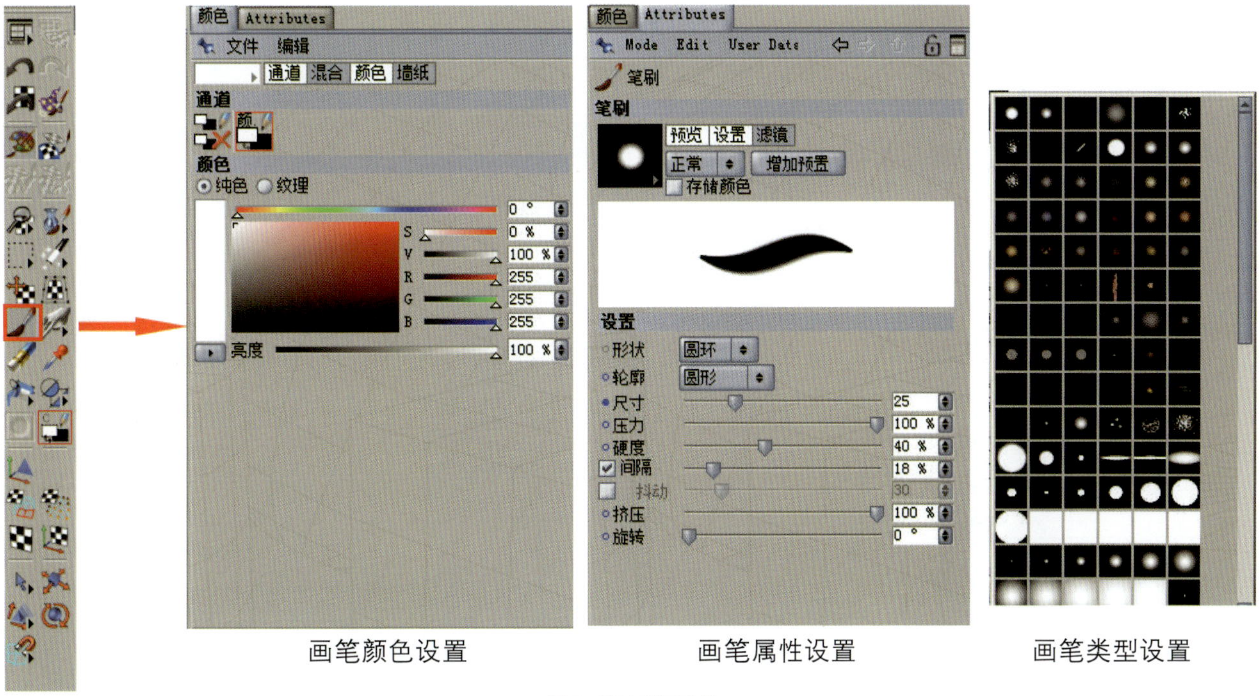

图 2–77 画笔工具

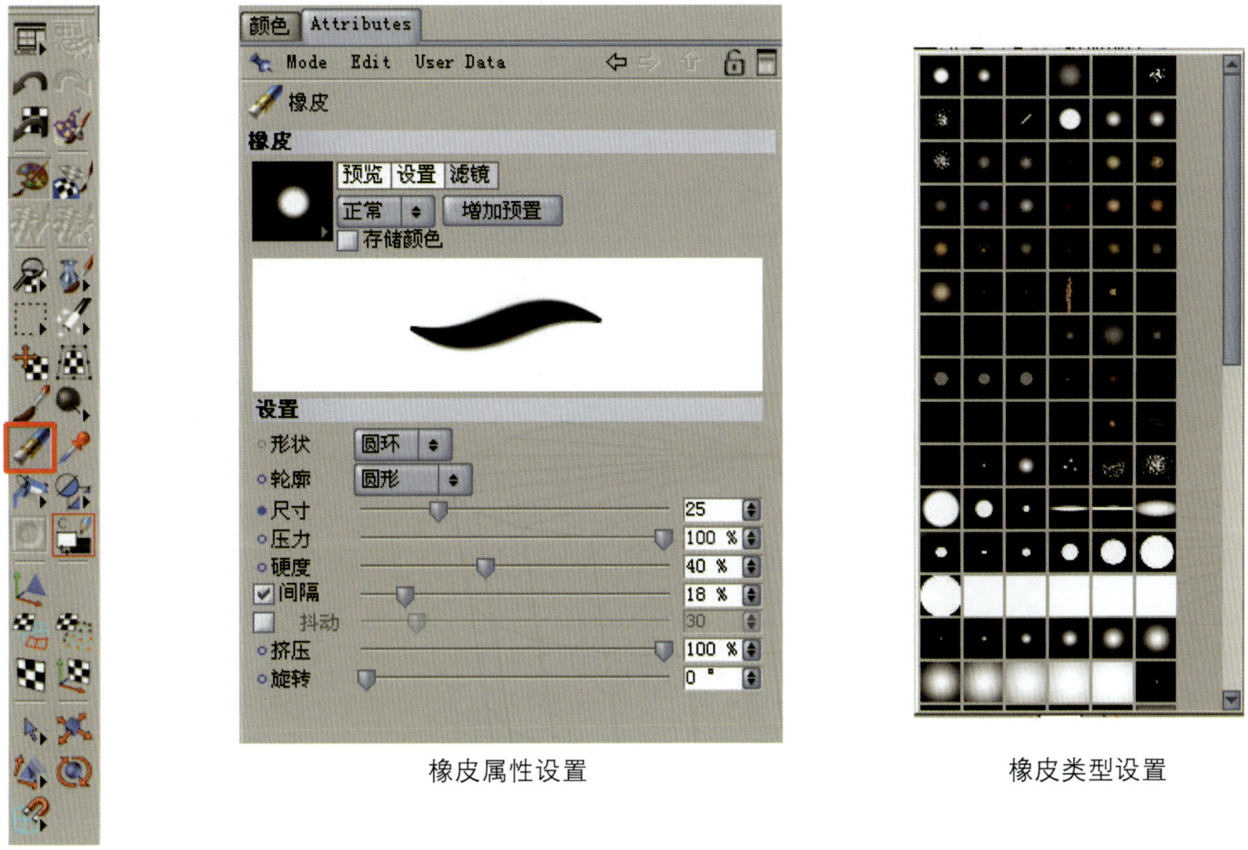

图 2–78 橡皮工具

3. 吸管工具

在工具栏中点击“吸管工具”，或在画笔工具模式下按住<Ctrl>键也可选择吸管工具。在Attributes面板中可以设置吸管的相关属性，在默认状态下“全部可见图层”是关闭的，勾选以后才会生效。如图2-79。

4. 加深／减淡工具

在工具栏中点击“加深/减淡工具”，在Attributes面板中可以设置加深/减淡工具的相关属性。如图2-80。

5. 选区工具

在工具栏中点击“选区工具”，可选择矩形、圆形、自由多边形等选项。如图2-81。

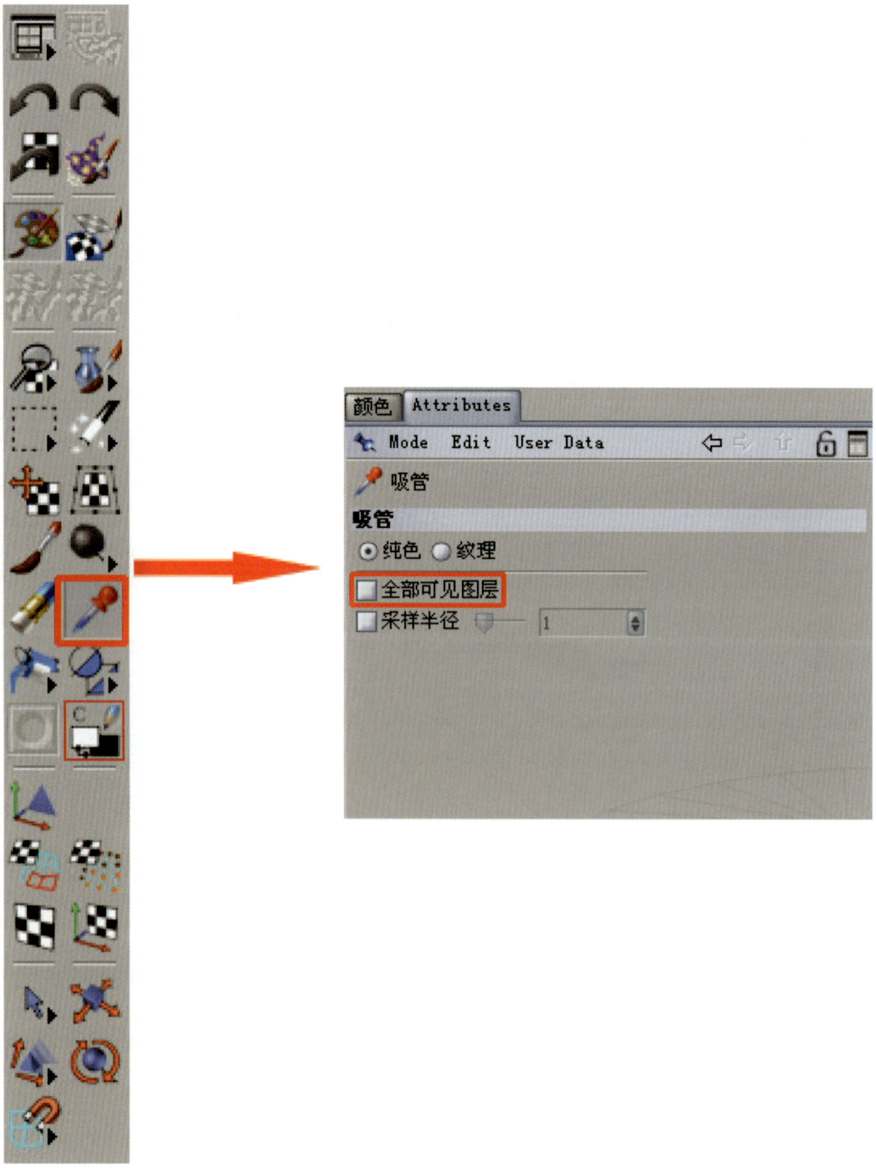

图 2-79 吸管工具

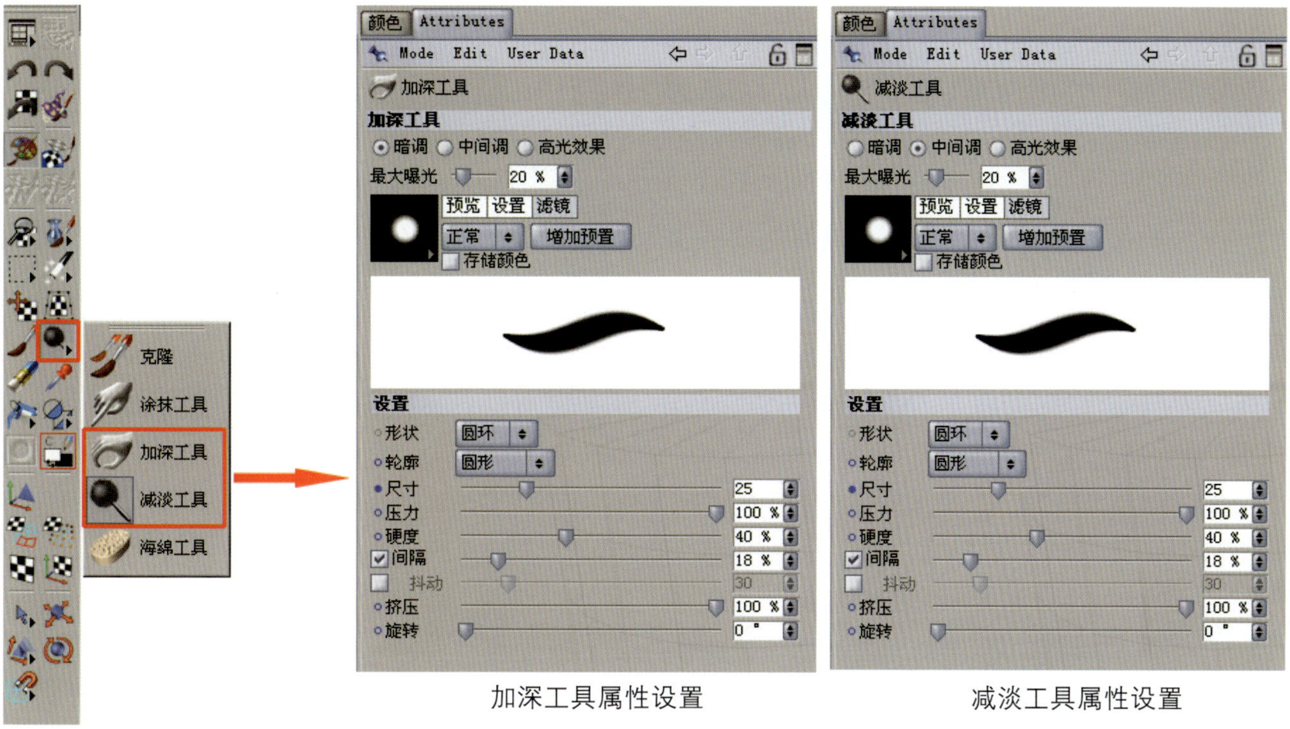

图 2–80 加深 / 减淡工具

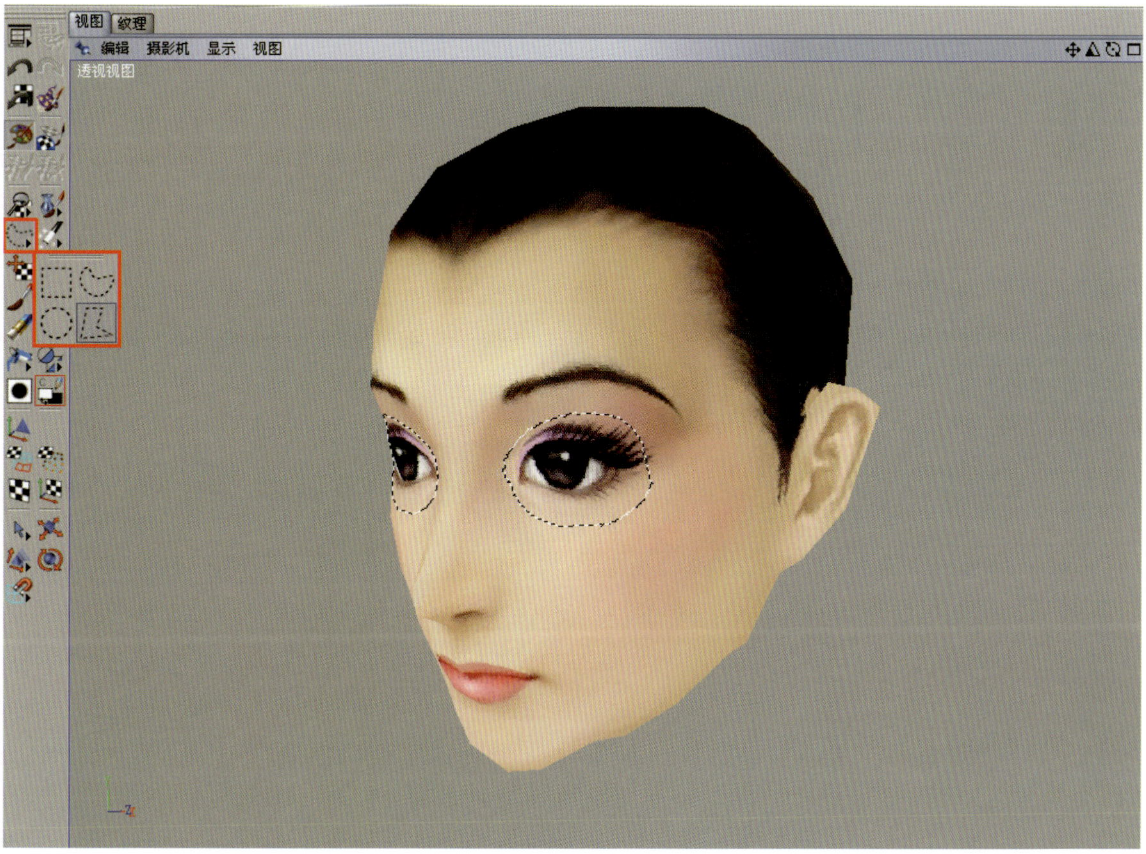

图 2–81 选区工具

本章小结

一名合格的游戏美术师除了要具有扎实的美术基础外，还要熟练掌握和运用游戏开发工具。计算机图形制作技术是3D游戏美术设计师的必备技能，3ds Max、Photoshop、Bodypaint 3D等游戏美术制作软件都是3D游戏美术设计师必须掌握的。当然从游戏开发的角度来说，仅仅掌握这些软件的一般应用是不够的，还必须熟悉游戏开发的流程，了解游戏美术的特殊要求，掌握游戏领域最新的技术手段。

思考与练习

1.了解3ds Max、Photoshop、Bodypaint3D软件在游戏制作中的作用。

2.掌握3ds Max、Photoshop、Bodypaint3D软件的基本操作及常用工具的运用。

第三章
网络游戏武器制作

游戏动漫

要点导入：

本章通过典型案例——战斧武器的制作，学习原画的设定、模型的制作、UV的编辑、贴图的绘制4个方面的知识，从而使读者熟悉游戏武器的制作流程和掌握其制作方法，最终对游戏3D美术制作产生深刻的认识与理解。战斧模型最终效果如图3-1。

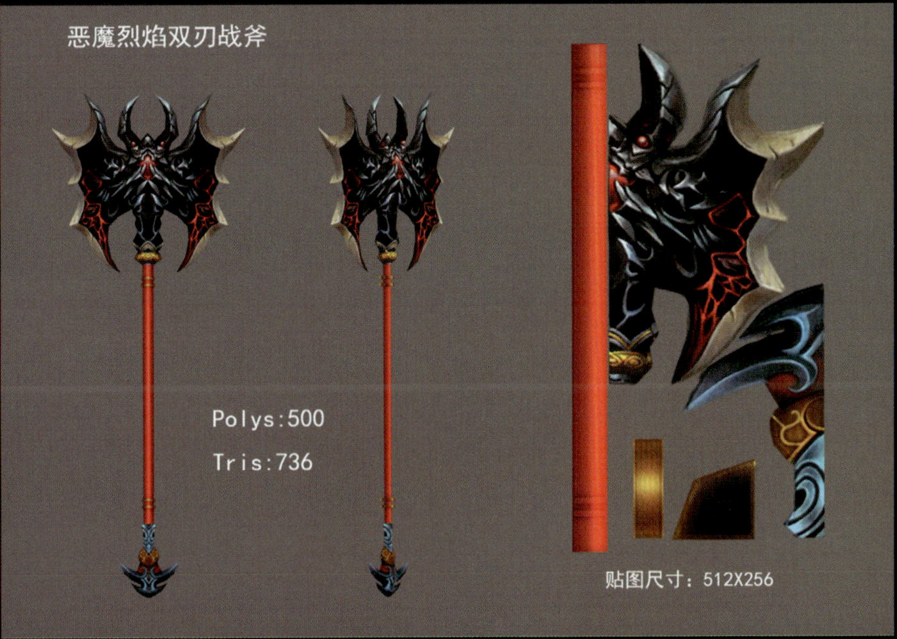

图 3-1 战斧模型效果

第一节 战斧原画分析

在3D游戏美术制作中，设计者必须要对原画的设计进行全面分析，才能准确地制作出合理的3D效果。

武器战斧属于中式魔幻风格，在游戏中一般为近战力量的职业者使用。从类型上看，这把恶魔烈焰双刃战斧属于近战中的长柄重型武器，前端像一只张开双翼的恶魔，双翼边上有岩浆裂开的效果，它带有反刺的尾巴构成武器的底部；从结构上分析，这把双刃斧中间厚、两边薄，斧头的两个角具有向前刺的作用，所以要尖且长一点，斧的刃要体现出翅膀的感觉，柄身细长，尾部有尖刺；从质量上分析，这把武器为高级武器，造型奇异，斧头本身用稀有材料——千年寒铁铸造，斧柄材质为金属质感。战斧原画如图3-2。

图 3-2 战斧原画

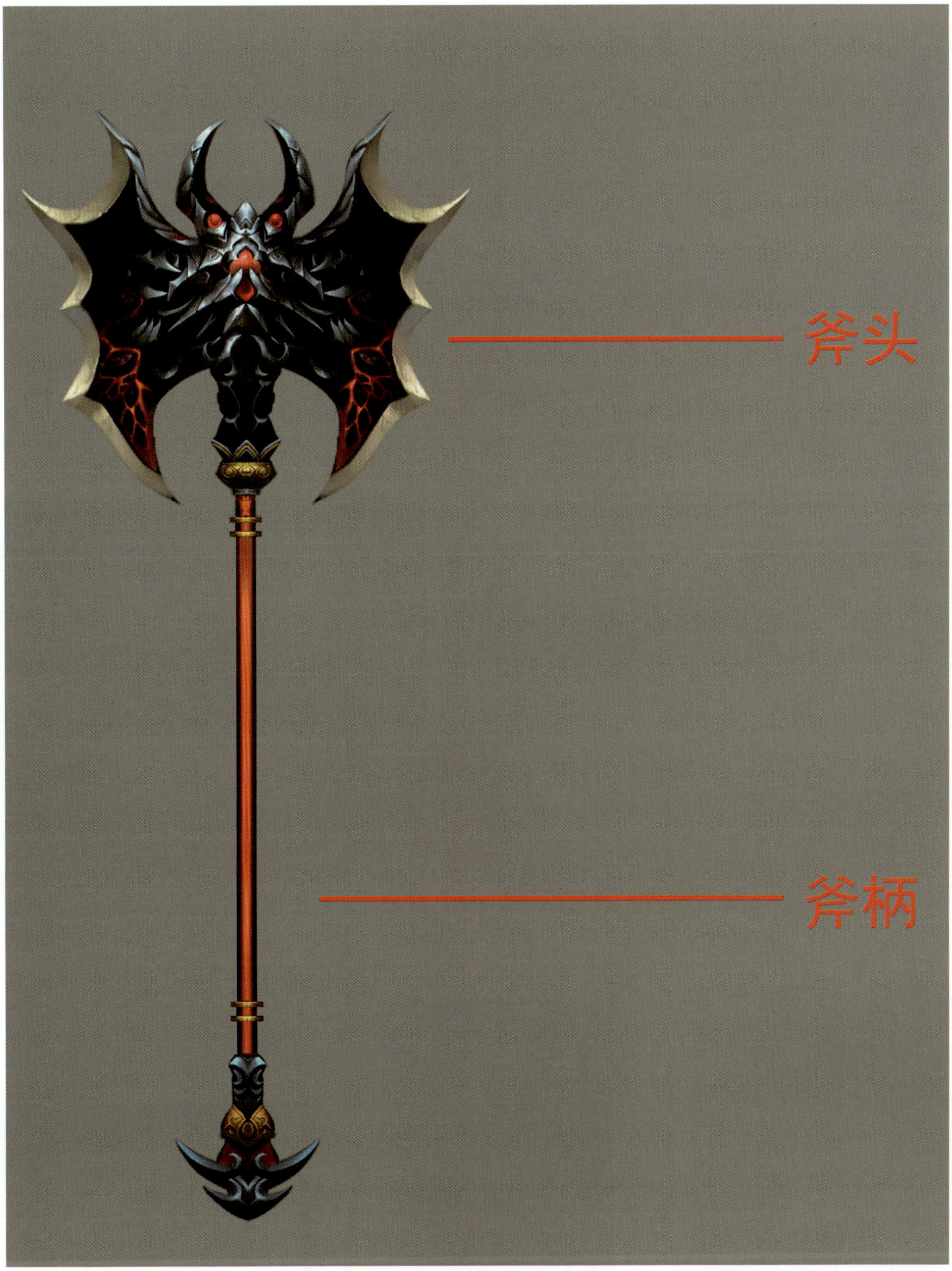

图 3–3 战斧原画分析

战斧大致可分为和斧头和斧柄两部分，每一部分可以运用适合的建模方法，这样更能提高工作效率。如图3–3所示，斧头造型比较复杂，可以先用样条线勾出轮廓再生成模型，斧柄可以直接将模型转换为多边形后挤出模型。

第二节 战斧模型制作

①打开3ds Max，在菜单栏中选择“自定义—单位设置”，将“单位显示比例”设置为“厘米”，其他保持默认。如图3–4。

②在正视图中创建一个平面，长宽跟武器原画尺寸保持一致，线段数量为1，坐标归零。如图3–5。

③按<M>快捷键，打开材质编辑器，选择一个材质球，点击漫反射的颜色，在“材质/贴图浏览器”中点击“位图”，将武器原画导入到材质球中。如图3–6。

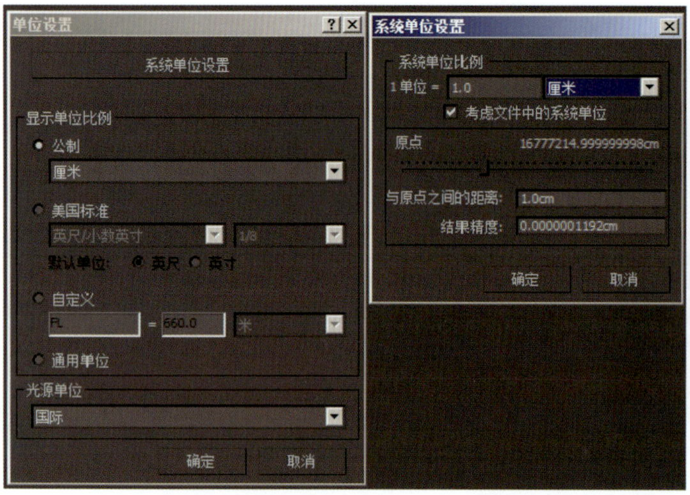

图 3–4 系统单位设置

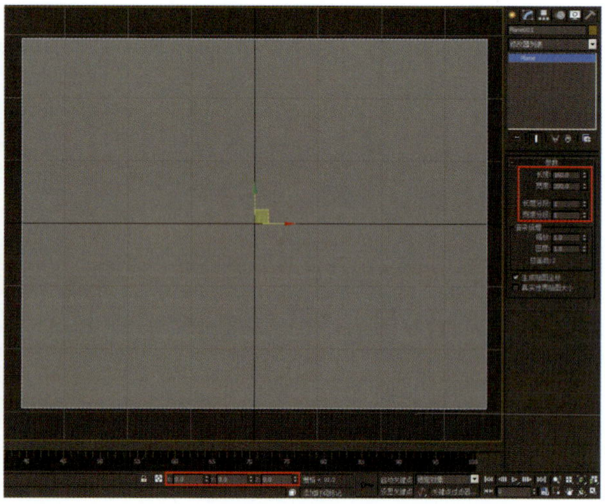

图 3–5 设置尺寸与坐标

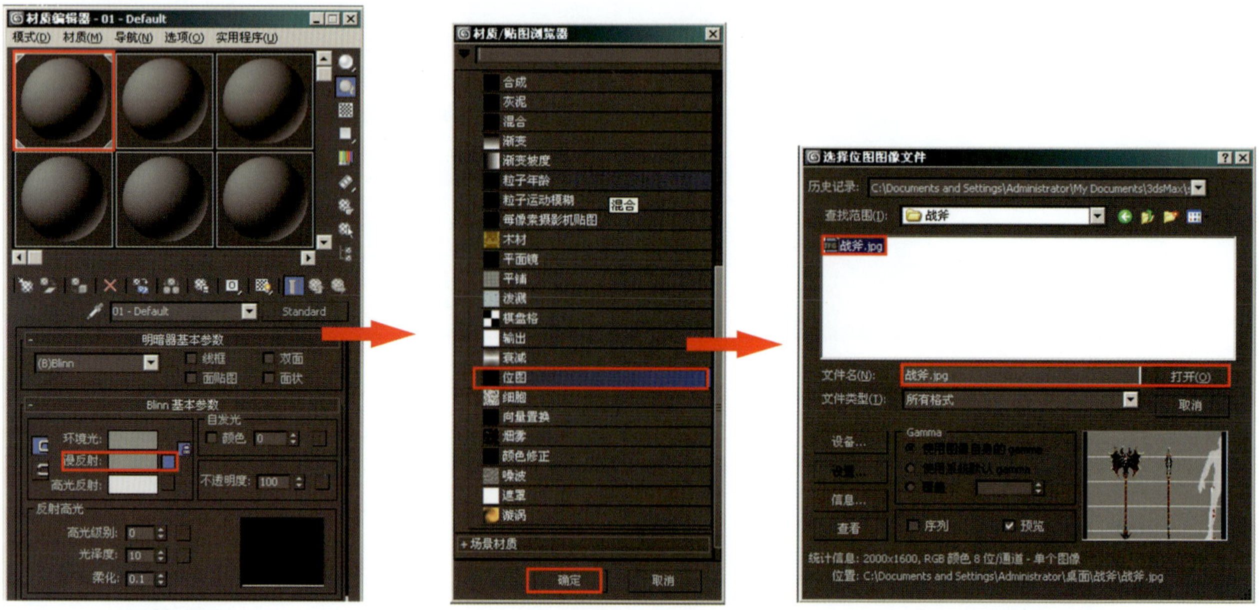

选择材质球　　打开位图　　导入武器原画

图 3–6 导入原画

④将材质指定给创建的平面。如图3-7。

⑤选择面片模型后点击鼠标右键，进入对象属性面板勾选“冻结”，取消勾选“以灰色显示冻结对象”，这样就可以冻结面片模型。如图3-8。

⑥斧头的建模方式选择用样条线。在创建面板下选择“图形”，再选择“线”命令，我们就可以沿着斧头的边缘创建样条线，勾出外轮廓的主要结构。如图3-9。

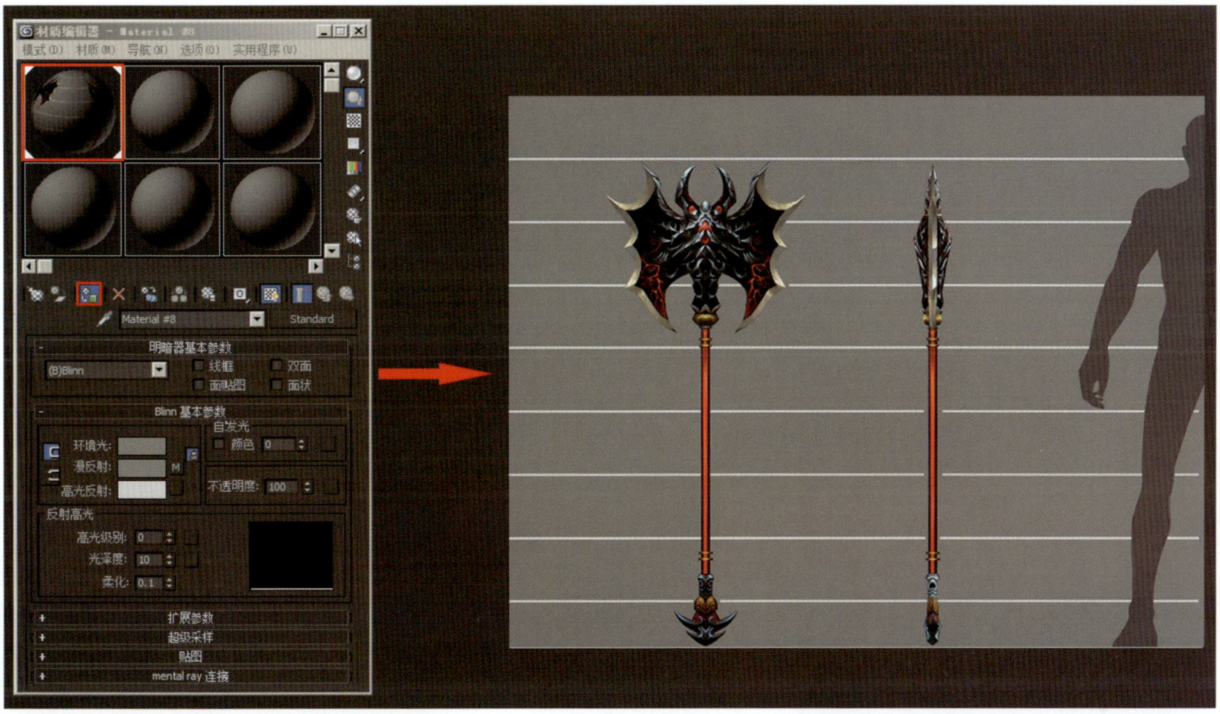

图 3-7 指定材质

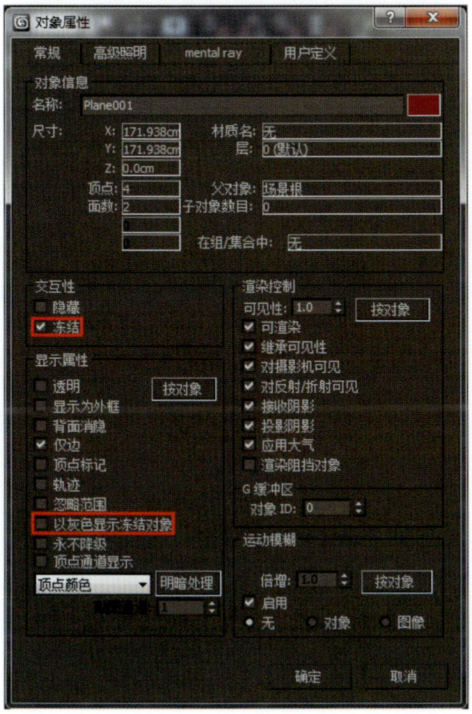

图 3-8 冻结面片模型

图 3-9 斧头建模

⑦由于斧头左右两边对称，所以只需要创建一边的外轮廓，然后将二维样条线转换为“可编辑多边形”进行编辑。如图3–10。

⑧分析斧头的结构并进行布线，线是为结构而存在的，所以要在结构转折上增加布线。如图3–11。

⑨分析原画，从轮廓剪影推测出不同角度的立体起伏关系，调整出模型的厚度，并且厚度起伏要有层次感。如图3–12。

⑩游戏制作有一定的资源限制，为了减少模型面数，节省资源，方便调整最终模型，我们只需要保留结构线，其余部分合并为三角面，并均匀链接。如图3–13。

⑪在修改面板中，通过两次“对称”命令，将调整好的模型进行一次左右对称的复制操作，再进行一次前后对称的复制操作，完成斧头的模型制作。如图3–14。

⑫对模型进行塌陷操作，再选择斧头底面的边，按<Shift+移动>组合键将斧柄的结构拉出。如图3–15。

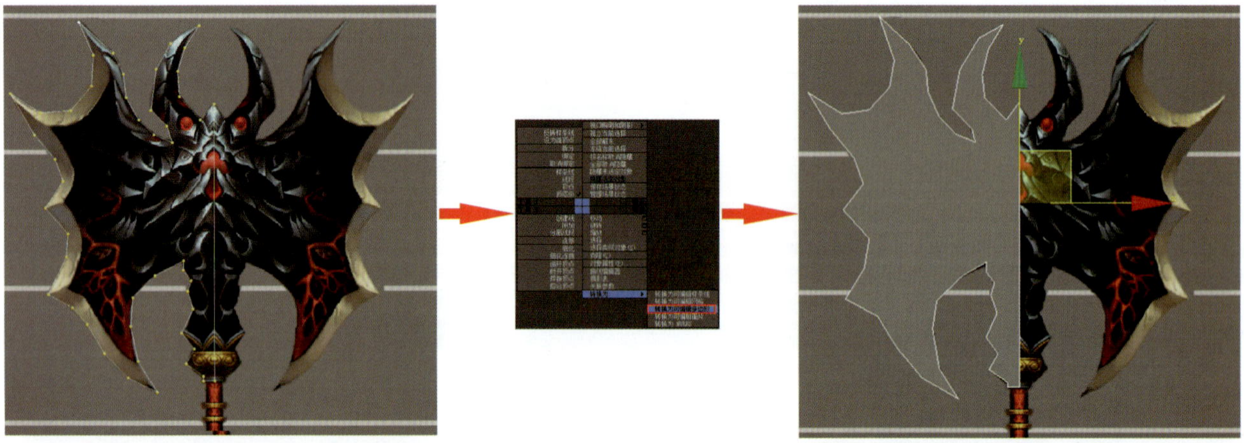

图 3–10 转换样条线

图 3–11 增加布线

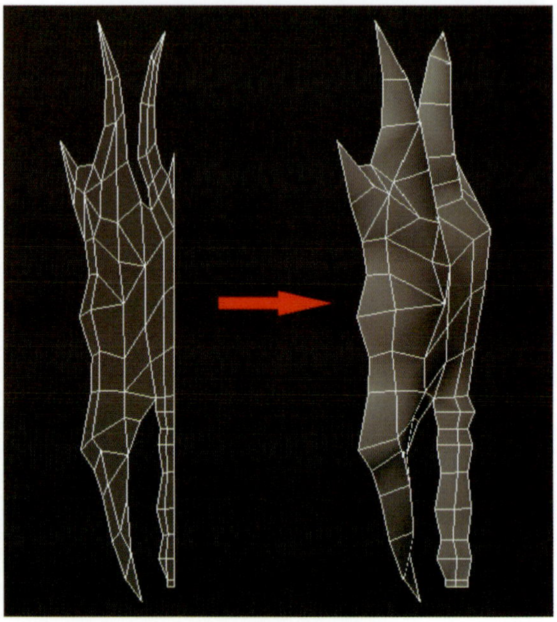

图 3–12 厚度调整

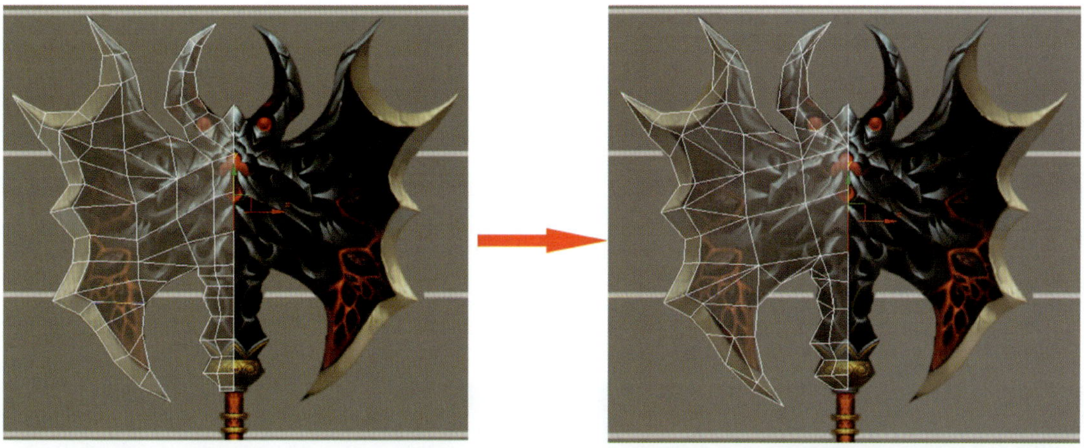

调整前　　　　调整后

图 3-13 调整前后效果对比

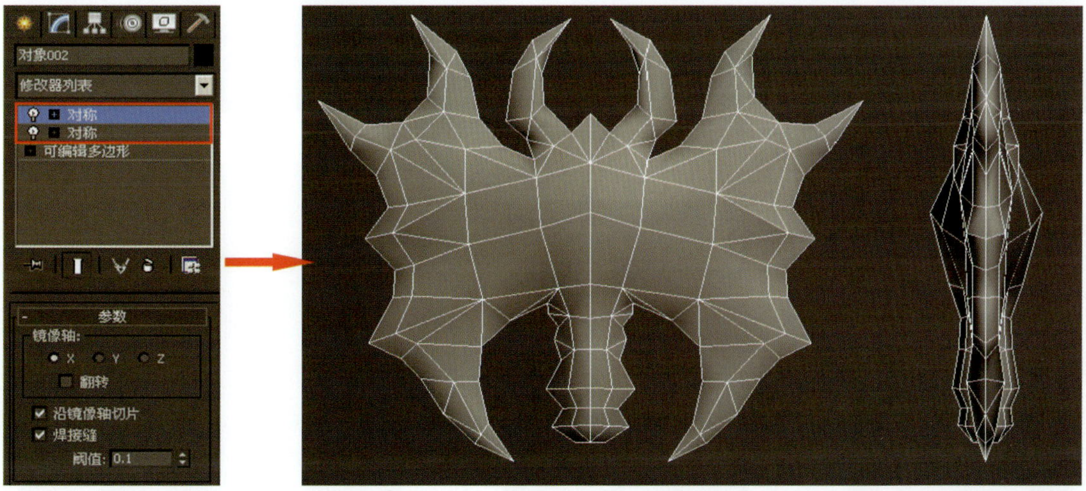

图 3-14 对模型进行复制操作

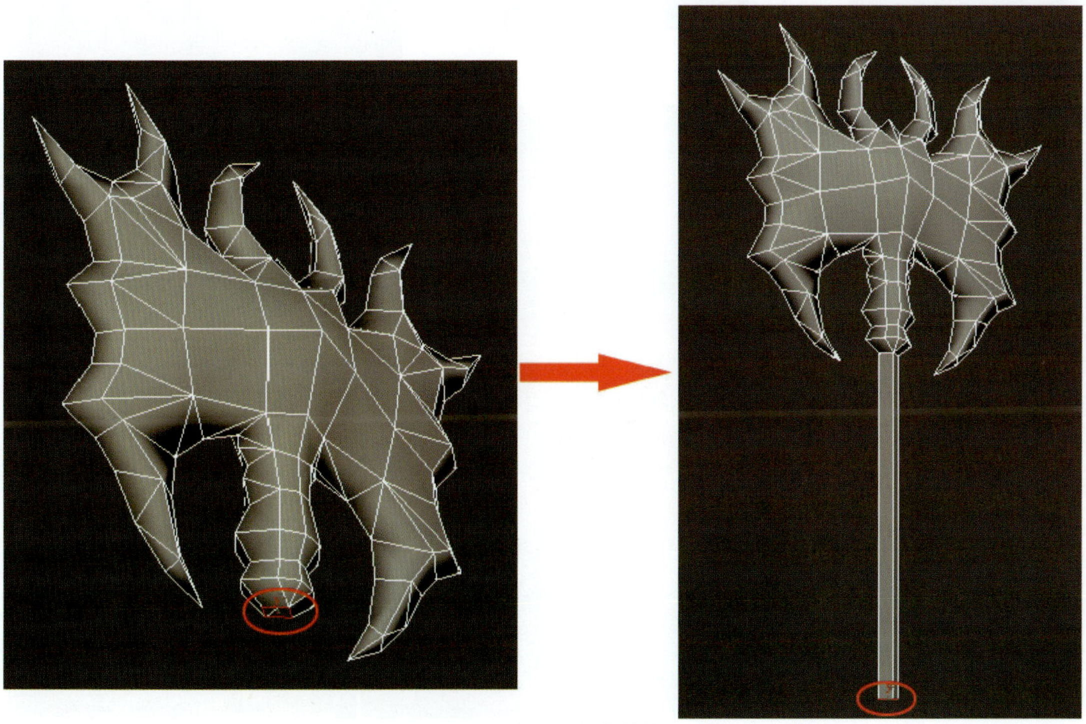

图 3-15 拉出斧柄的结构

⑬增加布线，并挤出斧柄底部的结构，调整出底部模型。如图3–16。

⑭制作出斧柄上圆环的结构。在创建面板中选择“几何体”，创建一个“圆柱体”，并设置参数。如图3–17。

⑮游戏模型通常都需要增加表面平滑组，显示出软硬边的变化，准确表现模型的结构。按模型转折的结构分别设置不同的光滑组，如图3–18。设置后最终效果如图3–19。

⑯武器模型完成后，将模型放在网格中心上，坐标设置在模型底部，模型名改为“武器_战斧”，与原画名称统一。如图3–20。

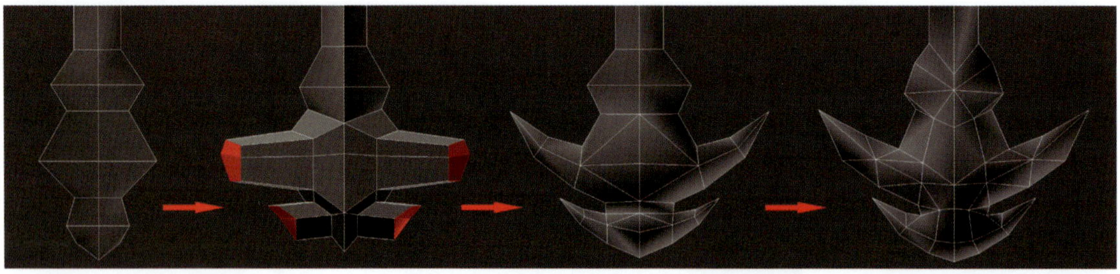

图 3–16 挤出斧柄底部的模型

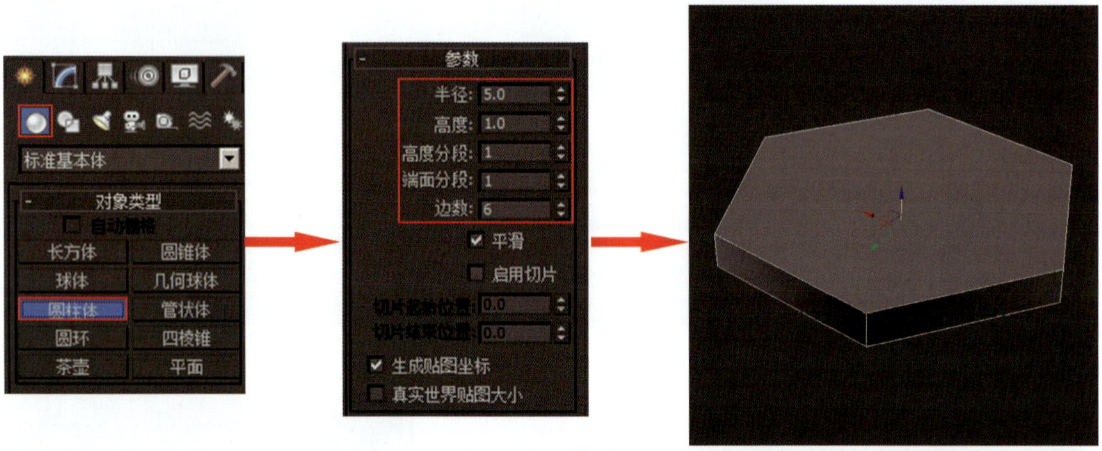

图 3–17 制作圆环

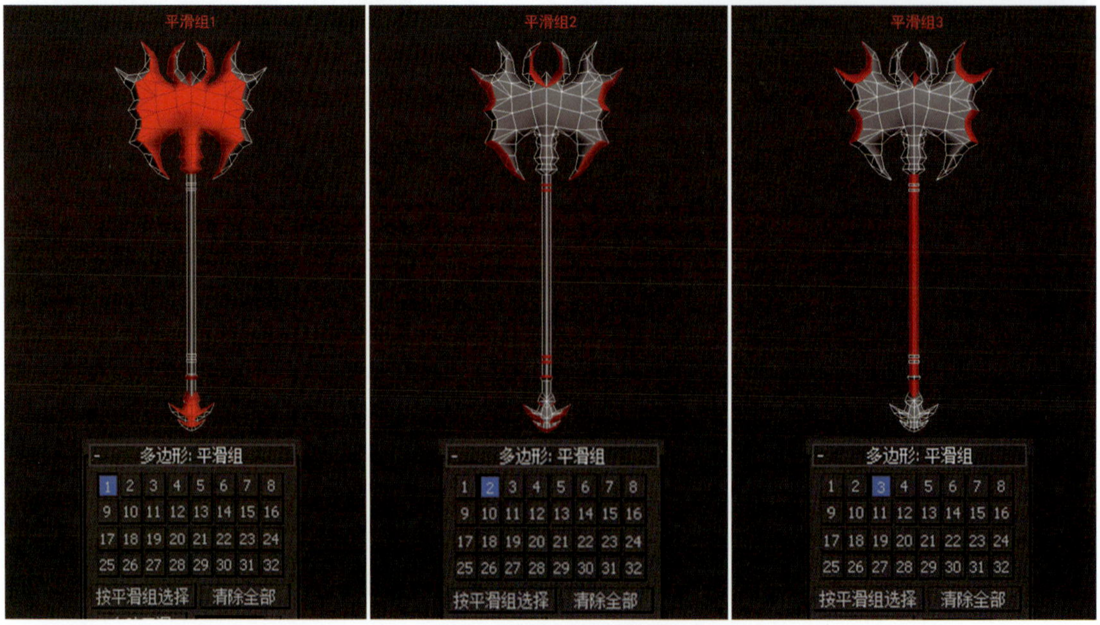

图 3–18 增加表面的平滑组

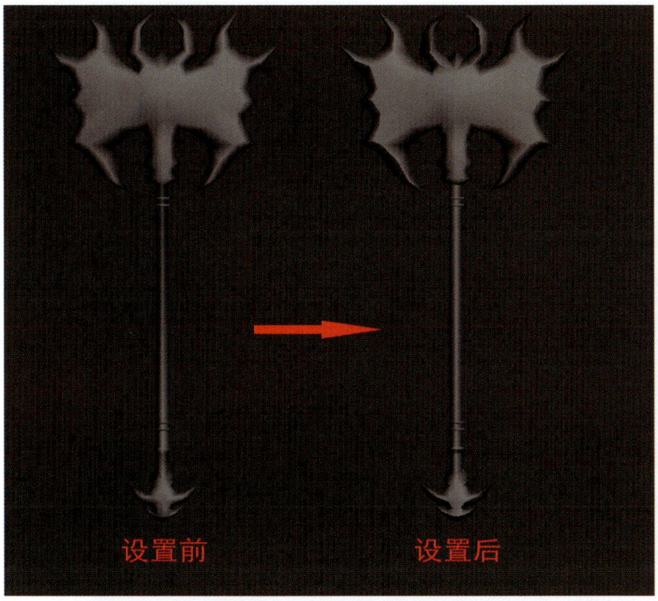

图 3–19 最终效果

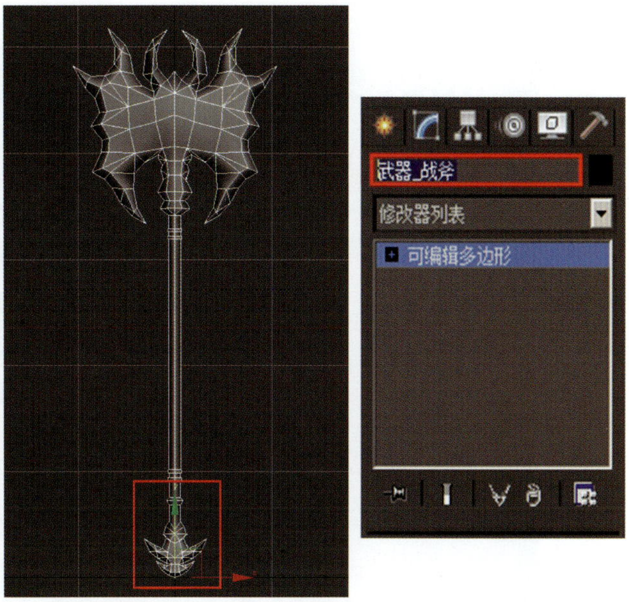

图 3–20 设置坐标和更名

第三节 战斧 UV 编辑

制作完战斧模型之后，开始编辑模型的UVW坐标。在编辑UVW坐标的过程中，要注意合理分配空间，可以通过棋盘格贴图来观察UVW坐标的分布。武器模型为前后左右对称式的，只需要对四分之一的模型进行UV编辑，再将模型对称复制即可。具体操作步骤如下：

①在修改面板中增加“UVW展开”命令，进入多边形层级，给武器斧头和斧身分别指定“平面坐标”。如图3–21。

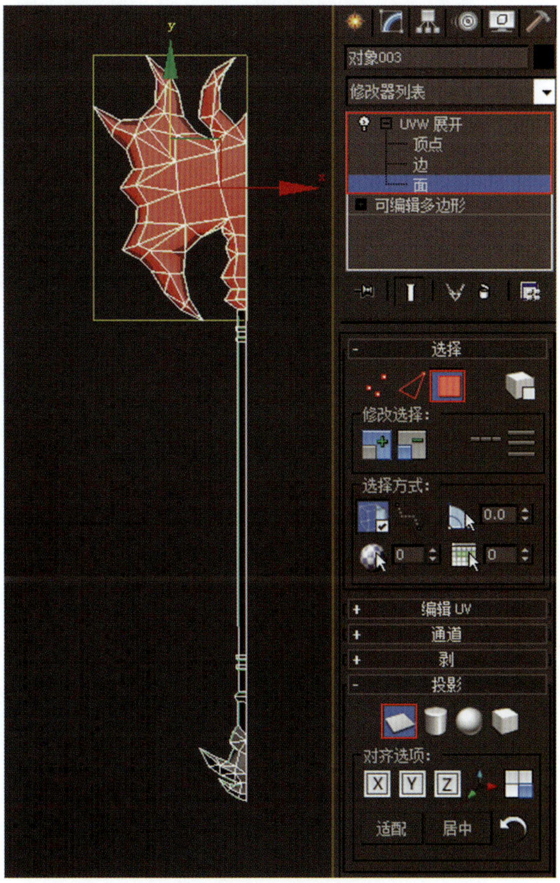

图 3–21 UVW 展开

②给模型指定棋盘格贴图，在编辑UV面板中点击“打开UV编辑器”，检查UVW坐标位置摆放是否合理(贴图细节较多的UV范围放大，反之缩小），并调整相应的UVW坐标顶点，使棋盘格显示为正方形。为了节省资源，武器UV摆放为长方形，只摆放编辑框的一半。如图3–22。为了正确渲染UV模板，将UVW坐标向右扩大至整个UVW编辑框。如图3–23。

③在编辑UVW对话框中选择“工具”命令，在

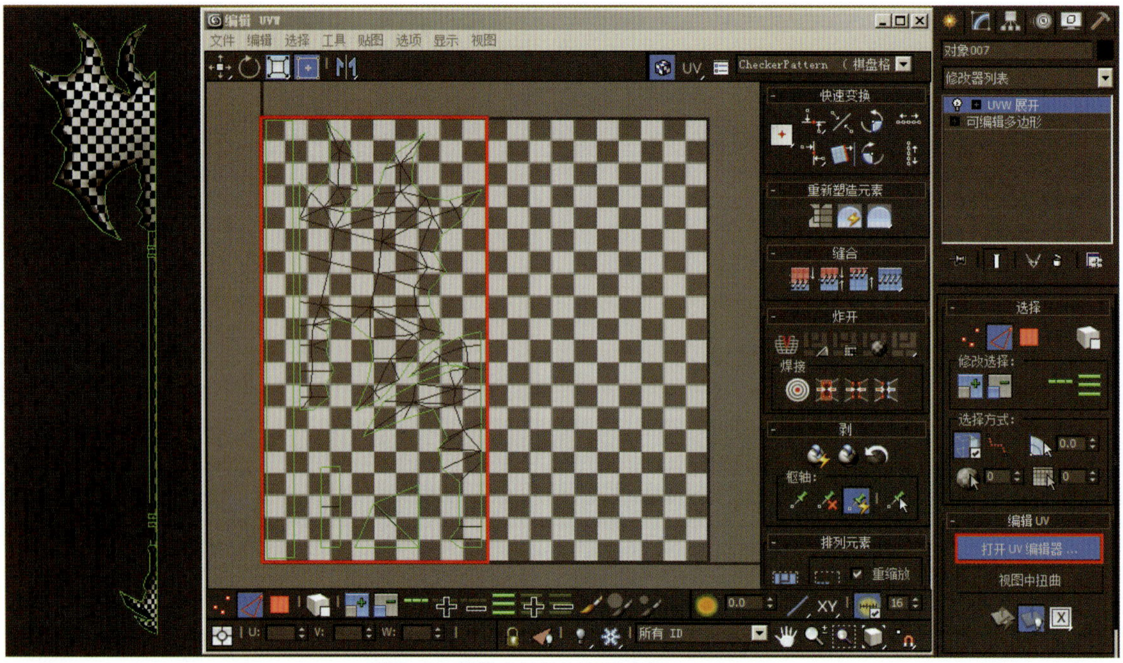

图 3-22 用棋盘格贴图校准坐标

图 3-23 扩大 UVW 坐标

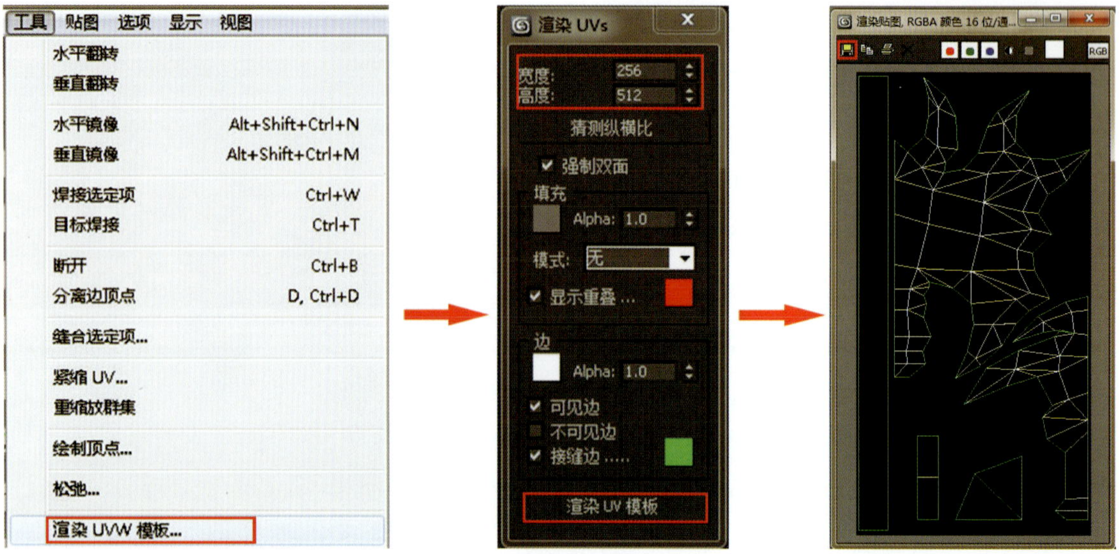

(a) 渲染 UV 模板

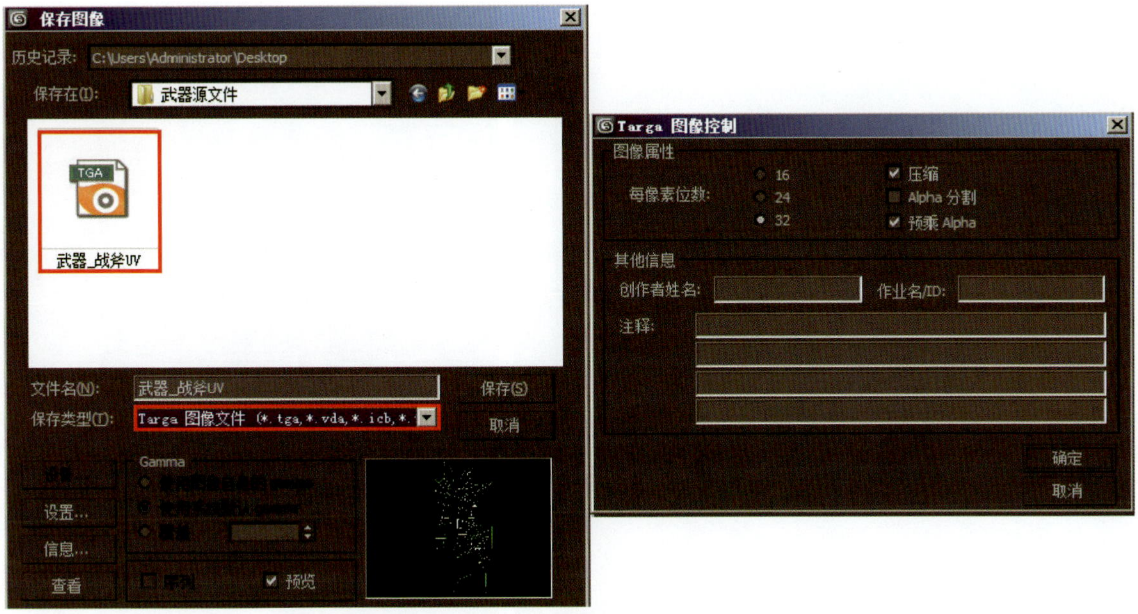

（b）保存贴图

图 3–24

弹出对话框中选择“渲染U V W模板”，设置导出的贴图坐标的宽、高尺寸为256×512，点击“渲染UV模板”，保存UV为“tg”格式，并命名为“武器_战斧UV”。如图3–24a、图3–24b。

第四节 战斧模型贴图绘制

①绘制模型贴图。完成模型的U V编辑后，开始绘制模型贴图。一般情况下，游戏的光照都是从上至下的，所以在绘制贴图时要模拟这种光源效果。为了在绘制贴图时方便观察贴图效果，一般会将3ds Max内部光照取消（单击数字键“8”打开环境设置框，将全局照明下的染色和环境光对调一下），如图3–25。设置后模型的效果如图3–26。

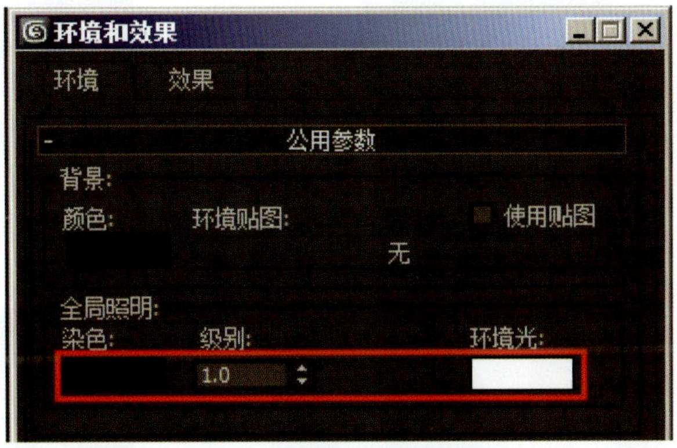

图 3–25 设置环境和效果

②在Photoshop中打开“武器_战斧U V”，双击背景图层将其解锁，并将背景图层名称改名为“U V”，图层叠加方式改为“滤色”，图层不透明度设置为20%，这样才方便为绘制贴图颜色作参考。最后将图层锁定，以免编辑过程中不小心被拖动或编辑。如图3–27。

③在绘制贴图时需创建新的图层，并将其放置在U V层之下。填充战斧各部分的颜色，以与原画

图 3-26 模型效果对比

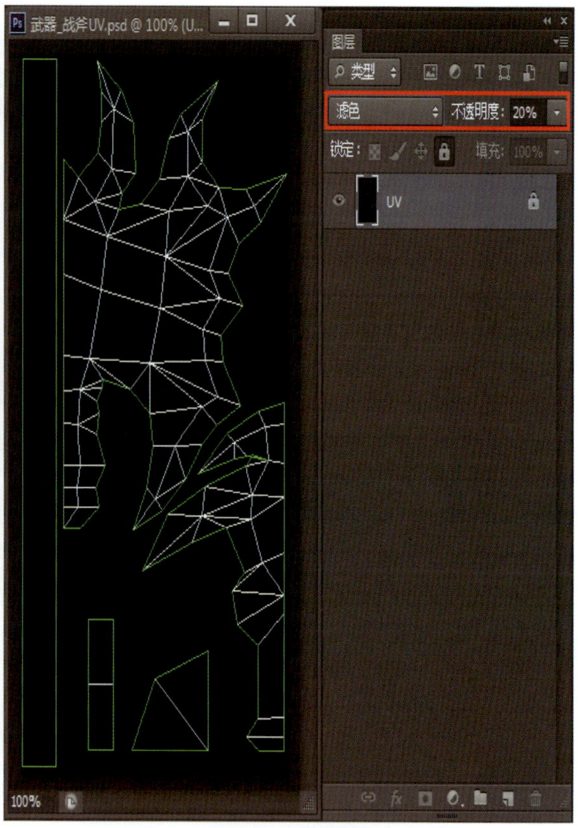

图 3-27 对 UV 进行编辑前的设置

图 3-28 填充底色

图 3-29 绘制大体色彩

图 3-30 绘制结构细节

中相近的颜色为标准，也可直接从原画中吸取颜色，以便准确地抓住物体色相。如图3-28。

④底色铺好以后，对战斧各部分明暗转折及基本色彩进行绘制。如图3-29。

⑤大体关系绘制完成后，开始进行细节结构绘制，如图3-30。选择合适的笔刷刻画质感，可使

图 3-31 绘制高光效果

图 3-32 绘制划痕效果

图 3-33 叠加材质效果

用减淡工具的高光模式来绘制金属的高光部分。如图3-31。

⑥深入刻画细节，如斧头的划痕，在绘制划痕时要注意划痕的合理性。如图3-32。

⑦贴图绘制的最后一步，叠加材质，丰富质感。斧头和斧身选择不同的材质叠加，斧头表面的寒铁选用质感粗犷、厚重一点的材质，斧身铜的质感选择表面相对光滑的材质。只有考虑全面，才能让武器的贴图更为真实，具有较高的可信度。如图3-33、图3-34。

图 3-34 叠加铁材质与金属材质

⑧战斧最终完成效果。如图3–35。

图 3–35 UV 最终效果

本章小结

本章通过战斧武器的制作实例，主要讲解3D游戏美术中武器的制作流程、要求和规范。在战斧武器的制作过程中，我们全面分析了原画设定，了解了战斧武器在游戏中的类型和运作过程中的作用，从而学会了怎样节省模型资源，怎样合理分配UV，怎样表达贴图质感等制作技术和方法。

思考与练习

1.在制作游戏武器——战斧模型之前，怎样分析游戏原画？

2.收集不同种类的武器参考图，并了解它们的属性和使用方法。

3.制作一个游戏武器，运用不同的建模方法对各部分进行建模，合理分配UV，绘制贴图。

第四章
网络游戏场景制作

游戏动漫

第一节 驿站原画分析与模型制作

一、驿站原画分析

在3D游戏美术制作中，设计师必须要对原画的设计进行全面分析，才能准确地制作出合理的3D效果。

场景建筑——驿站，是中国古代专供传递文书者或来往官吏中途住宿、补给、换马的处所，是游戏的主城中或各聚集点中常出现的建筑，主要起到在各城池之间传送信息的作用，也可以作为接受任务的地方，如图4-2。从原画的风格中可看出，该建筑为汉代建筑风格，高为两层，右侧带一个马厩，前面有一个旗杆，旗杆上挂着驿站所属城邦的图案和标记，整个建筑在结构上比较清晰，台阶、门窗和灯笼各处细节丰富，可见其处于大的城池之中，相对小的营寨和途中的驿站要大气和华丽一些。

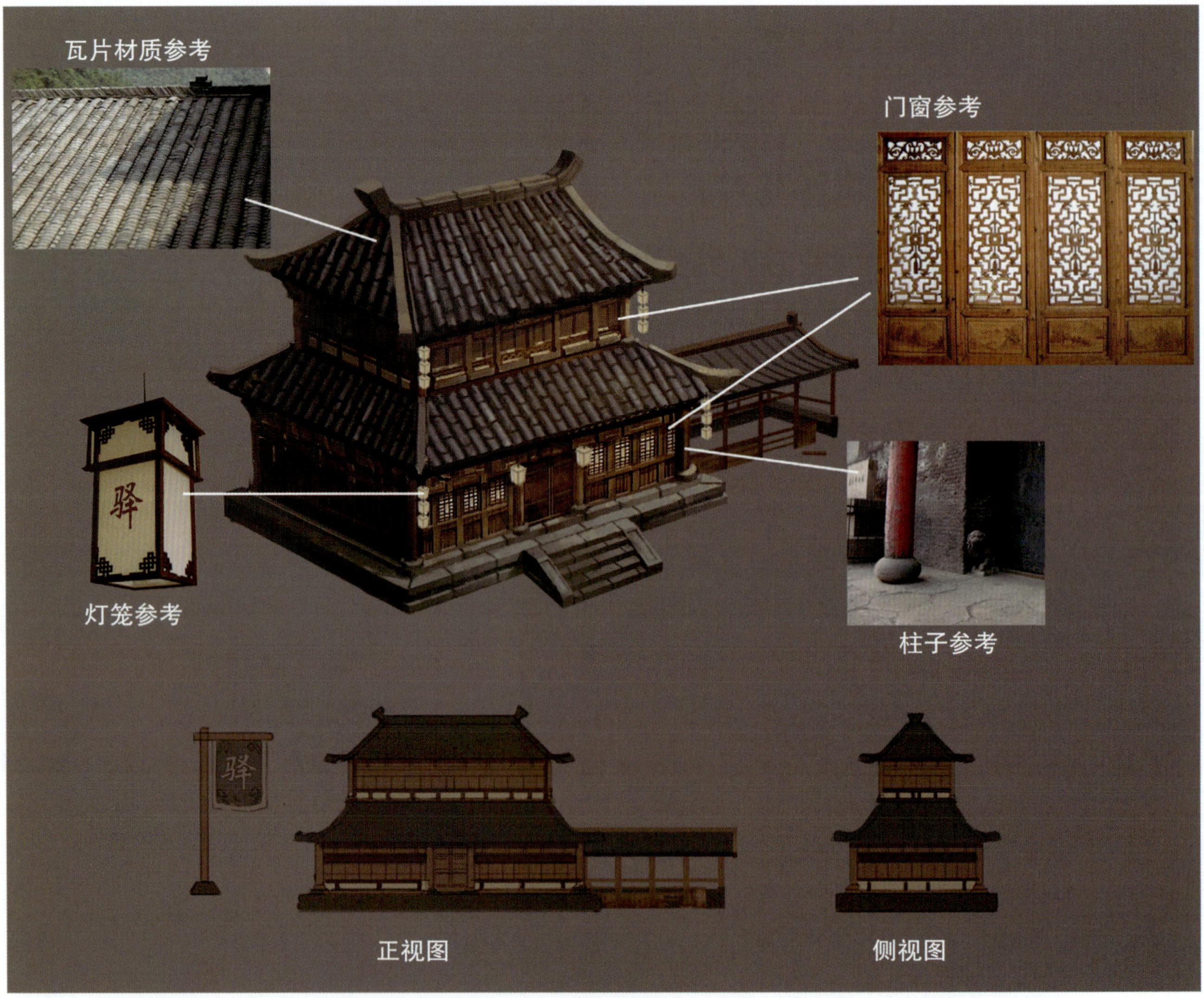

图 4-2 驿站原画

图 4-3 驿站与游戏角色的比例关系

驿站大致可以分为基座、台阶、墙、门窗、旗杆和灯笼。场景的建模比较简单，可以直接用长方体挤压出大致结构，再增加线段进行调整。在游戏中，一般普通角色的高度为1.8m，驿站每层的高度为4.5m左右，建模时应注意整体结构的比例。如图4-3。

二、驿站模型制作

①打开并进入3ds Max界面，在菜单栏中选择“自定义—单位设置”，将单位和显示比例设置为厘米，其他保持默认。如图4-4。

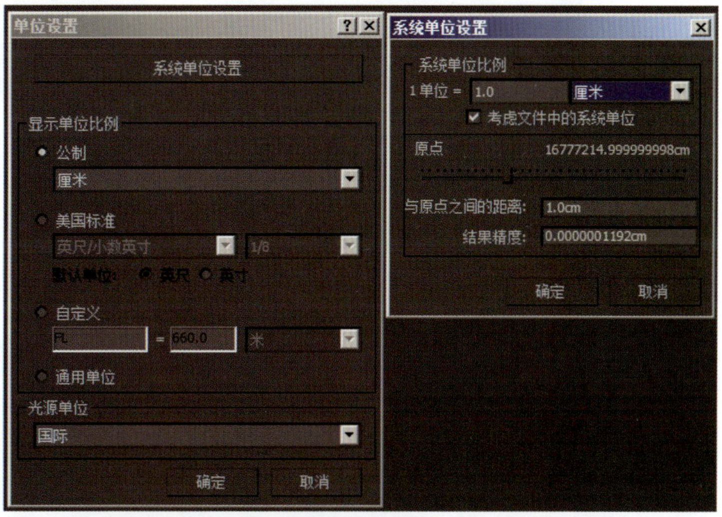

图 4-4 设置单位

②在正视图中创建长方体，长、宽、高分别为490、750、50，长、宽、高的分段数统一为1，将坐标归零。如图4-5。

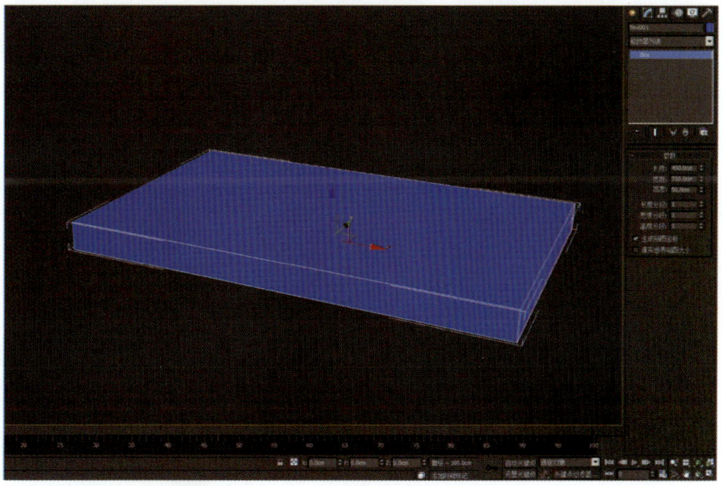

图 4-5 参数设置

③为了在建模的过程中方便观察，我们通常会把模型的颜色改

为默认材质的颜色，把线框显示颜色改为黑色。按<M>快捷键，打开材质编辑器，选择一个默认材质球，指定给模型，如图4–6。在修改面板中打开“对象颜色”，将线框显示颜色改为黑色，如图4–7。

④选择长方体模型，点击右键将模型转换为“可编辑多边形”，然后在面的编辑模式下选择长方体的顶面，点击“倒角”命令，数值设为50，制作出驿站的基座。如图4–8。

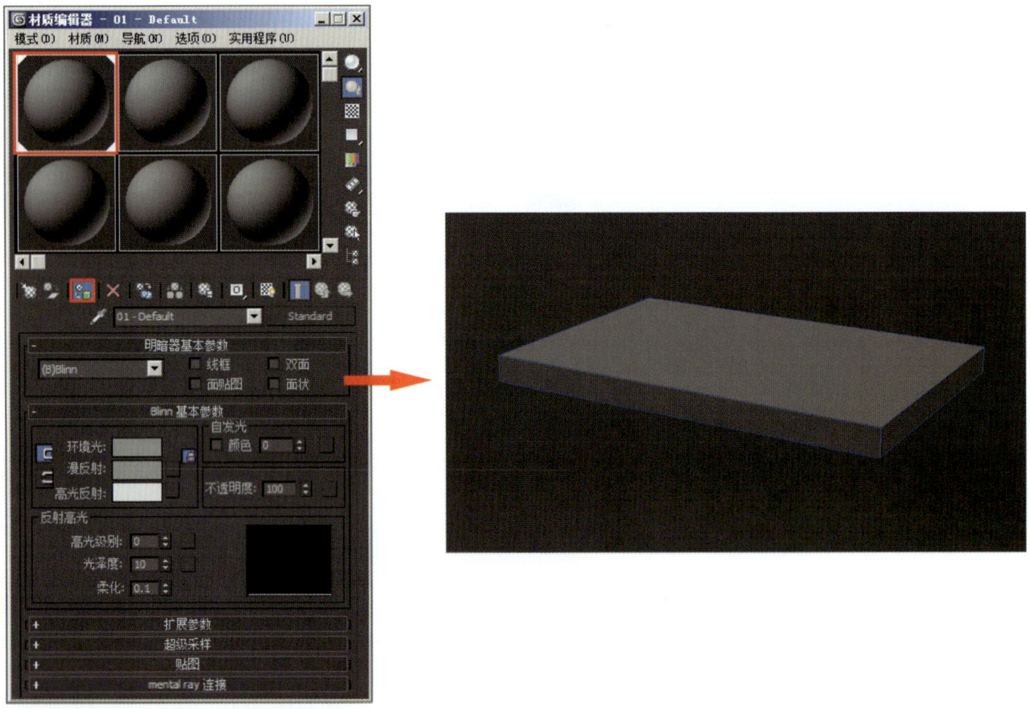

图 4–6 模型材质设置

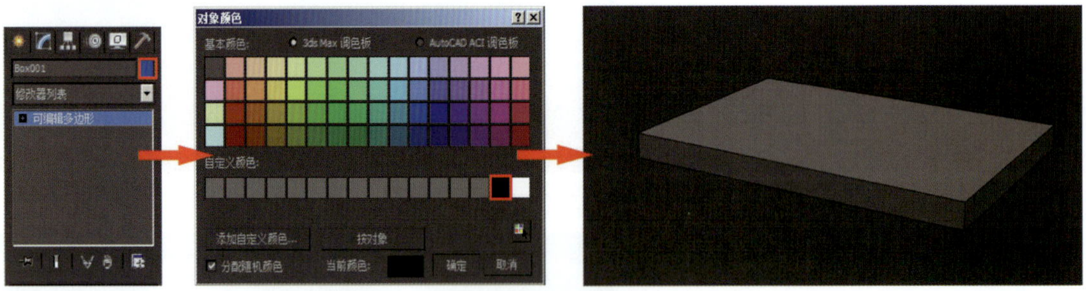

图 4–7 线框颜色设置

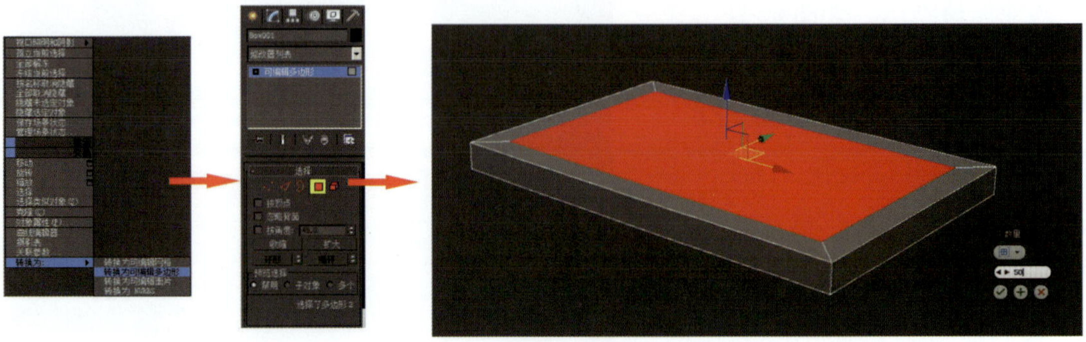

图 4–8 制作驿站基座

⑤点击“挤出”命令，数值设为15，制作出驿站第一层墙体底座的高度。如图4-9。

⑥点击“倒角”命令，数值设为8，制作出驿站第一层墙体的厚度。如图4-10。

⑦点击“挤出”命令，数值设为150，制作出驿站第一层墙体的高度。如图4-11。

⑧点击“倒角”命令，数值设为0和118，制作出驿站第一层房顶的宽度。如图4-12。

⑨点击“挤出”命令,数值设为15，制作出驿站第一层房顶的厚度。如图4-13。

⑩点击“倒角”命令，数值设为75、-140，制作出驿站第一层房顶的瓦的部分。如图4-14。

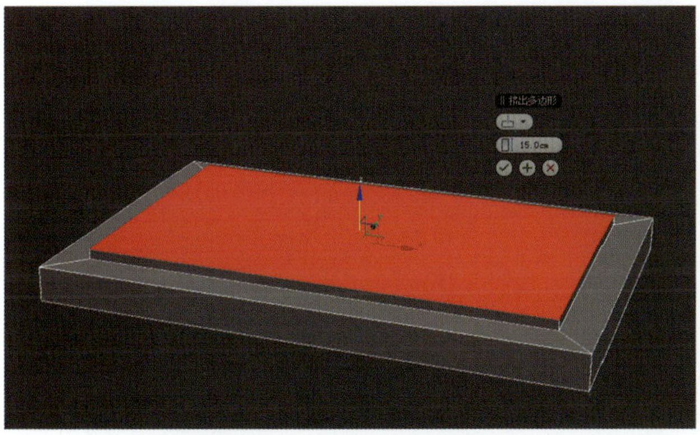

图 4-9 制作墙体底座的高度

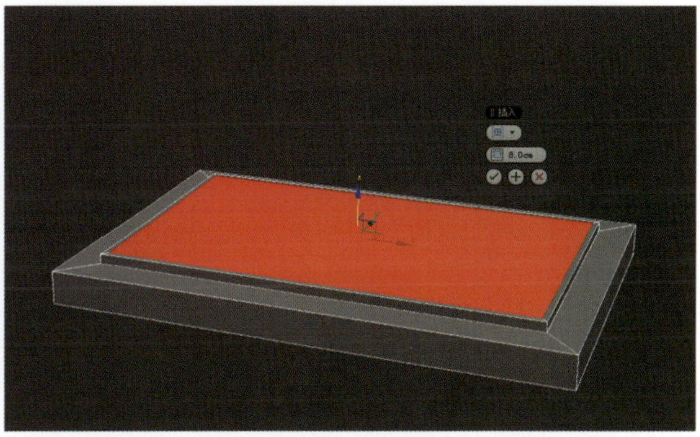

图 4-10 制作墙体的厚度

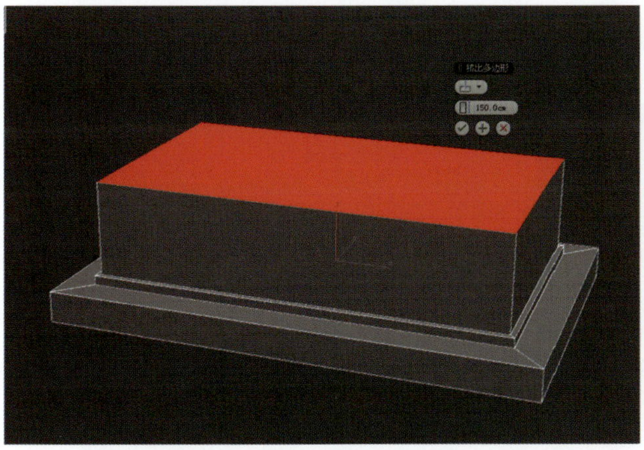

图 4-11 制作墙体的高度

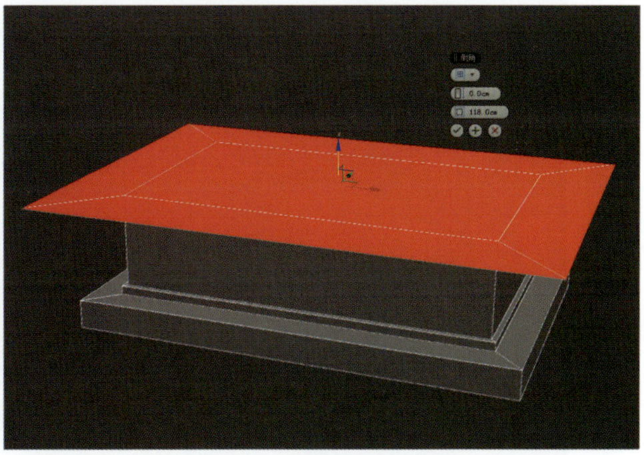

图 4-12 制作房顶的宽度

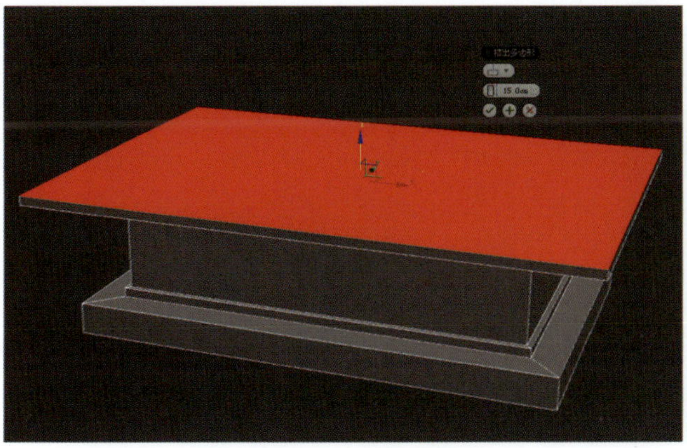

图 4-13 制作房顶的厚度

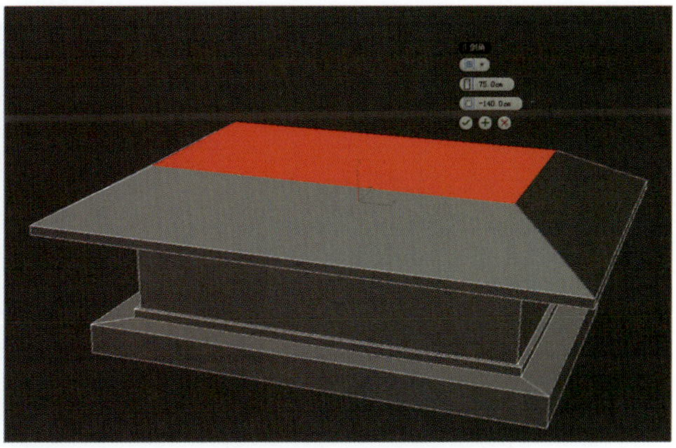

图 4-14 制作房顶的瓦

⑪驿站模型第二层与第一层结构类似，运用同样的方法制作出第二层的模型，注意把握好建筑的整体比例。如图4−15。

⑫运用“挤出”命令，挤出房顶的正脊并调整出结构。如图4−16。

⑬增加房顶的线段，调整出房顶瓦的结构。如图4−17。

图 4−15 制作驿站第二层

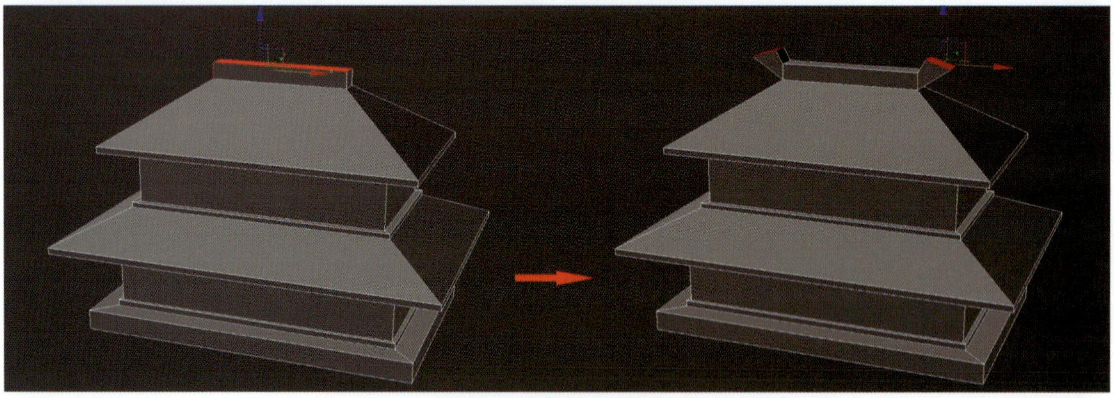

图 4−16 制作驿站的正脊

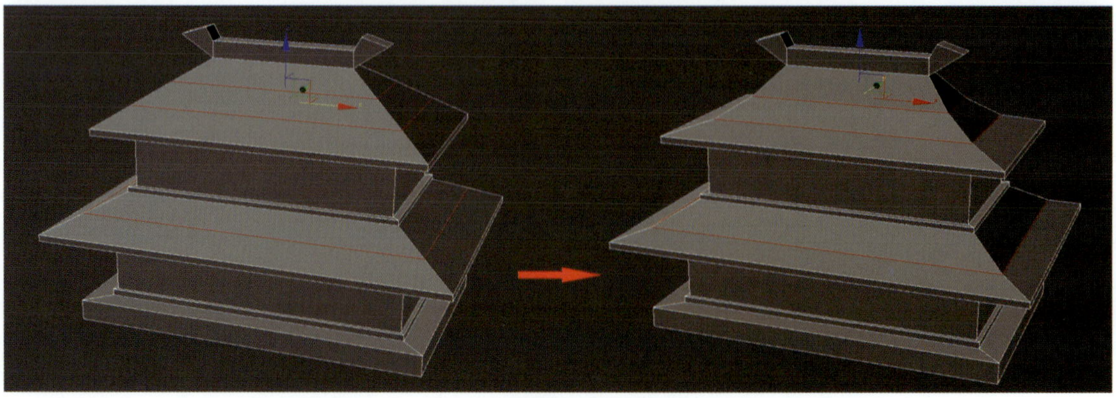

图 4−17 制作驿站顶部的瓦

⑭新建一个长方体，转换成多边形进行编辑，调整出屋顶垂脊的结构。如图4-18。

⑮每层房顶都有4个垂脊，将做好的垂脊模型复制并摆放在屋顶相应的位置上。如图4-19。

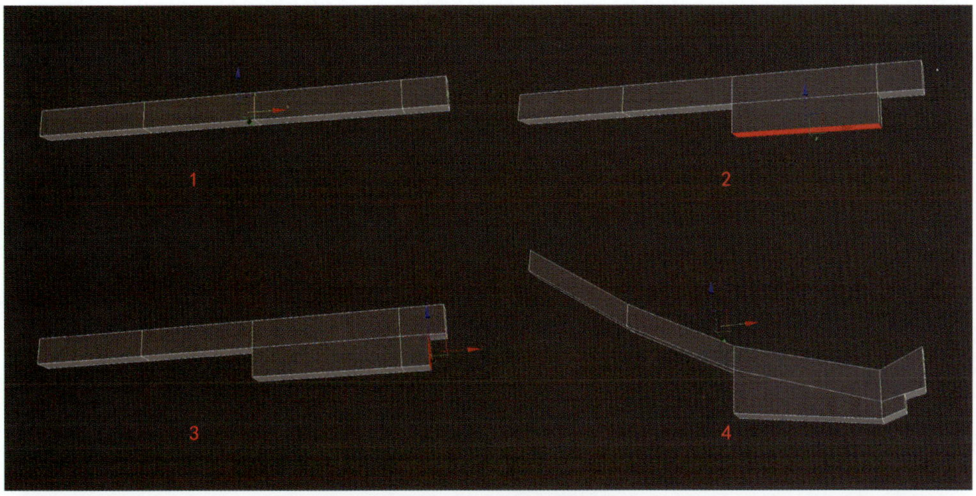

图 4-18 驿站房顶的垂脊

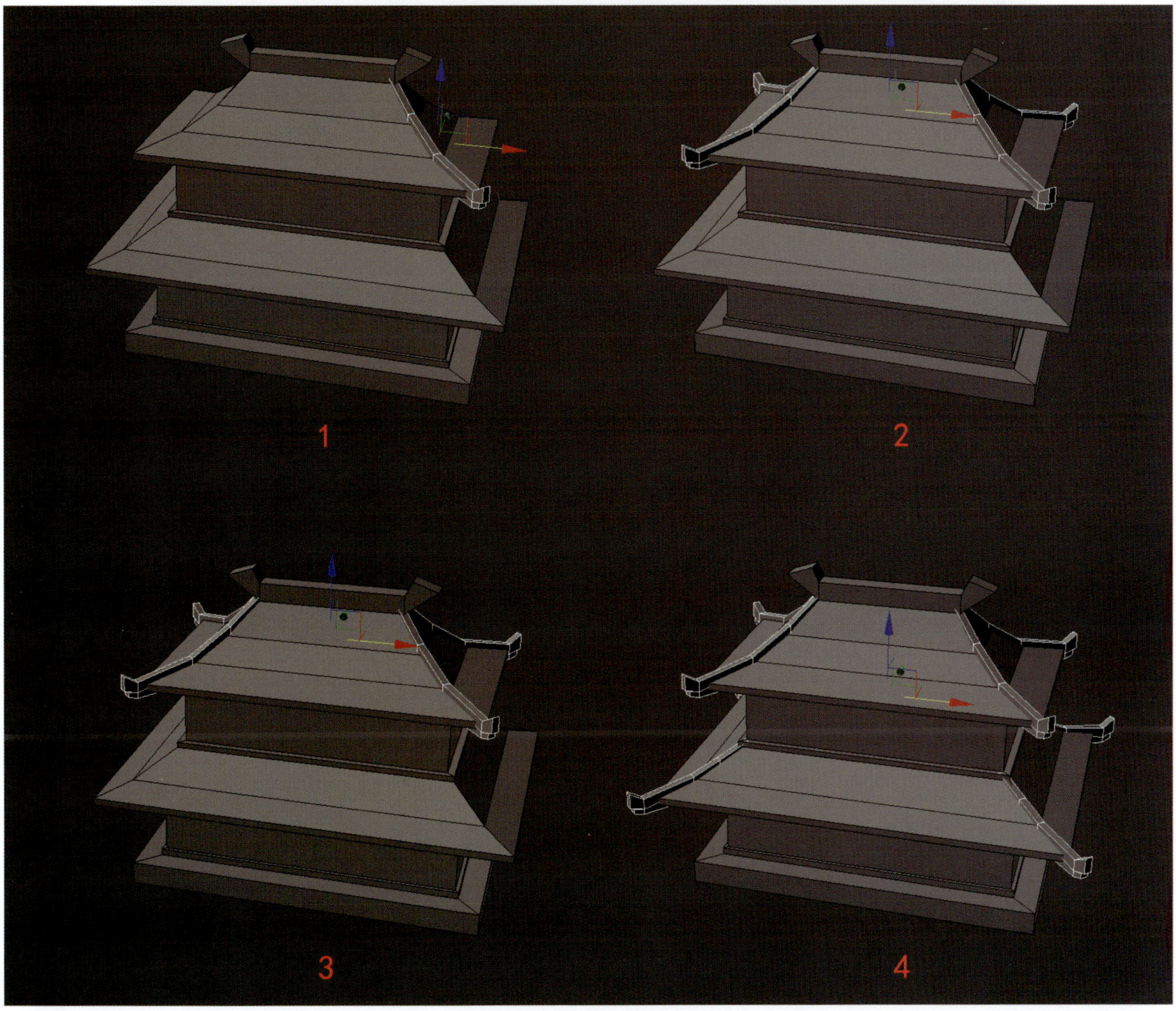

图 4-19 摆放并调整垂脊

⑯创建一个圆柱体，设置半径为20，高度为12，分段数为1，边数为8，转换成多边形进行编辑，运用“倒角”和“挤出”命令制作出房屋柱子的模型。如图4–20。

⑰原画中驿站上下两层的墙体的4个角都由柱子支撑，将做好的柱子摆放在建筑中相应的位置上，注意留出大门的位置。如图4–21、图4–22。

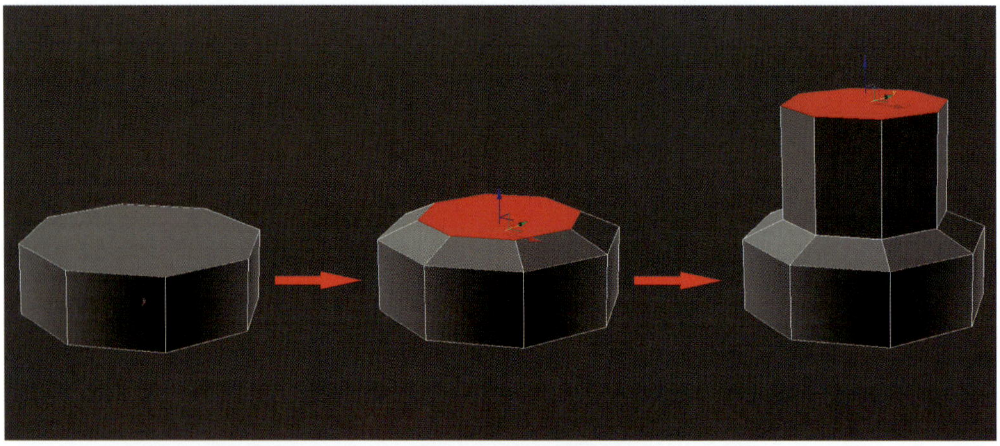

图 4–20 制作驿站的柱子

图 4–21 摆放驿站正面和侧面的柱子

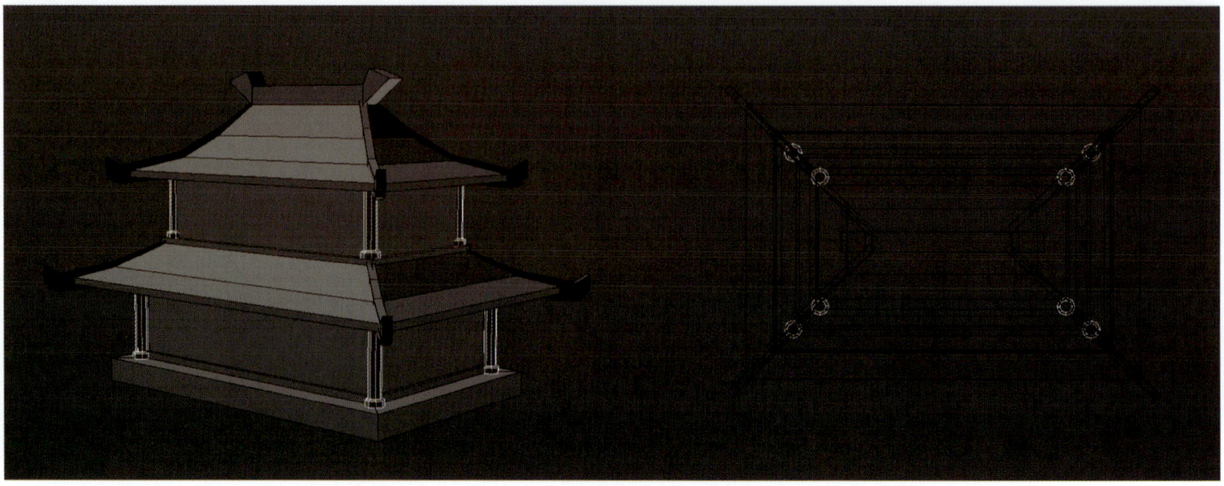

图 4–22 调整柱子的位置

⑱创建一个六边形的圆柱体，转换成可编辑的多边形，对点进行编辑，制作出房檐下灯笼的模型。如图4–23。

⑲再创建一个面片，复制成十字形状，放到灯笼的上方作为灯笼的绳子。这样我们就做好了一个完整的灯笼。如图4–24。

⑳将灯笼向下复制出两个，形成一组。如图4–25中的右图。（注：如果在游戏中需要把灯笼进行骨架绑定，以方便调动作时使用，那么就保留左图的样子。）

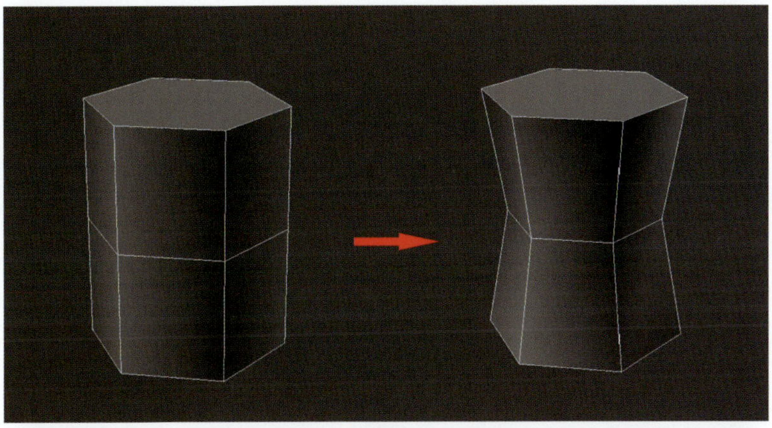

图 4–23 制作灯笼主体

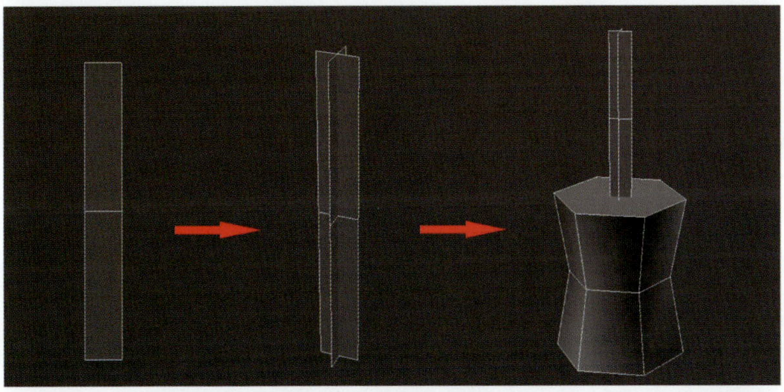

图 4–24 制作灯笼的绳子

图 4–25 制作一组灯笼

㉑参考原画，将成组的灯笼模型再复制到建筑相应的位置上。注意大门两边的灯笼大一些。如图4—26。

㉒制作驿站门前的台阶。首先创建一个长方体作为台阶的两边，然后将它转换为可编辑的多边形，最后添加几条结构线调整出台阶的模型。如图4—27。

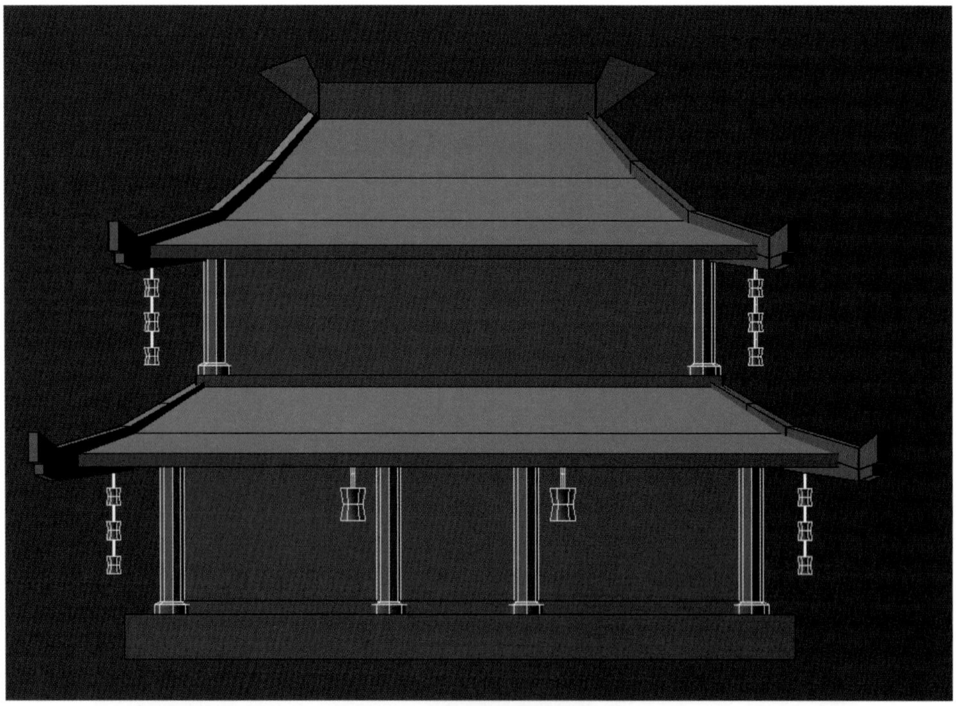

图 4—26 摆放驿站的灯笼

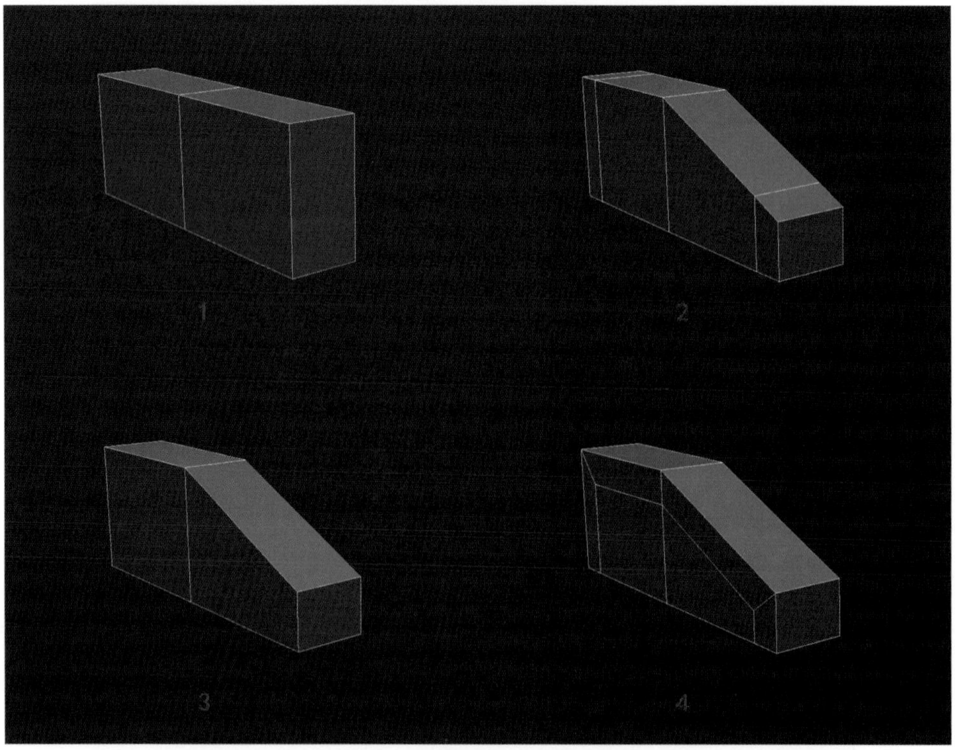

图 4—27 制作驿站的台阶模型

㉓用二维样条线勾出台阶梯子的轮廓，再增加“倒角”命令，制作出梯子模型，如图4–28。梯子最终模型如图4–29。

㉔运用前面建模的方法，依次制作出旗杆和马厩的模型。如图4–30、图4–31。

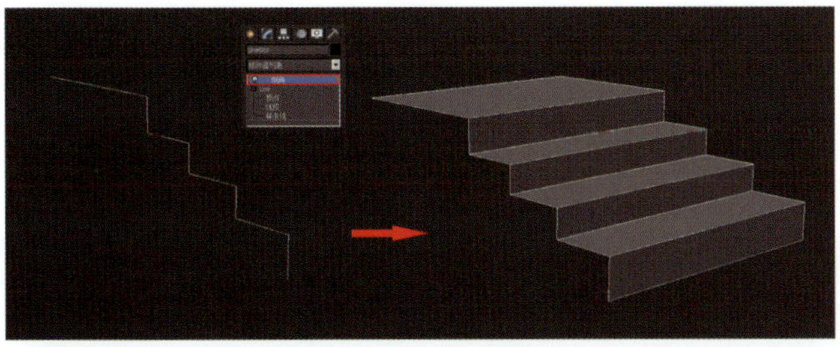

图 4–28 制作梯子

图 4–29 完整的台阶效果图

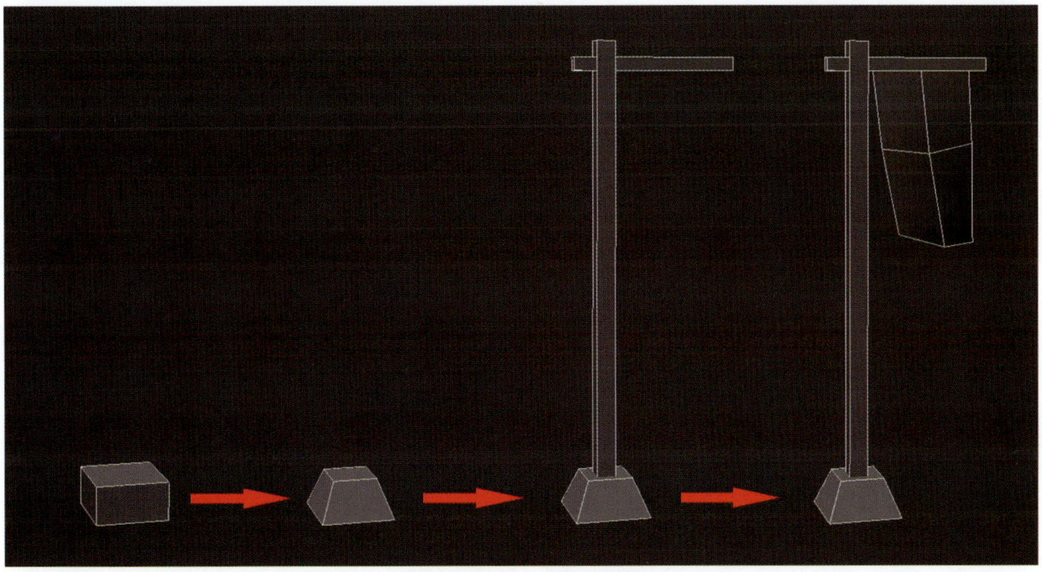

图 4–30 旗杆的制作流程

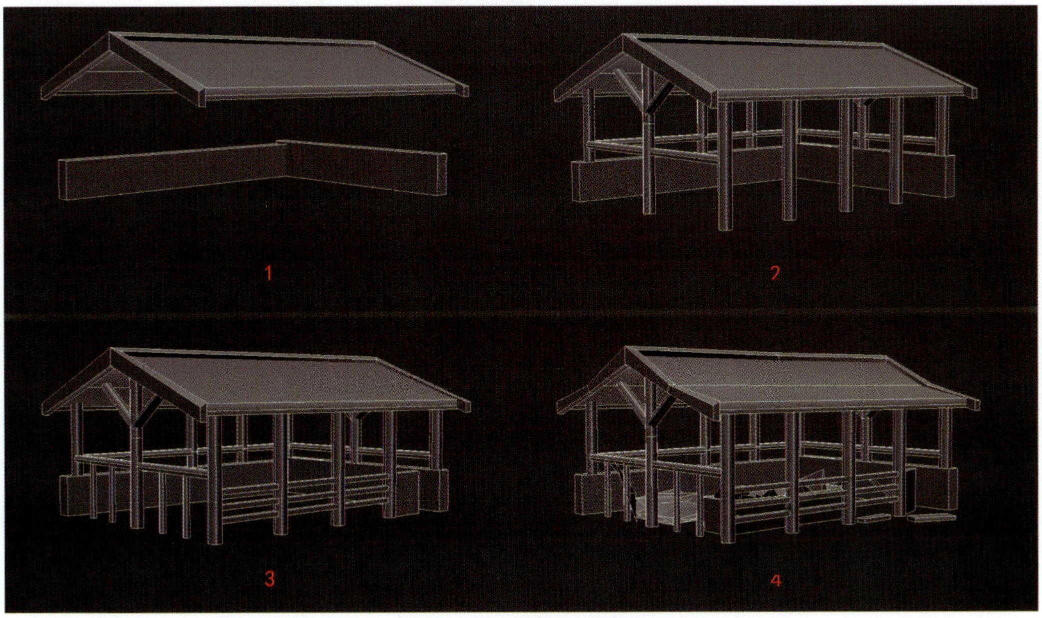

图 4–31 马厩的制作流程

㉕整个场景模型制作完成后，要将场景的墙面部分单独分离出来，重新进行布线调整。对于墙面，我们要重复地使用贴图，所以需要增加它的面数。如图4–32、图4–33。

㉖为了节省模型的面数，通常我们会把模型中看不到的面数删掉，如模型底部的面。如图4–34。

㉗最后为了统一规范，将模型全部合并及坐标归零，放置在中心线以上，并将模型命名为“场景_驿站”。如图4–35。

图 4–32 增加驿站墙的面数

图 4–33 增加底座的面数

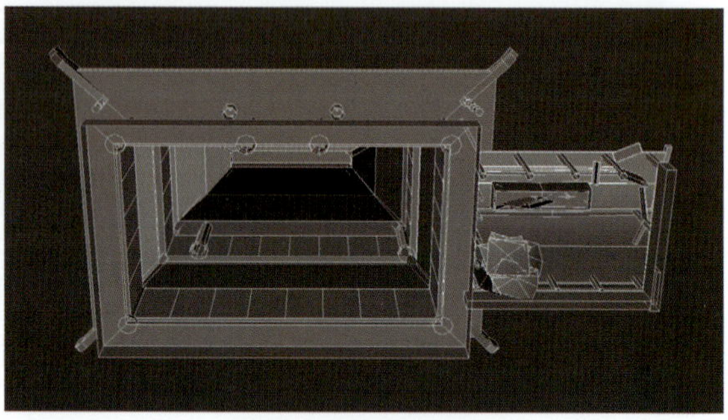

图 4–34 删除隐藏的面

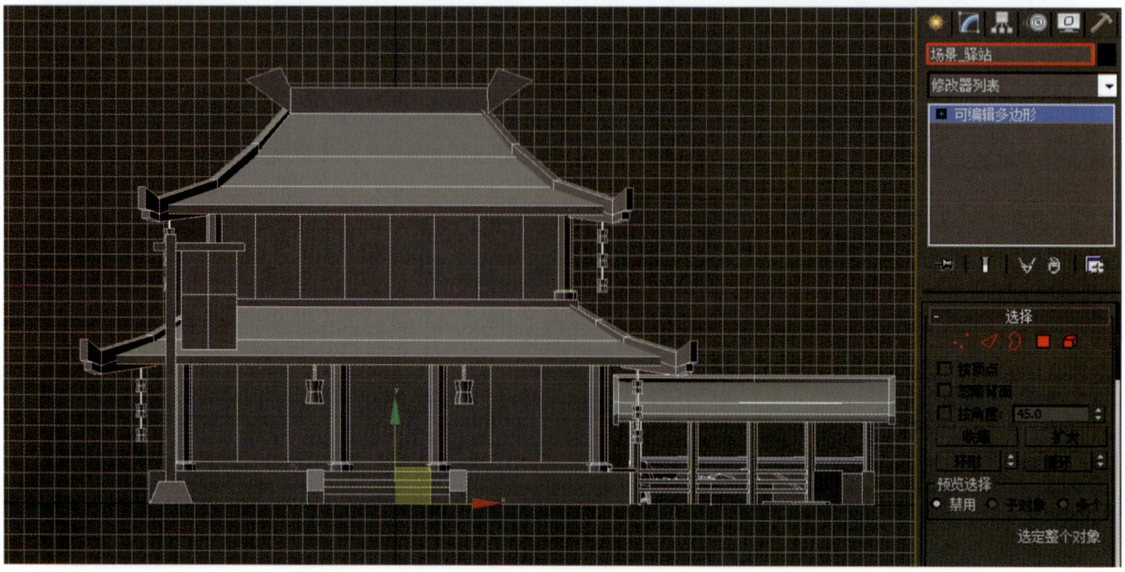

图 4–35 调整并命名

第二节 驿站模型 UV 编辑、贴图制作

一、场景贴图分析

在游戏的场景中，我们会根据具体情况分析模型的结构和材质，将具有相同元素的模型的贴图整合成一张或多张贴图。因为有些贴图是可以重复使用的，同时能为整个游戏场景节约一些贴图资源。比如一个城池中普通建筑的瓦片、地面、墙面等贴图，若可以用在其他建筑的，我们就会把它作为一个四方连续或者二方连续的贴图。如图4—36、图4—37。

图 4—36 四方连续贴图

图 4—37 二方连续贴图

在驿站这个模型中，我们分为5张贴图，将屋顶的瓦片单独分为一张贴图，门窗、灯笼和旗面为一张贴图，马厩和旗杆为一张贴图，草为一张贴图，屋脊、台阶和墙面属于石头材质的为一张贴图。如图4—38。

图 4—38 驿站贴图的分析和划分

二、原画与场景文件的拆分

这一步的目的是通过观察、分析，把相对复杂的原画拆分成若干部分。我们首先需要统计场景中出现的造型的数量和需要用到的材质的数量，以及将会用到的贴图的数量，再通过对原画的分析，最后把这个场景分为以下几个部分。

1. 屋脊、台阶和墙面

分析上下两层屋脊的结构，其贴图的制作方法和建模的方法一样，可以只展开一部分模型的UV再复制出其他部分（如垂脊梁和台阶），台阶使用二方连续贴图。如图4−39。

2. 瓦片

分析屋顶瓦的结构，可将瓦的UV重叠在一起，同时为了其他建筑可共用，通常会将其UV制作成一张二方连续贴图。如图4−40。

3. 马厩和旗杆

马厩里的柱子和旗杆的结构类似，可以共用一张贴图。如图4−41。

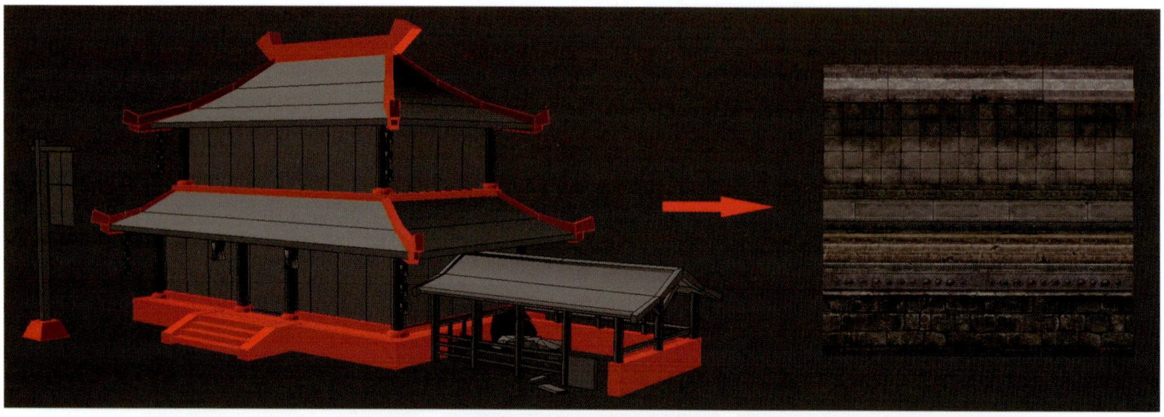

图 4−39 屋脊、台阶与墙面的贴图分布图

图 4−40 瓦的贴图分布图

4. 门窗、灯笼和旗面

门窗、柱子的材质属性类似，将其分为一张贴图。窗户和灯笼都有相同的结构，可以只展开一部分UV，再复制出其他部分。如图4–42。

5. 茅草

茅草占的面积很小，单独分为一张带透明通道的贴图。如图4–43。

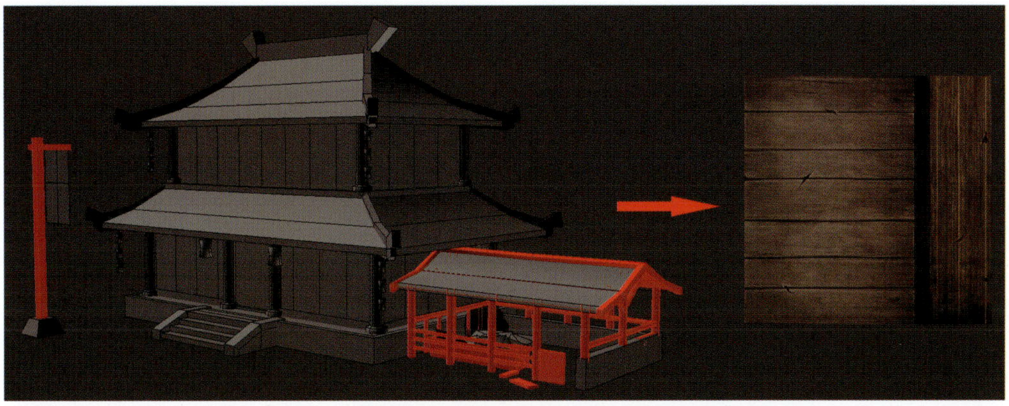

图 4–41 马厩和旗杆的贴图分布图

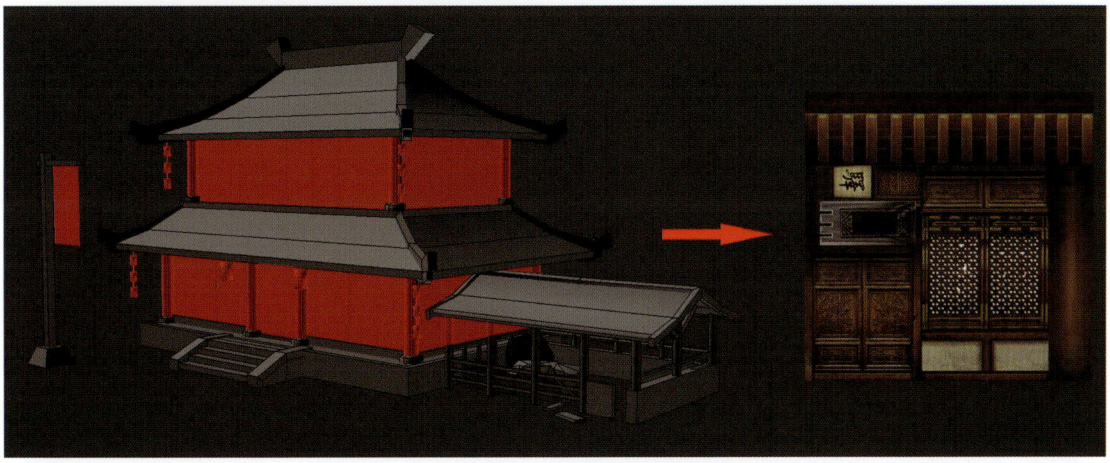

图 4–42 门窗、灯笼、旗面的贴图分布图

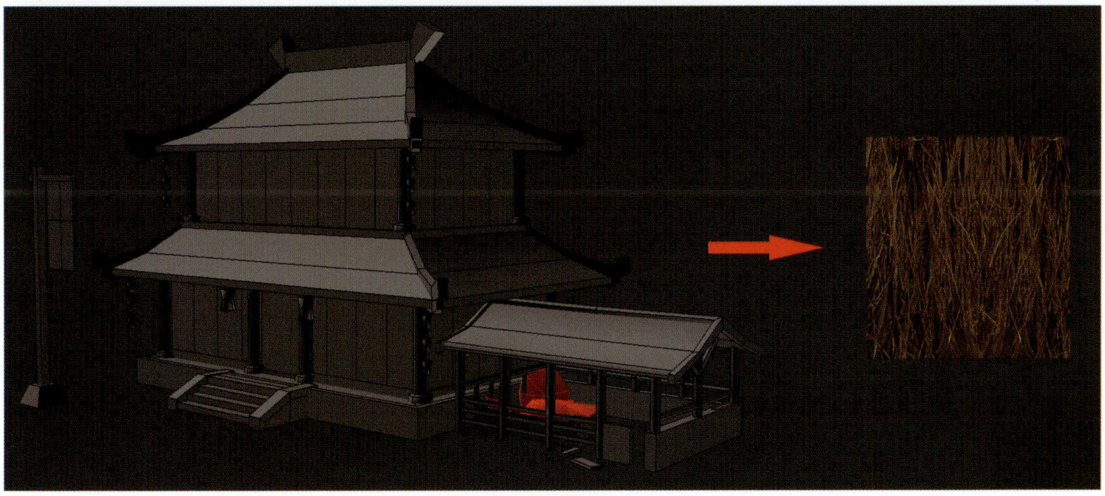

图 4–43 茅草的贴图分布图

三、贴图的制作

在制作驿站的UV时，需要考虑共用的贴图，UV需要重叠在一起，并尽量调整UV的棋盘格为正方形，另外，要对UV进行合理的摆放。场景贴图的制作中，我们需要参考场景原画分析模型的面积大小和贴图的细节程度，从而确定每个部分贴图的大小与精度。模型的面积小，或者贴图细节较少，或者不需引人注意的部位应减少UV的面积，反之可以适当增加。

驿站属于中国古代偏写实风格的建筑，在制作贴图时，可以参考风格类似的图片素材或直接利用现有的贴图素材进行修改。

1. 屋脊、台阶和墙面

贴图的大小为512×512像素，注意石头和砖的质感、台阶石材的质感，越靠近地面颜色越深。如图4-44。

2. 瓦片

瓦片贴图的大小为512×512像素，注意刻画瓦片上的青苔和残留的落叶，这会让贴图更加真实。如图4-45。

图 4-44 屋脊、台阶与墙面贴图

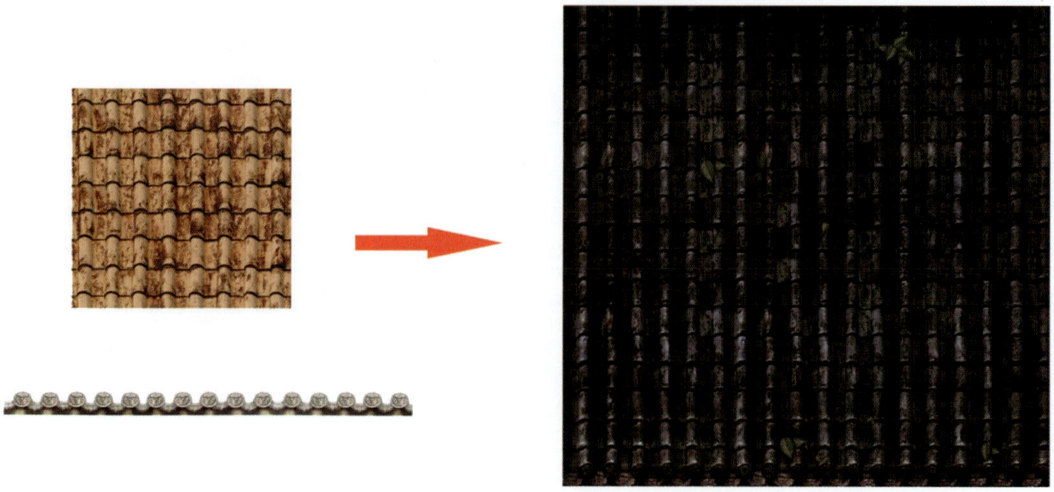

图 4-45 瓦片贴图

3. 马厩柱子

柱子贴图的大小为256×256像素，注意木头的质感和木头上的凹痕。如图4-46。

4. 门窗、灯笼和旗面

其贴图的大小为512×512像素，注意门窗破旧的痕迹，旗面的褶皱和墙面污迹的处理。如图4-47。

5. 草

草的贴图的大小为256×256像素，采用透明通道处理，要注意贴图通道的处理。如图4-48。

图 4-46 马厩柱子贴图

图 4-47 门窗、灯笼和旗面贴图

图 4-48 草的贴图

四、UV 的制作

制作好贴图以后，我们要将其合理地摆放到模型上。因为有共用的连续贴图，所以不需要将U V全部都摆放在有效框以内，我们可根据需要将U V重叠或超出U V的有效框范围，只要模型上最终显示的贴图准确就可以了。

如果有对称的模型，可以只展开模型的部分U V，对称部分进行复制、粘贴即可。（图4—49～图4—53）

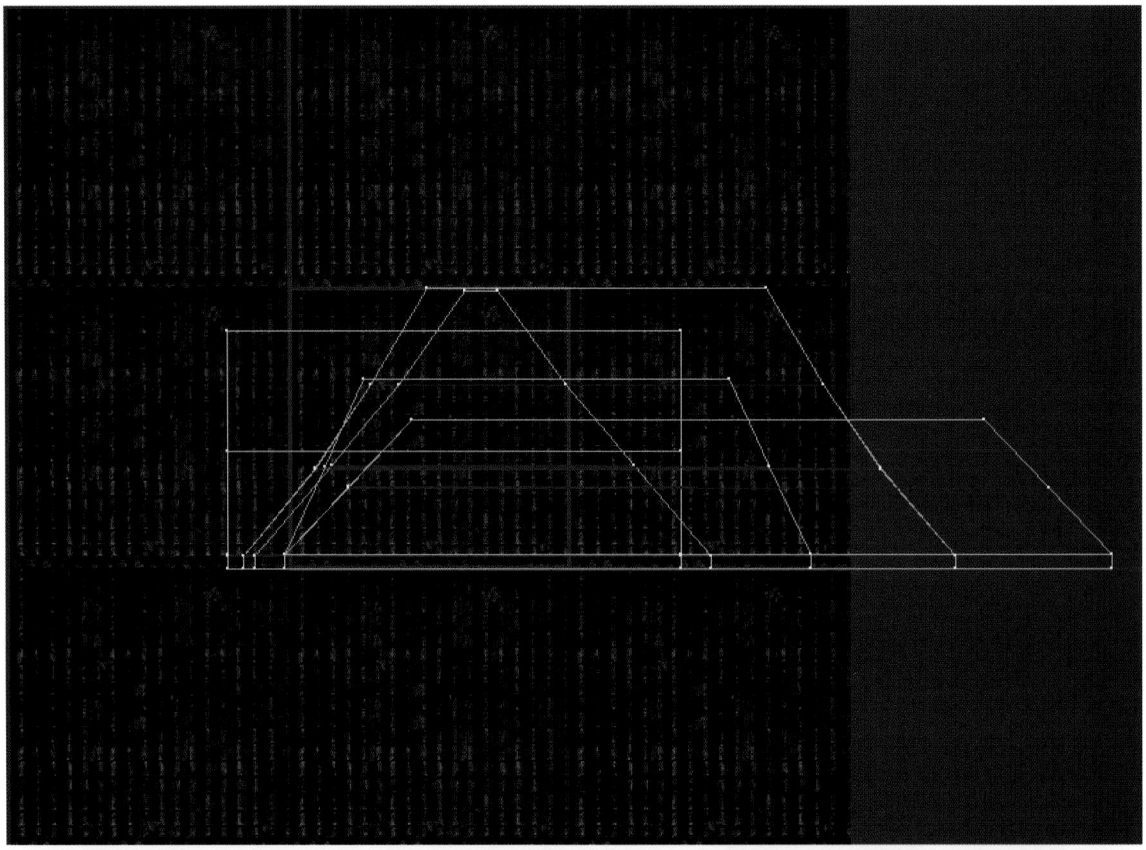

图 4—49　瓦的 UV

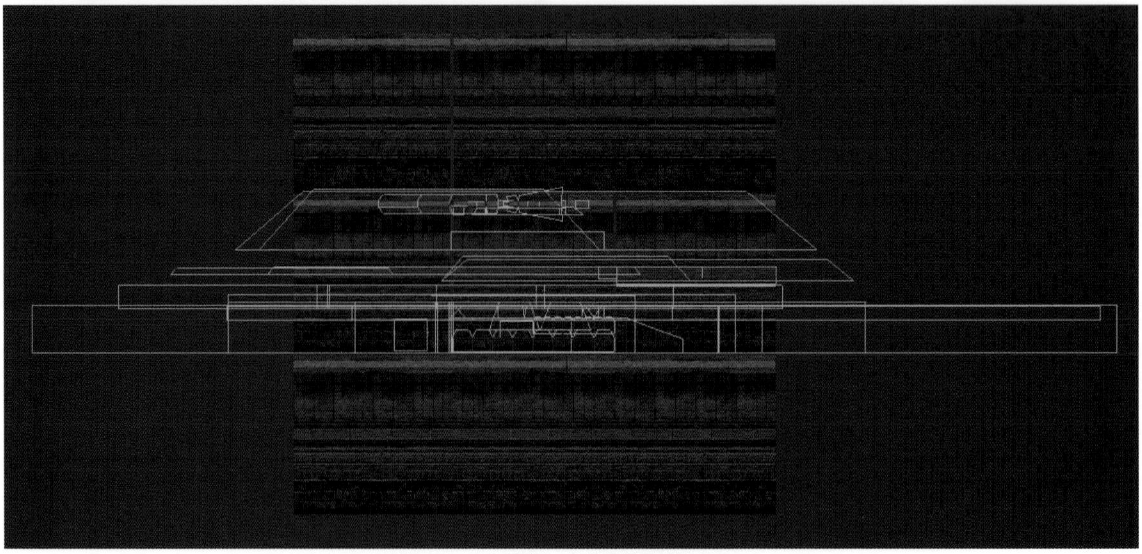

图 4—50　屋脊、台阶和墙面的 UV

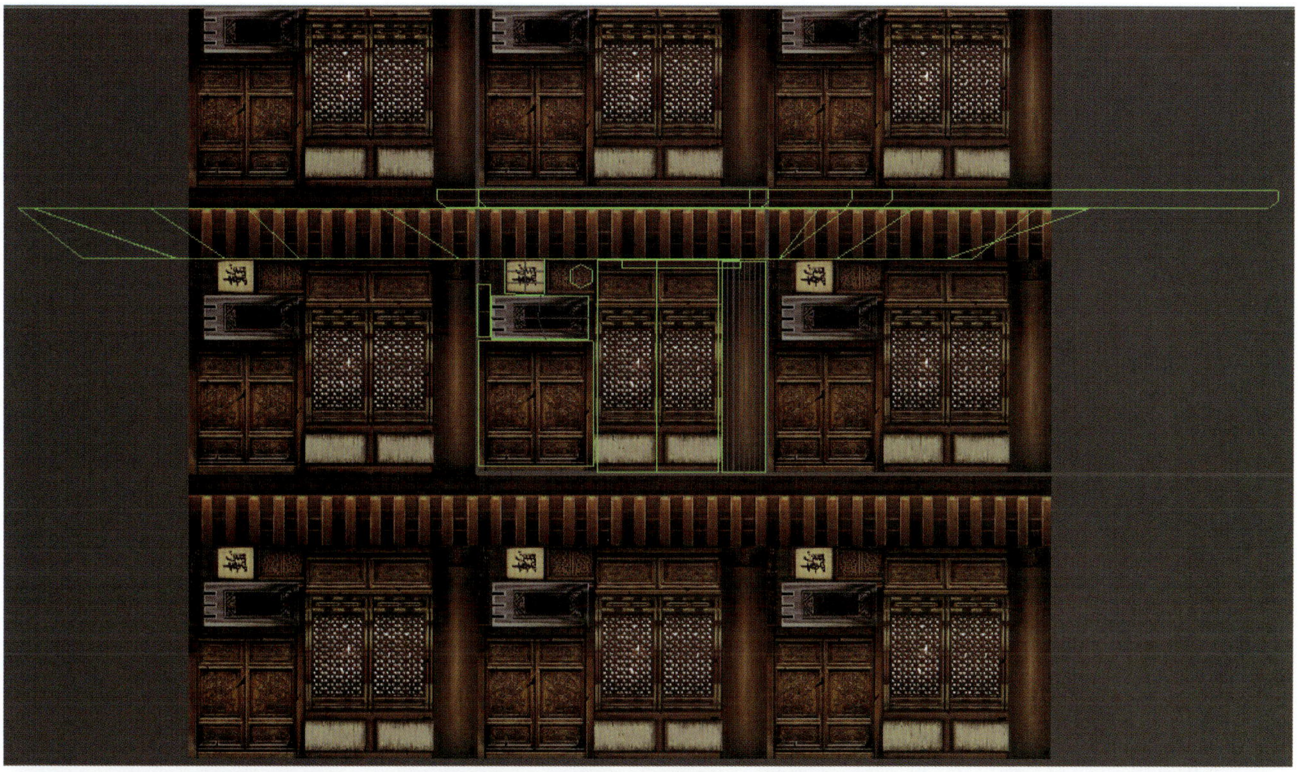

图 4–51　门窗、灯笼和旗面的 UV

图 4–52　马厩柱子的 UV

图 4–53　草的 UV

五、多维材质的制作

为了方便管理，通常我们会将有多张贴图的场景模型创建成一个多维材质。

①按<M>快捷键，打开材质编辑器，点击“材质”选项，在弹出的面板中选择“多维/子对象”。如图4–54。

②“场景_驿站”共有5张贴图，所以将多维材质ID数量设置为5，并将命名后的贴图依次放进ID号对应的子材质中。如图4–55。

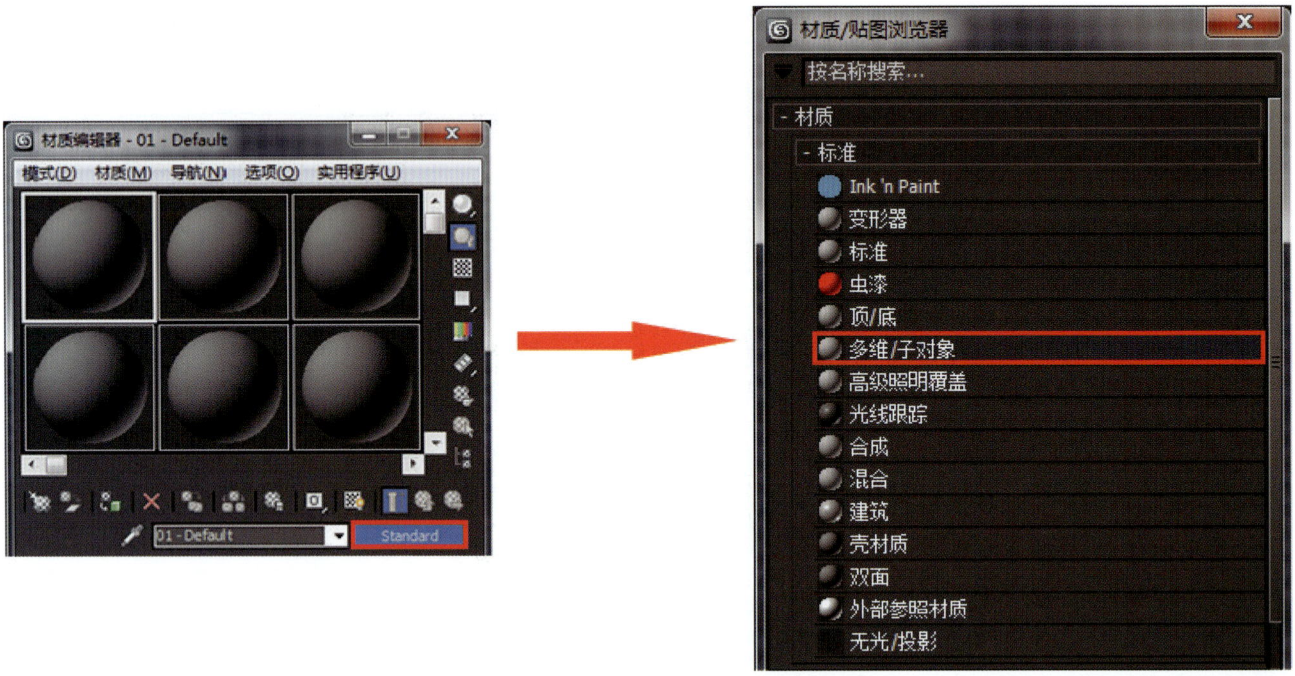

图 4–54 创建多维材质对话框

③根据贴图对应的ID编号选择多边形，设置模型的ID编号。将瓦的模型的ID编号设置为1，与贴图对应的ID编号统一。如图4–56。

④将门窗、灯笼和旗面的模型的ID编号设置为2，与贴图对应的ID编号统一。如图4–57。

⑤将屋脊、台阶和墙面的模型的ID编号设置为3，与贴图对应的ID编号统一。如图4–58。

⑥将马厩和旗杆的模型的ID编号设置为4，与贴图对应的ID编号统一。如图4–59。

⑦将草的模型的ID编号设置为5，与贴图对应的ID编号统一。如图4–60。

⑧设置完成后，效果如图4–61。

⑨最后，为了让模型更加真实合理，我们对模型的细节部分进行调整，使一些结构变得不规则，打破模型给人的呆板印象，使细节看起来更丰富，更富于变化。如图4–62、图4–63。

⑩“场景_驿站”的最终效果如图4–64。

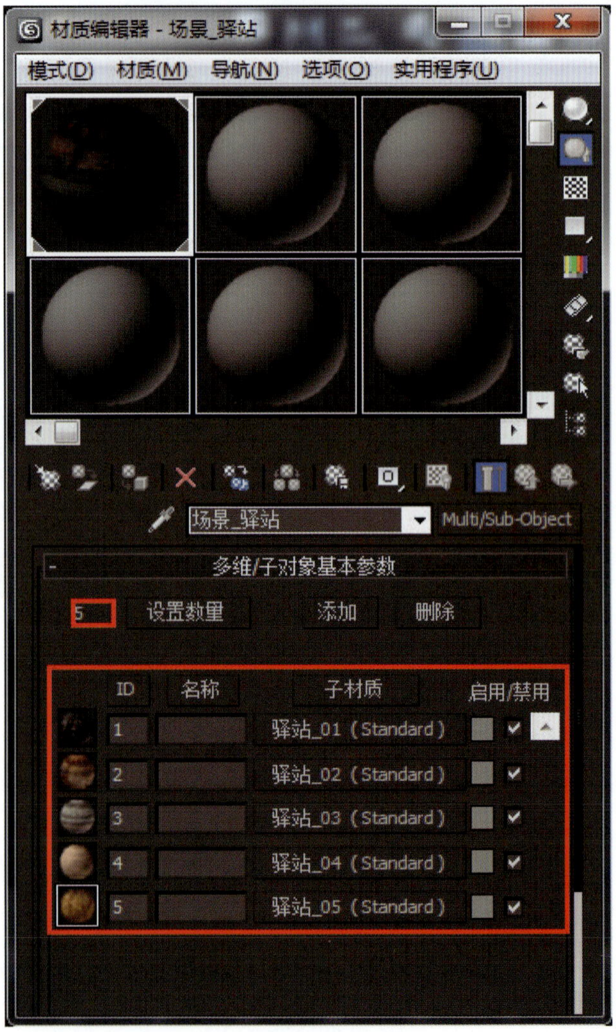

图 4–55 设置多维材质数量

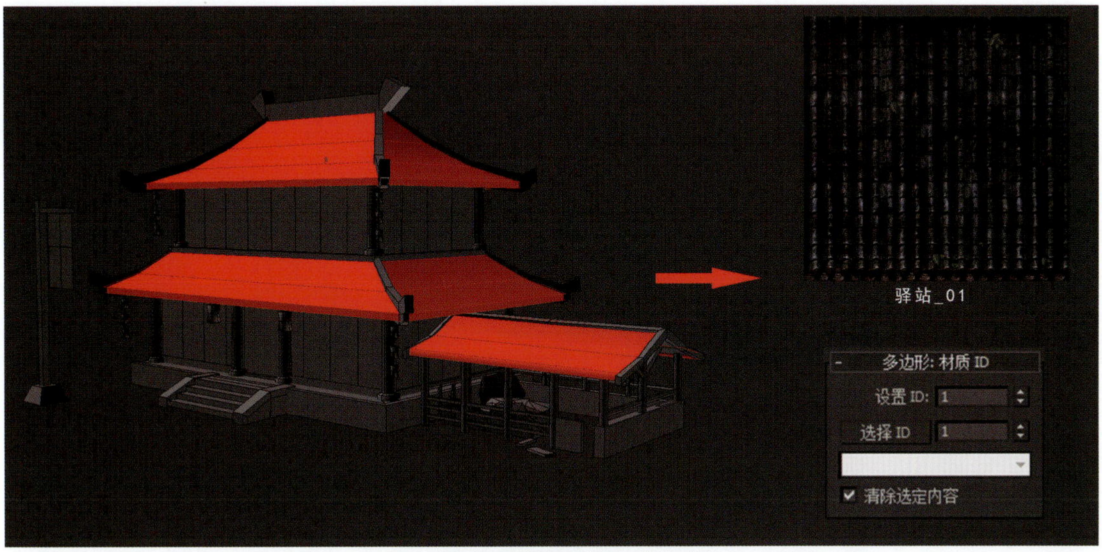

图 4–56 将瓦的贴图与 ID 编号对应

图 4–57 将门窗、灯笼、旗面贴图与 ID 编号对应

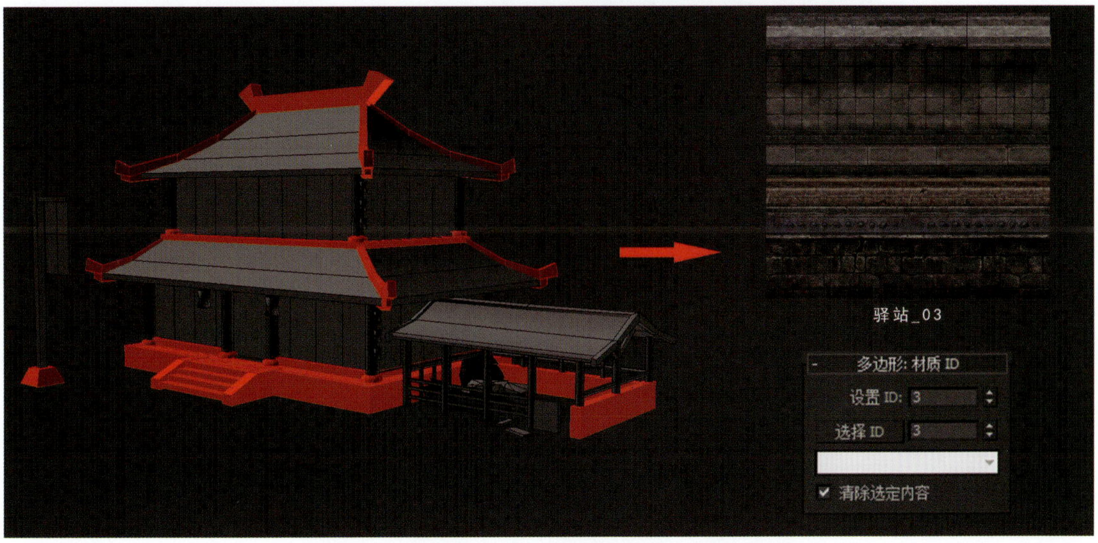

图 4–58 将屋脊、台阶、墙面贴图与 ID 编号对应

图 4–59 将马厩和旗杆贴图与 ID 编号对应

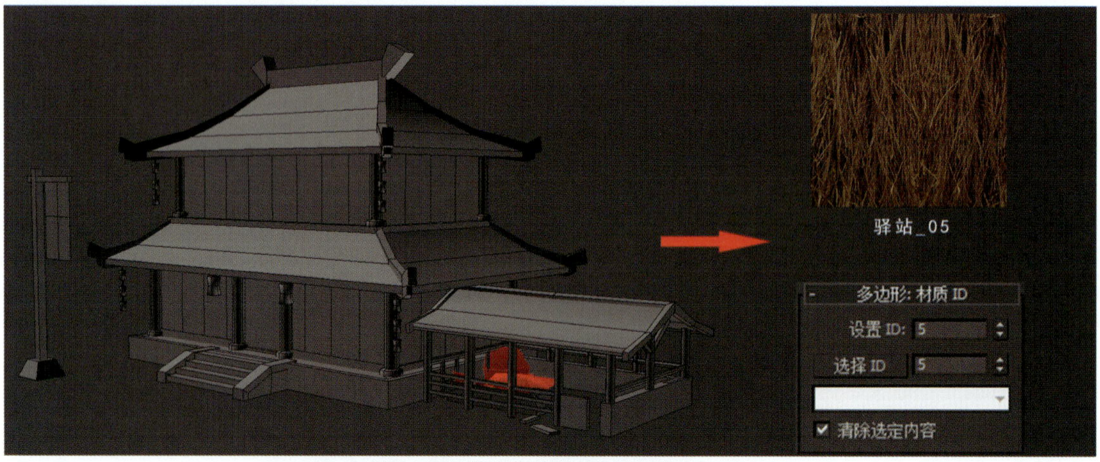

图 4–60 将草的贴图与 ID 编号对应

图 4–61 效果图

图 4–62 丰富驿站的细节

图 4–63 丰富马厩的细节

图 4-64 最终效果图

本章小结

通过对驿站场景的实例制作，我们主要了解了3D游戏美术设计与制作中场景的制作流程、要求和规范。在驿站的制作过程中，我们全面分析了原画设定，了解了驿站在游戏中的用途，学会了合理划分多张贴图与分配UV，表现贴图质感，使用多维材质的方法与技巧。

思考与练习

1.在游戏场景制作中，为了节省资源，应将哪些地方的模型删掉？

2.在游戏场景制作中，如何分配多张贴图及怎样进行UV摆放？

3.在游戏场景制作中，如何使用多维材质？

第五章
3D 网络游戏美术角色制作

要点导入：

本章主要讲解3D游戏中最富有表现力的部分——游戏角色设计，以女性角色为例，分别讲述原画造型的设定分析、女性角色的模型制作、女性角色的UV制作、女性角色的贴图绘制，以及女性角色换装知识5个部分。通过本章的学习，学生应掌握3D网络游戏中换装角色的制作方法和表现技法，加深对游戏的理解。模型效果如图5-1所示，角色的贴图绘制效果如图5-2所示。

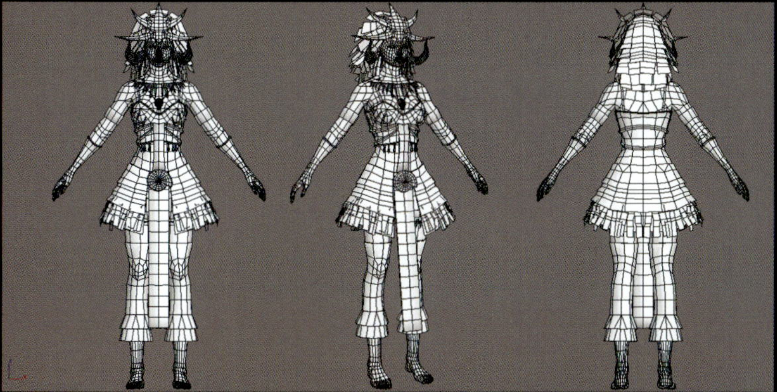

图 5-1 模型效果

第一节 角色设计及结构分析

在正式制作前，我们需要了解和分析角色的角色类型、服装配饰以及人物的角色性格，结合原画给出的正侧面图以及部分重要配饰的结构分析图把握好角色的结构，并且需要分析如何优化角色模型的基本姿态和布线，从而有利于模型的绑定和动画制作。此外，我们还要注意策划人员给出的对模型面数的限制和其他要求。角色模型制作是一个承上启下的工作，既要尽量吻合原画又要有利于动画工作的开展。

图 5–3 游戏《永恒之塔》角色原画

图 5–4 游戏《永恒之塔》角色模型

在制作之前，我们应尽量利用网络资源和已有的模型库资源多收集一些素材，参考一些优秀的原画设定，以及游戏模型的表现方式。如图5–3、图5–4。

本案例制作的女性角色的标准设定文案如下（如图5–5）：

背景：此角色为主角。

种族：魔族。

职业：祭司。

性格特征：内敛，寡言少语，浑身散发出一身邪气。

服装：皮甲和骨甲混搭，身体有部分文身，整体风格为欧美写实风格。

技能：法术系列技能。

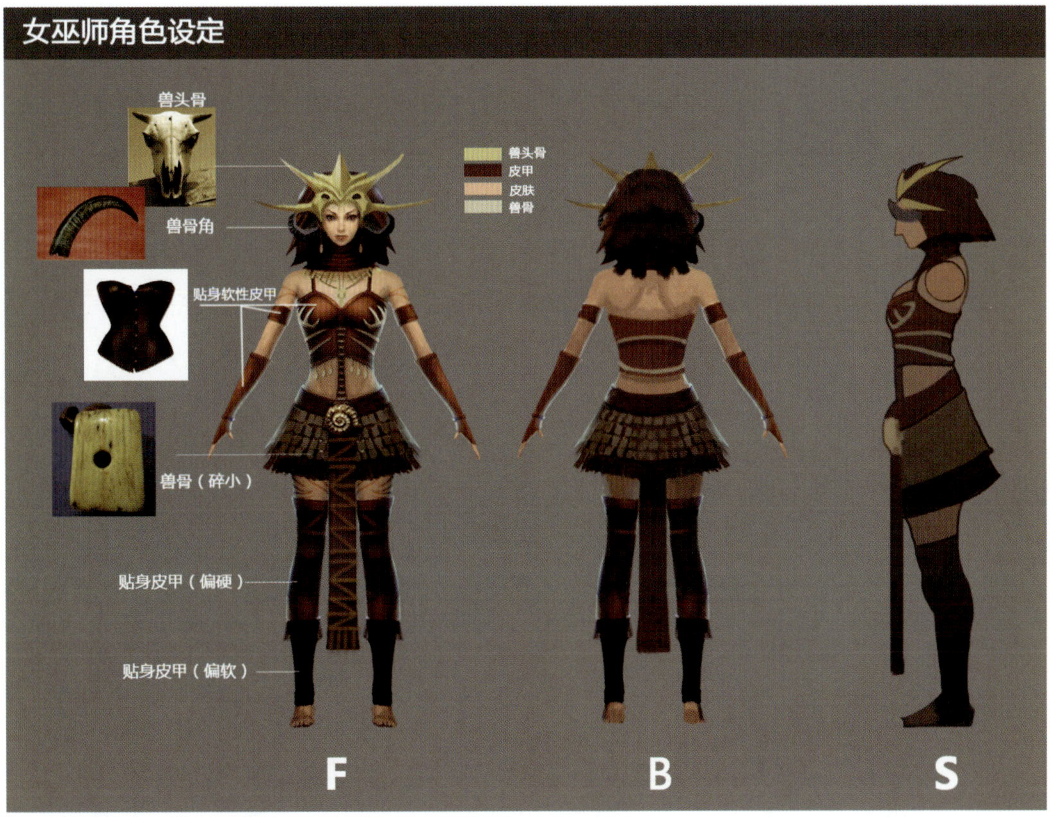

图 5-5 女性角色原画

第二节 角色头部模型制作

在分析好原画设定并且与动画制作人员有一定沟通以后，我们就可以开始制作角色模型，通常游戏中的低模（低面数多边形模型）都是采用多边形（Polygon）建模来完成的。其好处在于这种建模方式从技术角度来讲比较容易掌握，在创建复杂表面时细节部分可以任意加线，在结构穿插关系很复杂的模型中能够体现出它的优势，并且适合于后续的动画工作。

以人体为例，通常采用头部—身体—四肢的建模顺序。这样可以在制作过程中对基本形体进行准确把握，并且对细节部位不断地完善。

为了准确地把握角色结构，在制作之前我们可以参考一些人体结构解剖图。如图5-6、图5-7。

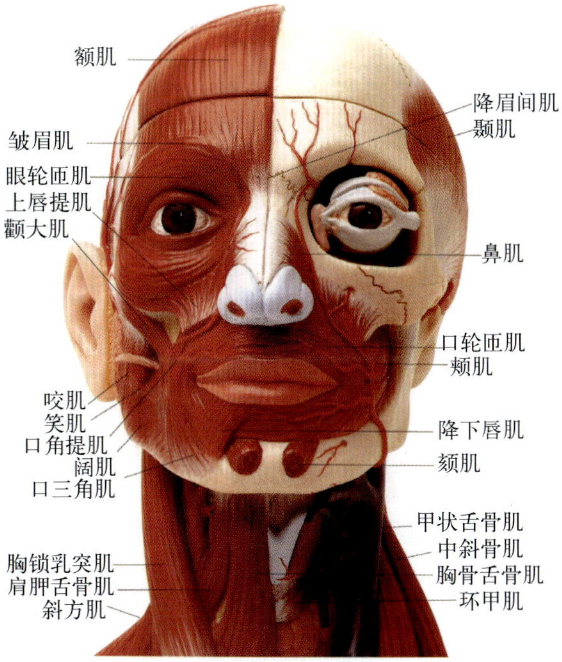

图 5-6 头部肌肉结构

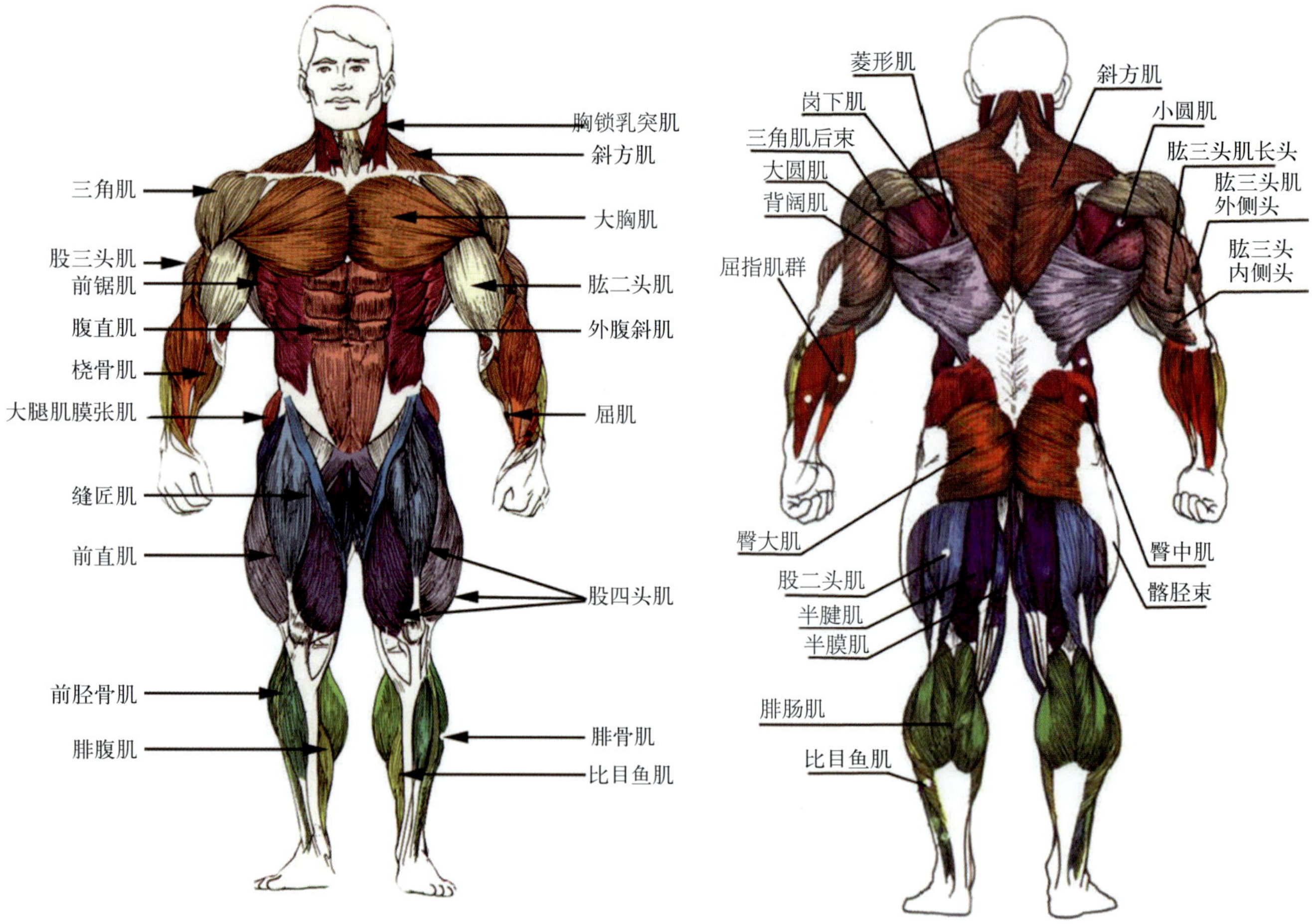

图 5-7 身体肌肉结构

下面我们开始正式制作。

①打开3ds Max进入软件界面，在菜单栏选择“自定义—单位设置”，如图5-8（a）所示；将“系统单位比例”和“显示单位比例”设为“厘米”，其他保持默认不变，如图5-8（b）所示。

②在透视图中创建一个长、宽、高分别为20cm、20cm、20cm的标准长方体，分段数为1、1、1，如图5-9(a)所示。按键盘<W>快捷键选中物体，将其坐标设置为“0，0，0”(方便模型进入游戏后

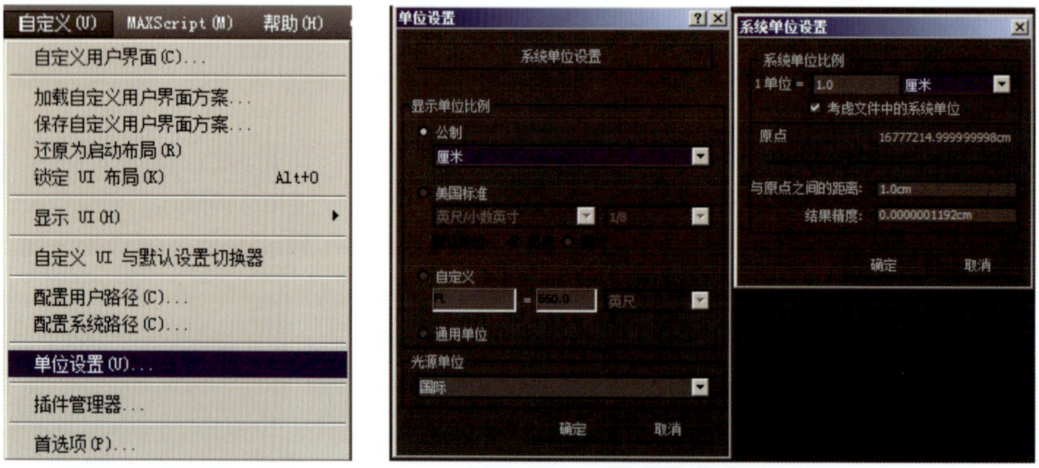

（a）“单位设置”选项　　（b）将单位改为“厘米”

图 5-8

的定位)，如图5—9(b)所示。按<M>快捷键调出材质编辑器，赋予模型一个灰色材质球，如图5—9(c)所示。

③选中模型，点击鼠标右键选择“转换为”的“转换为可编辑多边形”选项，如图5—10（a）所示。进入多边形编辑面板，对模型的点、线、面进行编辑，如图5—10（b）所示。

④点击多边形编辑面板进入面级别，同时选择模型的顶面，点击“编辑多边形”中的“挤出”选项，创建出头的上半部分，如图5—11(a)所示。同样地，选择模型背面，挤出模型的后脑勺，如图5—11(b)所示。

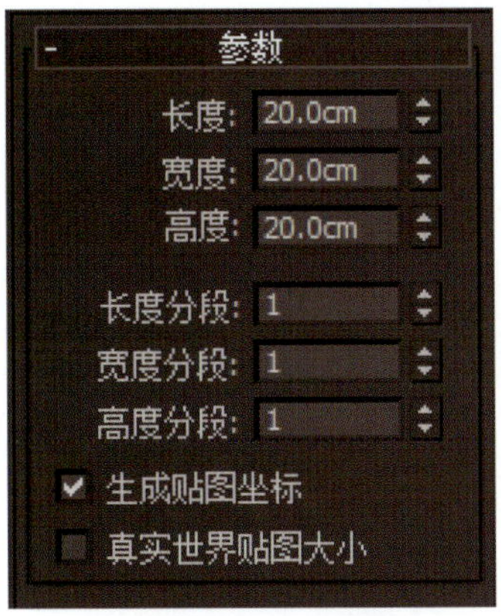

(a) 设置大小和分段数

(b) 将坐标归 0

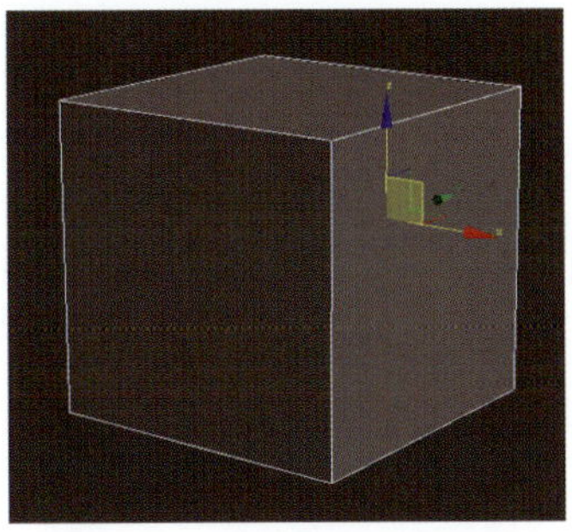
(c) 将模型赋予灰色材质

图 5—9

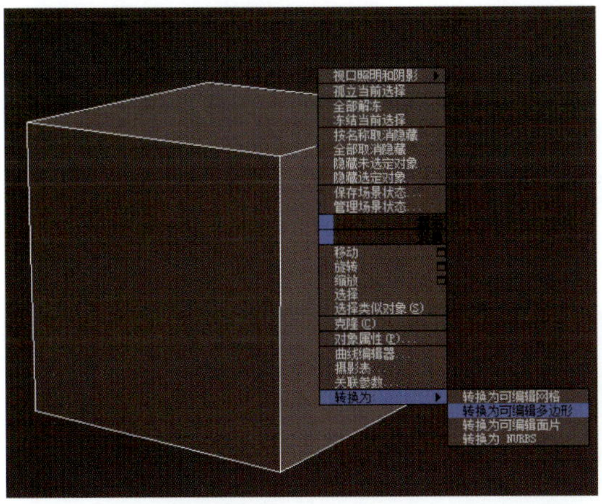

(a) 将模型转换为可编辑多边形

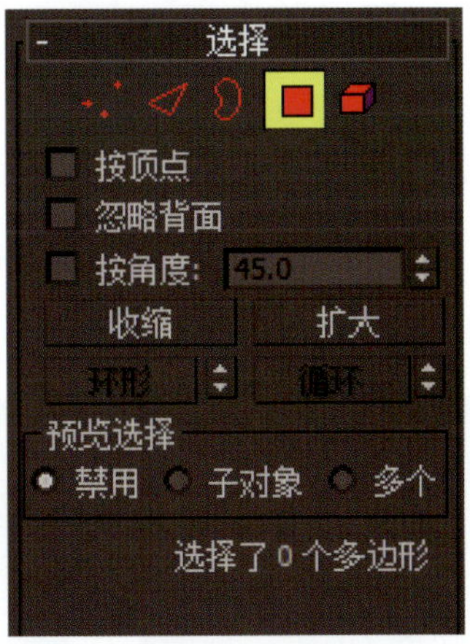

(b) 进入多边形编辑面板

图 5—10

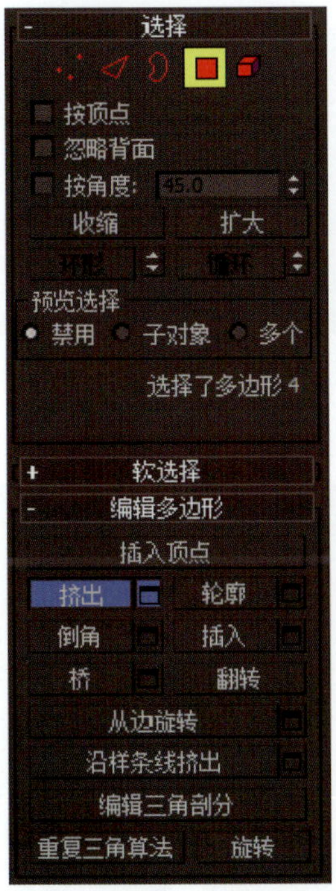

(a) 执行面的“挤出”命令

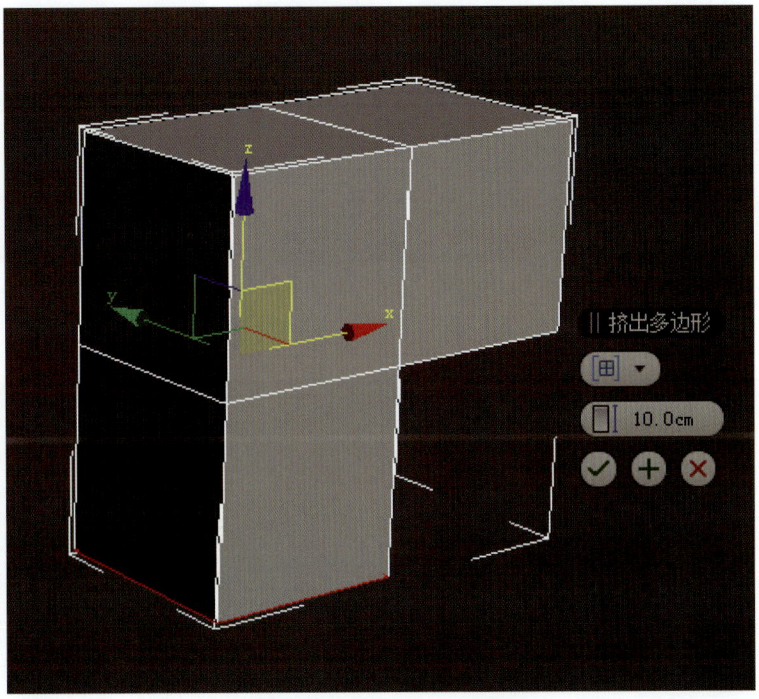

(b) 挤出模型的额头和后脑勺部分

图 5—11

⑤进入边级别，选择模型中横向的任意一条边，同时点击环形。这样，与其平行的边将全部被选中，如图5−12（a）所示。点击“边”中的“连接”选项，在所有选中的边中切入一条等分的线，这样就对模型做了一个等分操作，如图5−12(b)所示。

⑥进入选择面板，利用点、线、面等选择方式，参考原画的脸部造型对模型进行调节，如图5−13(a)所示。按键盘上的<F>快捷键切换到前视图，按<Delete>键删掉模型的左半边，同时，在修改器列表中添加“对称”命令，如图5−13(b)所示。添加该命令以后再操作右边的模型，此时，左边的模型会进行同样的操作，从而达到事半功倍的效果，如图5−13(c)所示。

⑦选择点层级，在视图当中点击鼠标右键，在弹出的快捷菜单中选择“剪切”命令，如图5−14（a）所示。在后脑部分切出脖子的切口，并参考颈部结构调节定点，模型如图5−14（b）所示。

至此，头部模型的大致形体已经做好了，接下来，我们需要继续深入细节，用更多的点、线、面来调节出复杂的效果。

⑧使用“连接”命令，根据头部骨骼的造型变化及三庭五眼的位置关系，给模型增加眼部和口腔部分的布线，如图5−15（a）所示。进入顶点层级，在前视图和左视图上分别调整定点，使模型

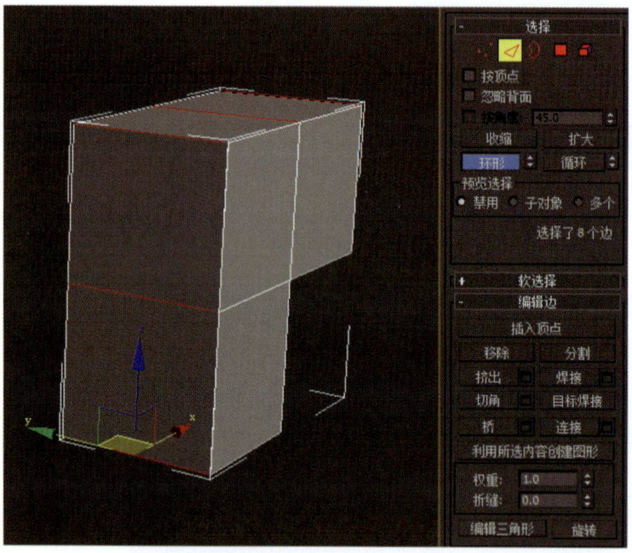

（a）利用“环形”命令选择边

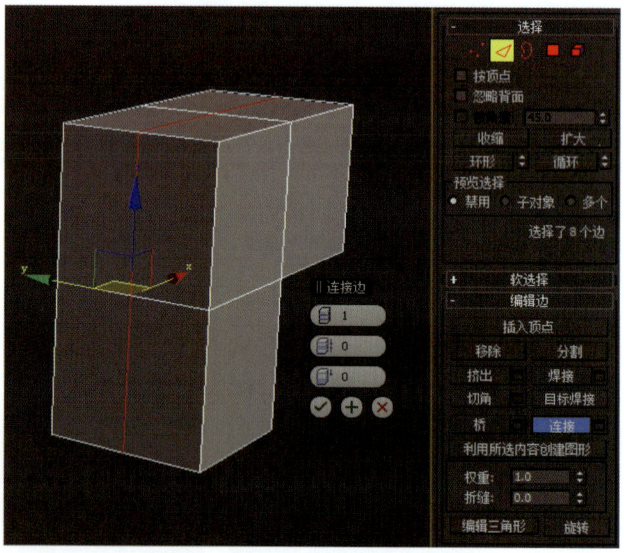

（b）加入一条中线

图5−12

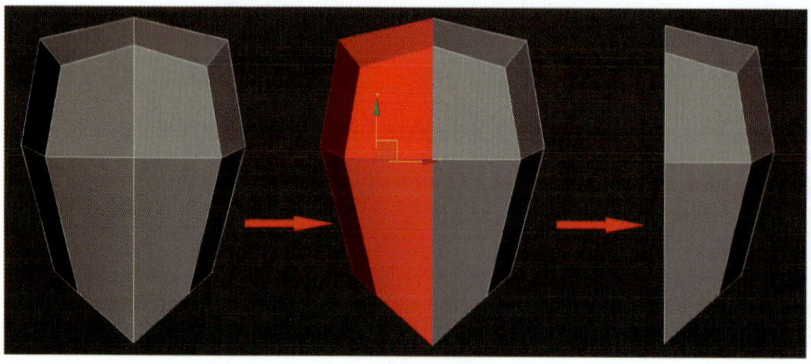

（a）调整模型结构

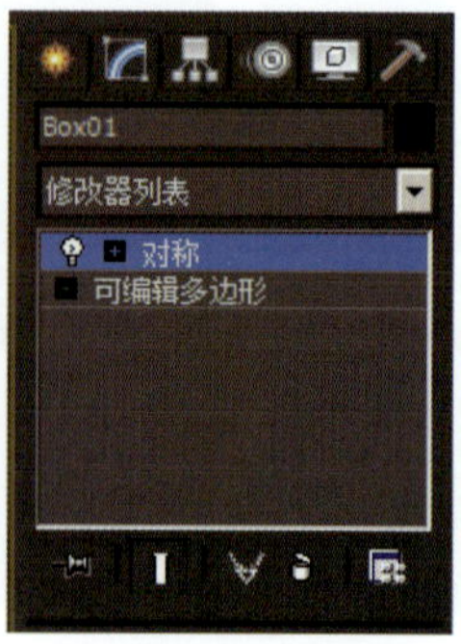

（b）添加对称修改器

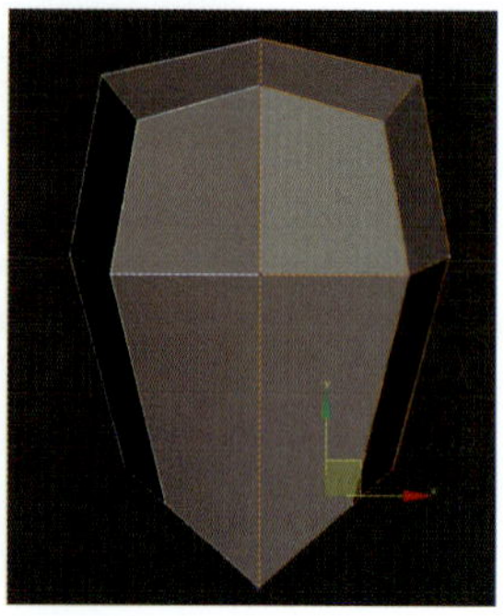

（c）使用“对称”命令的效果

图5−13

的外形尽量符合人体结构和接近原画的脸型，为后面添加五官做好铺垫，如图5–15（b）所示。

⑨进入顶点层级，选择模型后点击鼠标左键，在弹出的快捷菜单中选择“剪切”命令，根据女性的五官造型图对五官部位进行加线，线段尽可能简洁，定位出基本的嘴、眼、鼻等五官的结构部分，如图5–16所示。

⑩五官是头部制作的关键，需要仔细刻画。为了使嘴部结构更加丰富，可给嘴部模型增加线段，丰富嘴部的细节，如图5–17（a）所示。进入顶点层级，在前视图和左视图中分别调节顶点的位置，拉出鼻梁的高度以及双唇的落差，让嘴和鼻的布线有立体空间感，使其外形尽可能符合原画中角色的脸型，如图5–17（b）所示。

⑪定位好嘴和鼻的位置以后，根据头部骨骼的造型变化及三庭五

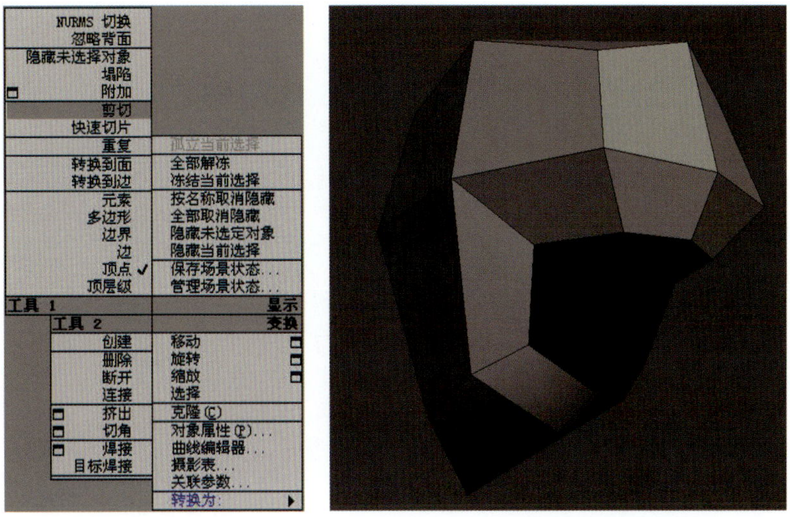

(a) 使用“剪切”命令　　(b) 调整出脖子的接口

图 5–14

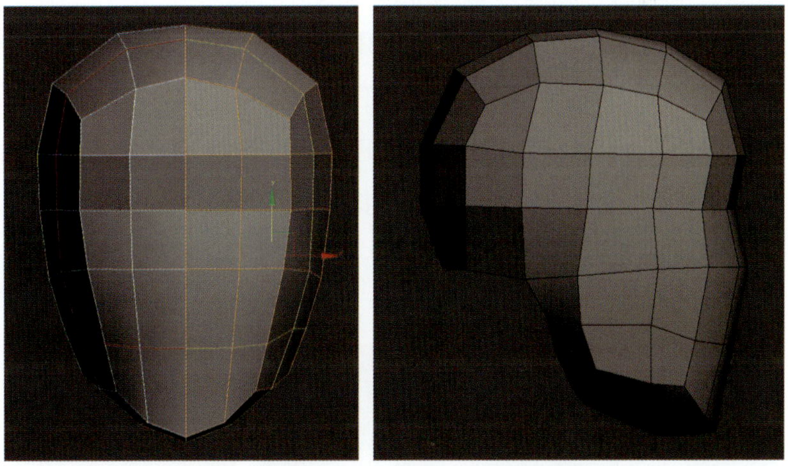

(a) 增加眼部和口腔部分的布线　　(b) 调整面部结构布线后的效果

图 5–15

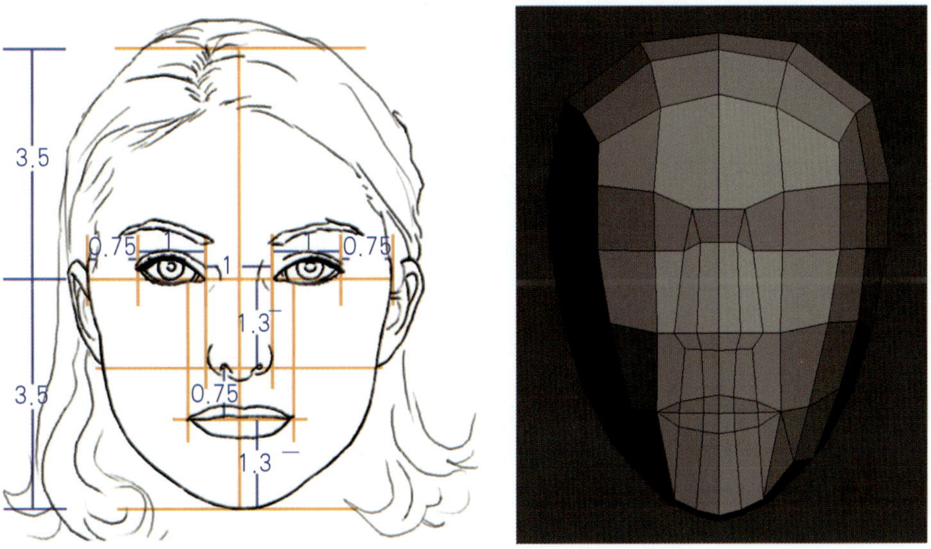

(a) 女性五官比例图　　(b) 刻画五官的基本造型

图 5–16

眼的位置增加眼部线段，从而制作出眼部的细节，如图5−18（a）所示。加线时要注意各个视图中模型的点和线段的分布，避免出现五边和五边以上的面，如图5−18（b）、图5−18（c）所示。

⑫进入面层级，选中眼睛部分的所有面，点击“编辑多边形”，选择“插入”命令，如图5−19（a）所示，给眼睛部分增加一条线段，然后调整眼部的布线，如图5−19（b）所示。注意处理好眼睛和眉公骨之间的转折关系，同时增加鼻梁和鼻尖部分的线段，丰富模型细节,如图5−19（c）所示。

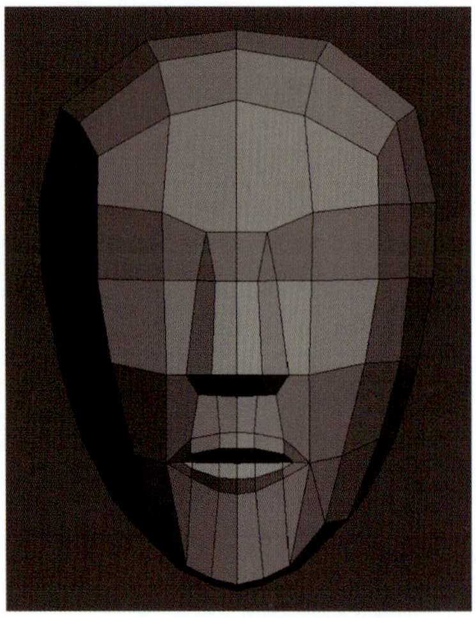
（a）丰富嘴部模型

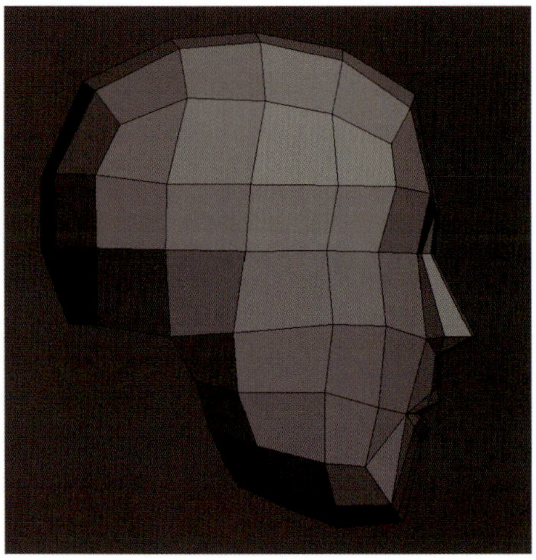
（b）从侧面调节五官的形体

图 5−17

⑬在透视图中利用“剪切”工具增加嘴部的布线，注意处理好嘴角、上嘴唇和下嘴唇的关系。拉出口轮匝肌的结构线，同时给下巴加入一条线段，使下巴更加圆滑，如图5−20所示。

⑭在前视图和左视图中进一步调整五官的结构和位置关系，使其更接近原画中角色的脸型，效果

(a) 增加眼部线段

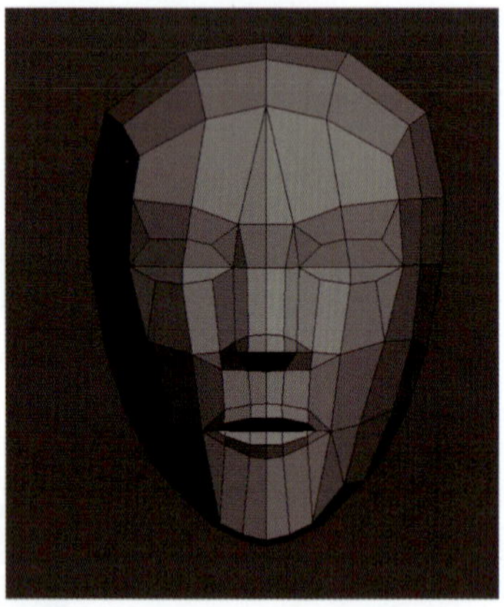
（b）调节五官形体正面效果

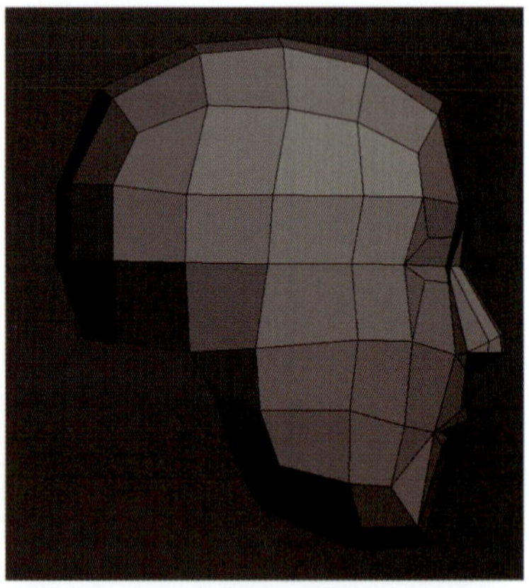
（c）调节五官形体侧面效果

图 5−18

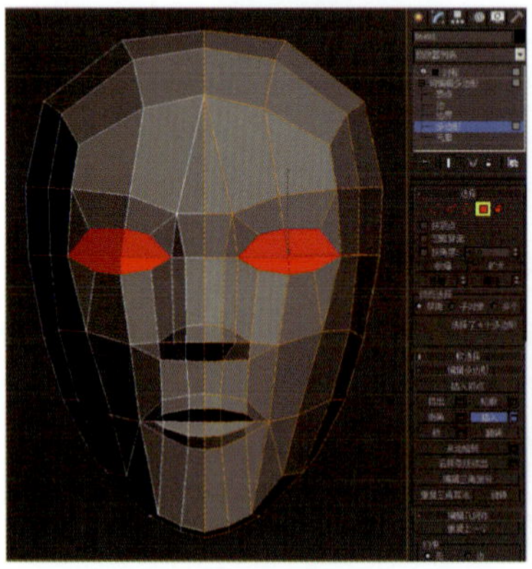
（a）使用“插入”命令

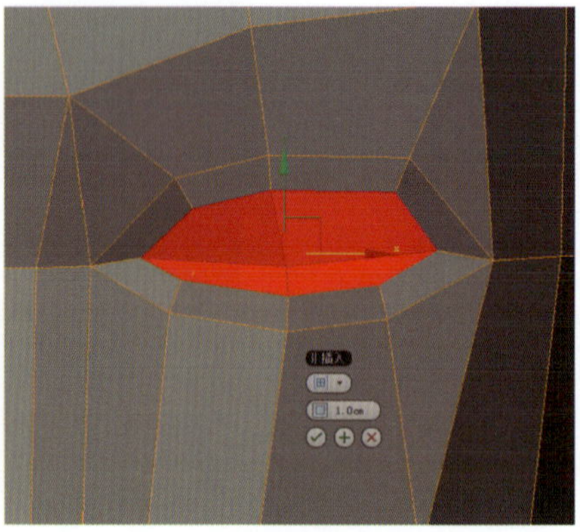
(b) 增加眼部布线

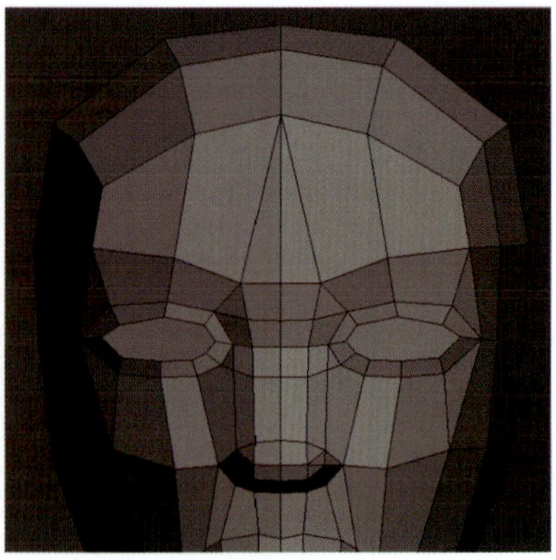
（c）调整后眼睛和鼻子的效果

图 5−19

如图5—21所示。

⑮对头部模型的细节进行整体调节和刻画（包括眼、耳、口、嘴、鼻、眉公等），在制作中可以参考一些较好的头部骨骼和肌肉结构的图片来修改模型。注意按照游戏角色的布线规则来合理安排，避免五边面和链接时出现断点。

⑯利用“剪切”工具，为眼睛添加眼皮厚度的布线，如图5—22所示。同时对眼睛的侧面部位（鼻根、脸部、眉公3个部位的交叉点是最能表现角色面部结构的关键部位）进行细节调整，效果如图5—23所示。

⑰在对眼部的调整基本完成后，结合原画设定的要求利用“剪切”命令对鼻子的造型进行细节调整。要控制好鼻头和鼻翼的关系，给鼻梁加入一条线段，丰富鼻梁侧面的曲线，如图5—24所示。

⑱调整角色嘴部模型的线框，并添加一些新的线段来表现细节（调整出唇珠的造型）。调整时要注意与口轮匝肌的结构走向相统一，效果如图5—25所示。

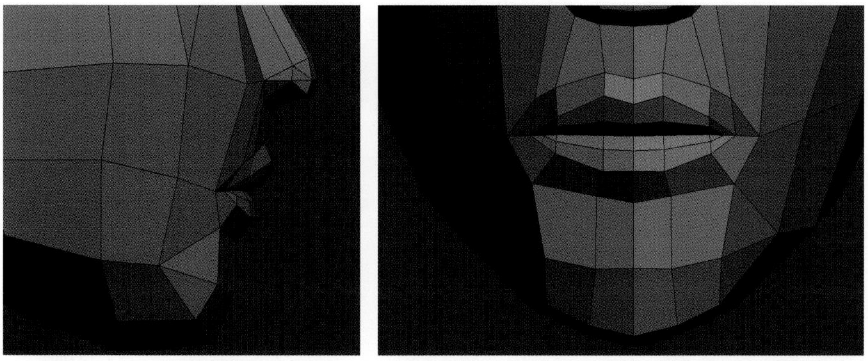

(a) 调整嘴部　　(b) 调整下巴

图 5—20

图 5—21 五官调整后的效果

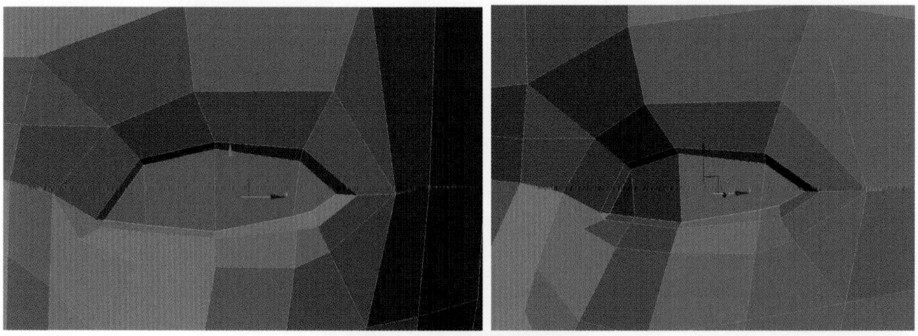

图 5—22 增加眼皮厚度

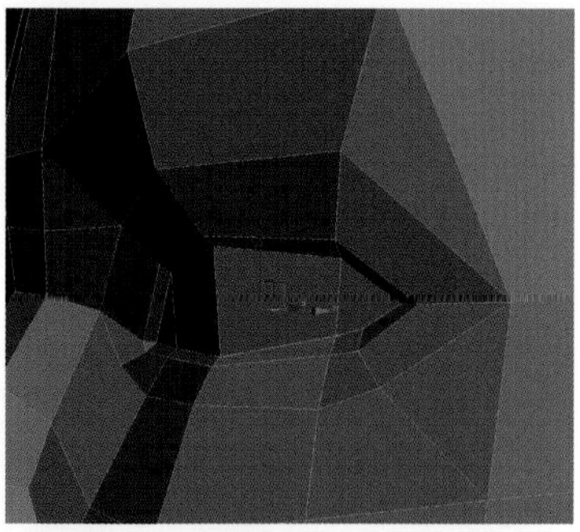

图 5—23 调整眼部侧面造型

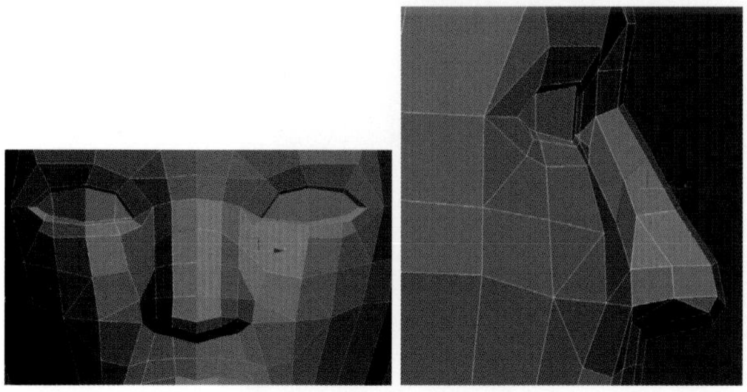

图 5—24 调整鼻子结构

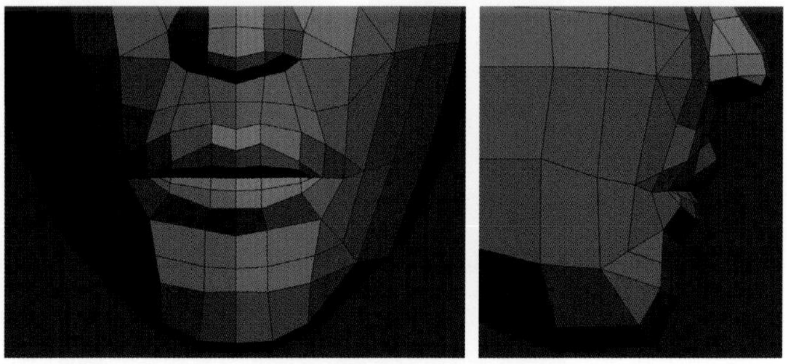

图 5—25 嘴部模型调节效果

⑲根据原画的造型特点，从不同的视图角度对整个角色的头部结构进行细节调整，这里主要对角色的后脑勺和脖子部分进行形体的调整，如图5–26所示。

⑳在游戏角色的设计中，需要对嘴巴、鼻子和眼睛进行细节刻画。由于耳朵的结构过于复杂，且女性角色的耳朵常被头发掩盖，若用模型表现耳朵就会浪费大量的面，所以我们在制作耳朵时会选择相对简单的方法，即用贴图来表现耳朵的细节。如图5–27所示。

㉑在左视图中增加耳朵部分的细节线段，刻画出耳朵的基本形状。进入面层级，选中耳朵部分的模型，点击“编辑多边形”，选择“挤出”命令，挤出耳朵部分。保持耳朵面被选中的状态，把耳朵的面稍微旋转，然后按照耳朵的形体结构调整对应的顶点。如图5–28所示。

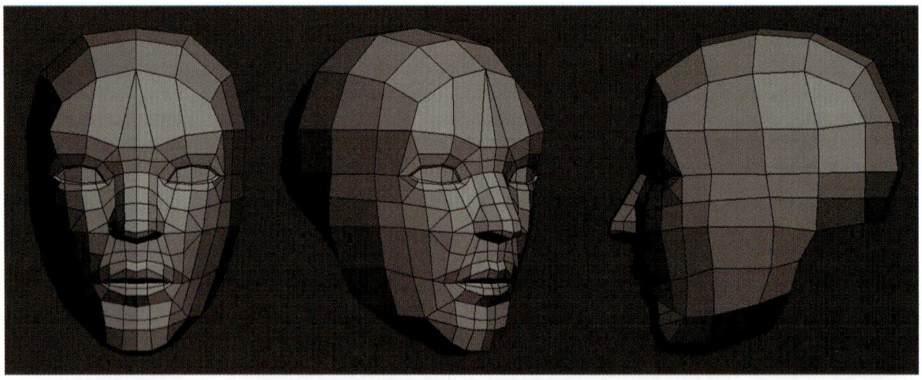

图 5–26 头部整体调整效果

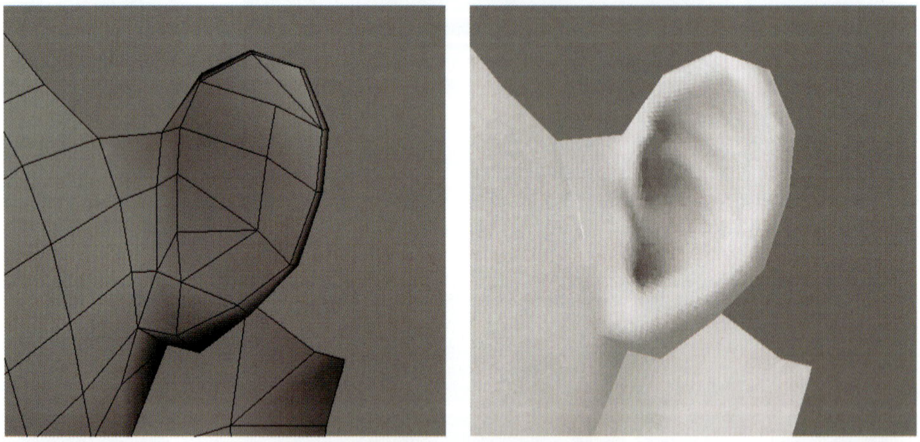

图 5–27 通过贴图表现耳朵模型的细节

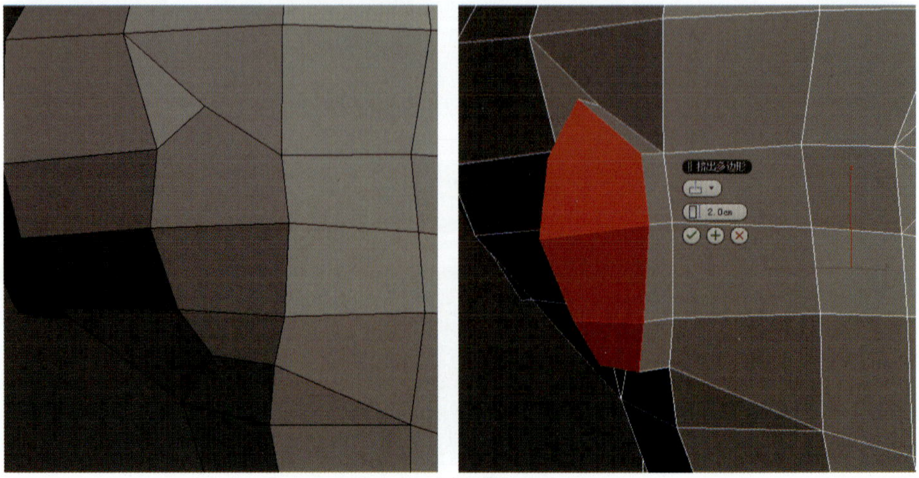

图 5–28 制作耳朵部分

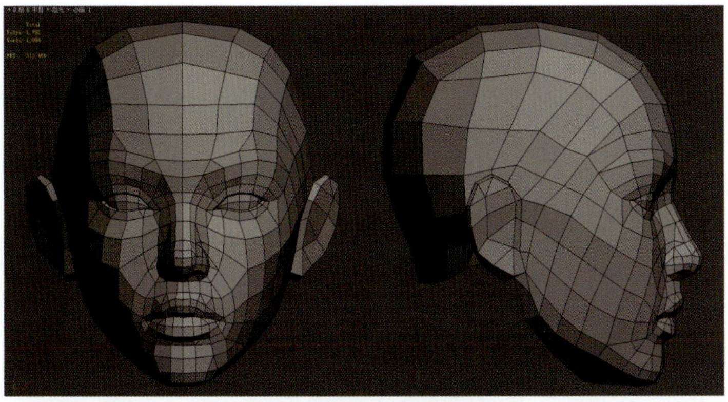

图 5-29 对模型深入刻画后的效果

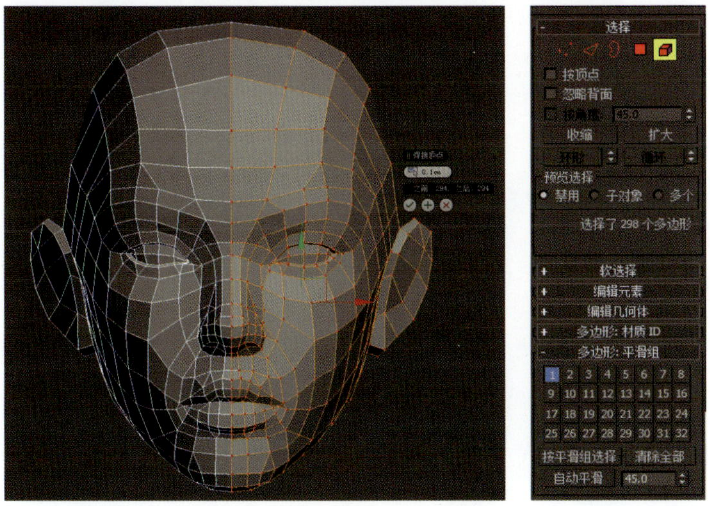

(a) 焊接所有顶点　　(b) 统一光滑组

图 5-30

㉒仔细对比原画，对模型的布线和结构进行检查，使其尽可能符合人体的头部结构，尽可能接近原画。在各视图中观察模型，对模型进行调整，可添加适当的布线丰富模型结构，效果如图5-29所示。

㉓选择完成的模型，进入点级别。选中模型所有的点，点击“编辑顶点”，选择“焊接”命令，焊接值调整为0.1，对所有的顶点进行一次焊接，以确保模型没有断开的点，如图5-30（a）所示。进入面层级，选择模型所有的面，点击“多边形属性”选项，将模型光滑组统一指定为1，这样模型会比较光滑，如图5-30(b)所示。最终效果如图5-31所示。

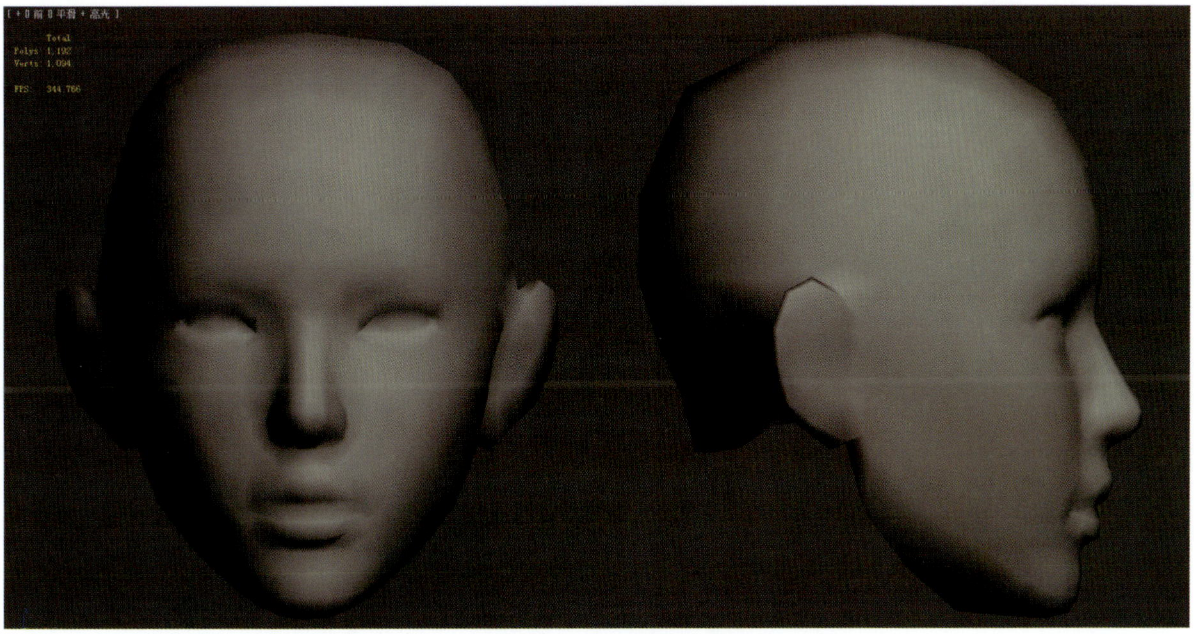

图 5-31 头部完成效果

第三节 角色身体模型制作

上一节介绍了头部模型制作的方法，接下来将重点介绍女性身体部分的建模方法。女性身体部分是由女性裸模和装备两个部分组成。在制作角色裸模的时候，要以女性角色的身体结构为准，合理布线。在制作装备模型时，不必过于考虑模型细节，只需把握好模型的大关系，与原画一致即可，细节主要靠贴图表现。模型的布线结构尽量与裸体模型的布线一致，在深入制作的同时，还要多注意游戏模型制作的一些基本要求和掌握一些技巧，并考虑建模的方式是否有利于后期模型的绑定。

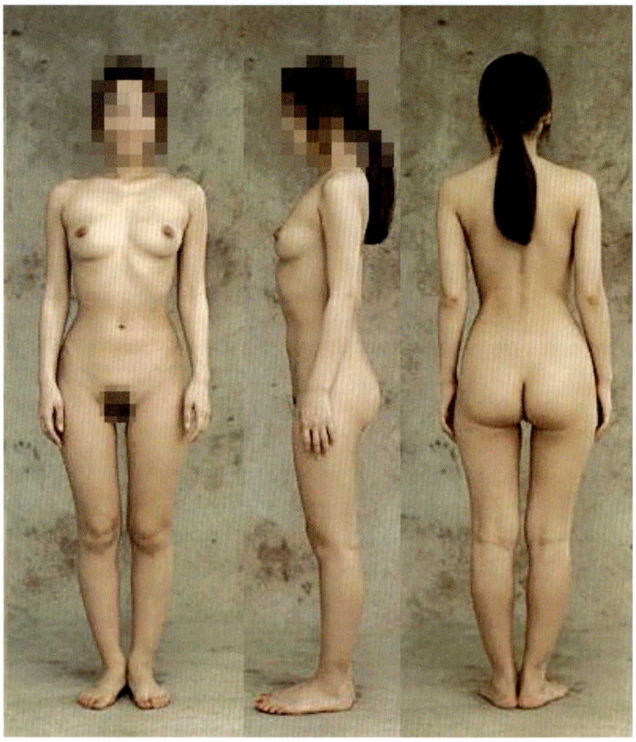

图 5–32 女性人体结构

一、角色身体结构分析

我们在开始制作身体模型之前，要先对人体的肌肉骨骼和躯干的基本结构进行详细的了解，

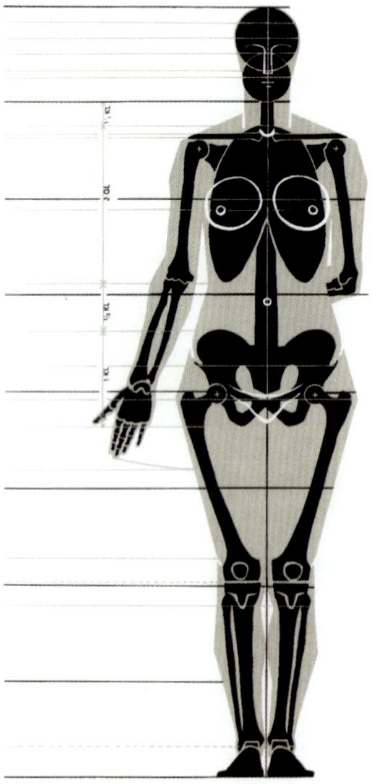

图 5–33 女性基本形体结构图

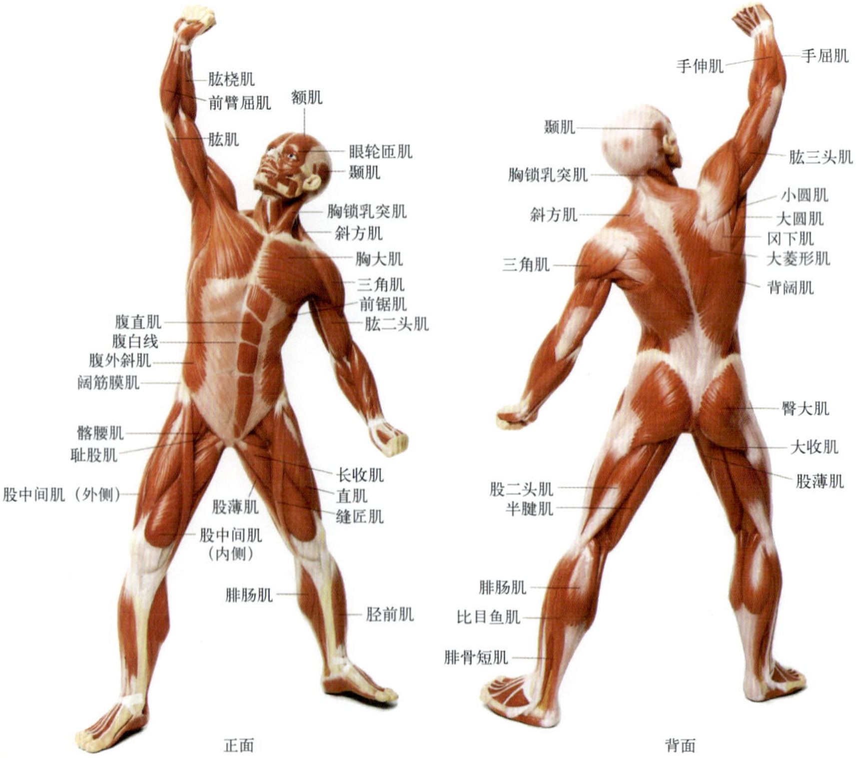

图 5–34 人体动态结构

这样才能在角色模型制作中正确把握好人物的造型，如图5–32所示。

在制作女性角色时，要注意其与男性形体结构的差别，仔细分析头部和躯干部分的比例关系。在游戏的制作中，我们通常会对形体进行夸张和变形，前提是要遵循最基本的人体结构比例，如图5–33所示。

此外，要经常观察和了解人体比例结构及身体各部分的关系，以便更好地理解身体关节的动态节奏，同时为后期的模型绑定和动画调节提供依据，女性角色的动态线如图5–34所示。

有了这些人体的基本知识以后，我们需要结合原画做一些分析。首先要分析原画的形体比例，其次需要考虑角色身上的装备与装饰配件的关系，这将直接影响后面的建模工作，如图5–35。下面我们就开始对角色身体部分进行制作。

图 5–35 角色原画比例分析

二、身体模型的制作

1. 躯干的制作

首先制作的是身体的躯干部分，躯干和头部的大小比例一定要合适。

①参考头部模型的大小，在透视图中创建一个长宽高为50cm、50cm、80cm的长方体，模型分段数为1，如图5-36(a)所示。然后点击“选择并移动工具”，将长方体放在头部以下接近躯干的位置，如图5-36(b)所示。为了不干扰身体部分的制作，选择头部模型后点击鼠标右键，选择“隐藏当前选择物体”将头部隐藏，这样便于我们对身体模型的制作，如图5-36(c)所示。

②选择长方体，点击鼠标右键，选择“转换为可编辑多边形”，然后点击“细分曲面”，勾选“使用NURMS细分”，将“迭代次数”改为2，这时模型变得比较圆滑，如图5-37(a)所示。将其塌陷，点击右键，重新选择“转换为可编辑多边形”，这样可形成女性角色胸腔的一个初模，如图5-37(b)所示。

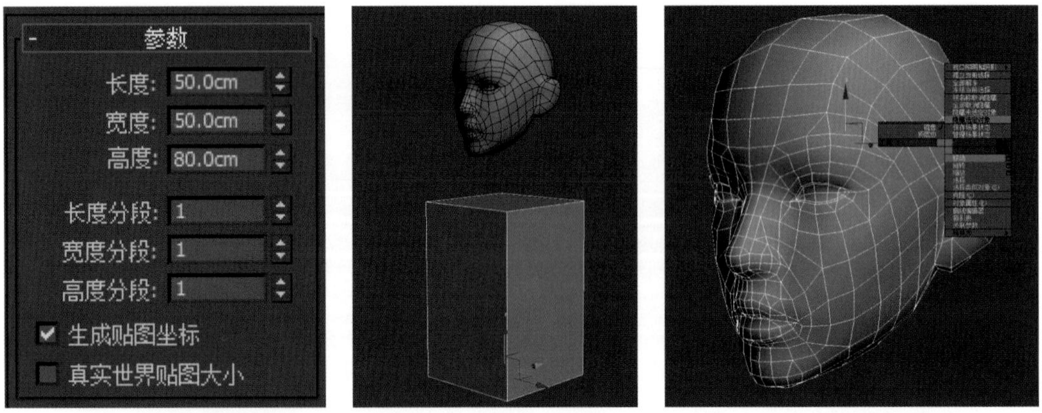

(a) 设置方体初始参数　(b) 调整方体位置　(c) 隐藏头部模型

图 5-36

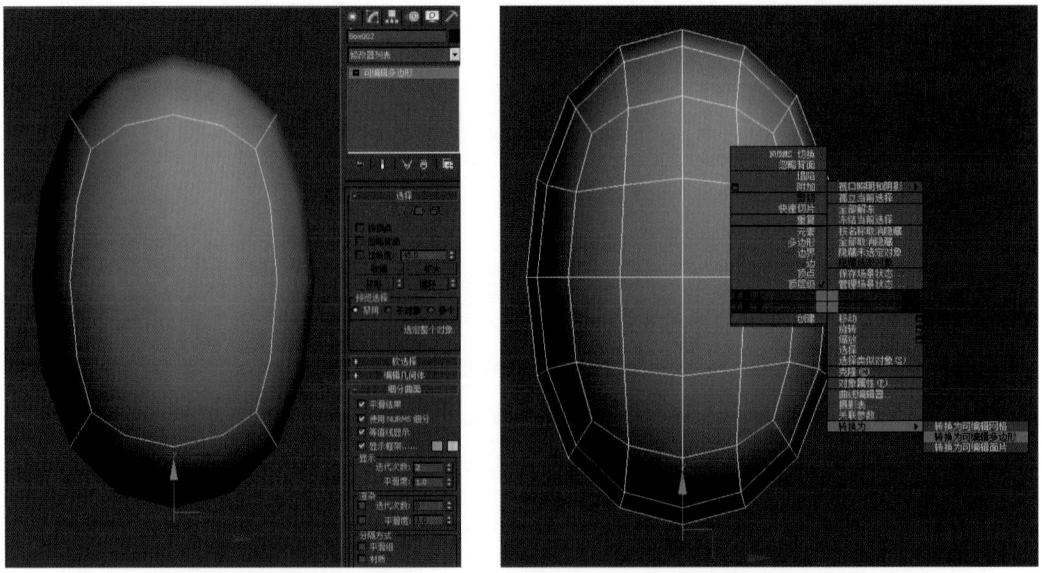

(a) 使用 NURMS 细分　(b) 塌陷为可编辑多边形

图 5-37

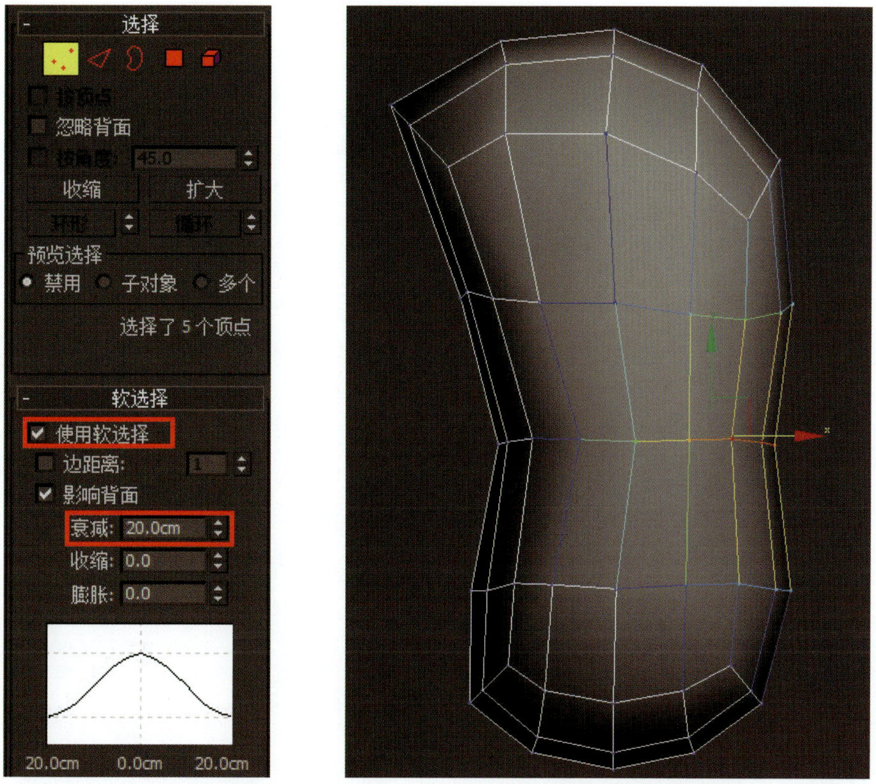

(a) 使用软选择　　(b) 调节身体侧面的厚度

图 5-38

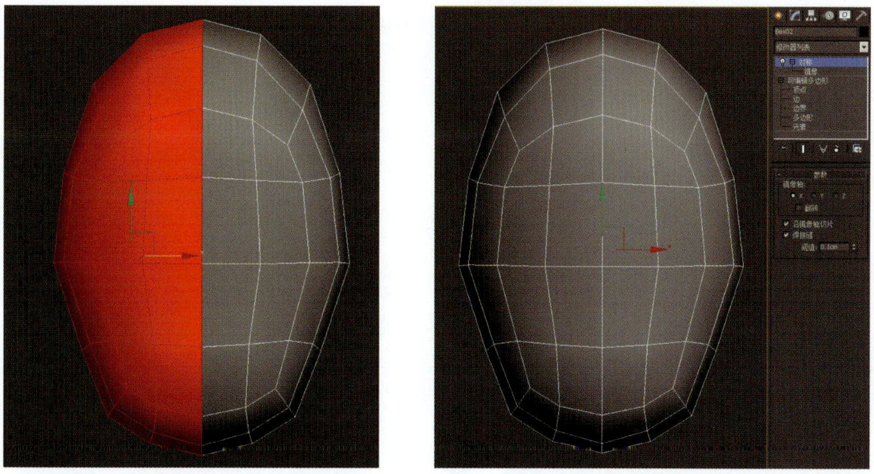

(a) 删除左边模型　　(b) 添加“对称”命令

图 5-39

③进入左视图，选择胸腔模型，进入点层级，点击“软选择”后勾选“使用软选择”，然后调整“衰减”的参数，如图5-38(a)所示。此时被选择的点会出现一个衰减区，红色代表绝对控制，颜色越冷控制力度越弱。利用这个功能对模型进行定点调节，从而形成身体侧面的一个厚度，如图5-38(b)所示。

④调整好侧面的基本型以后，再从正面调节角色身体的基本结构。由于人体是左右对称的，因此和头部一样，我们利用“对称”功能建模可起到事半功倍的作用。进入模型面级别，选中整个左边的模型，按<Delete>键删除左边模型，如图5-39(a)所示。进入修改器列表，为模型添加“对称”命令，如图5-39(b)所示。

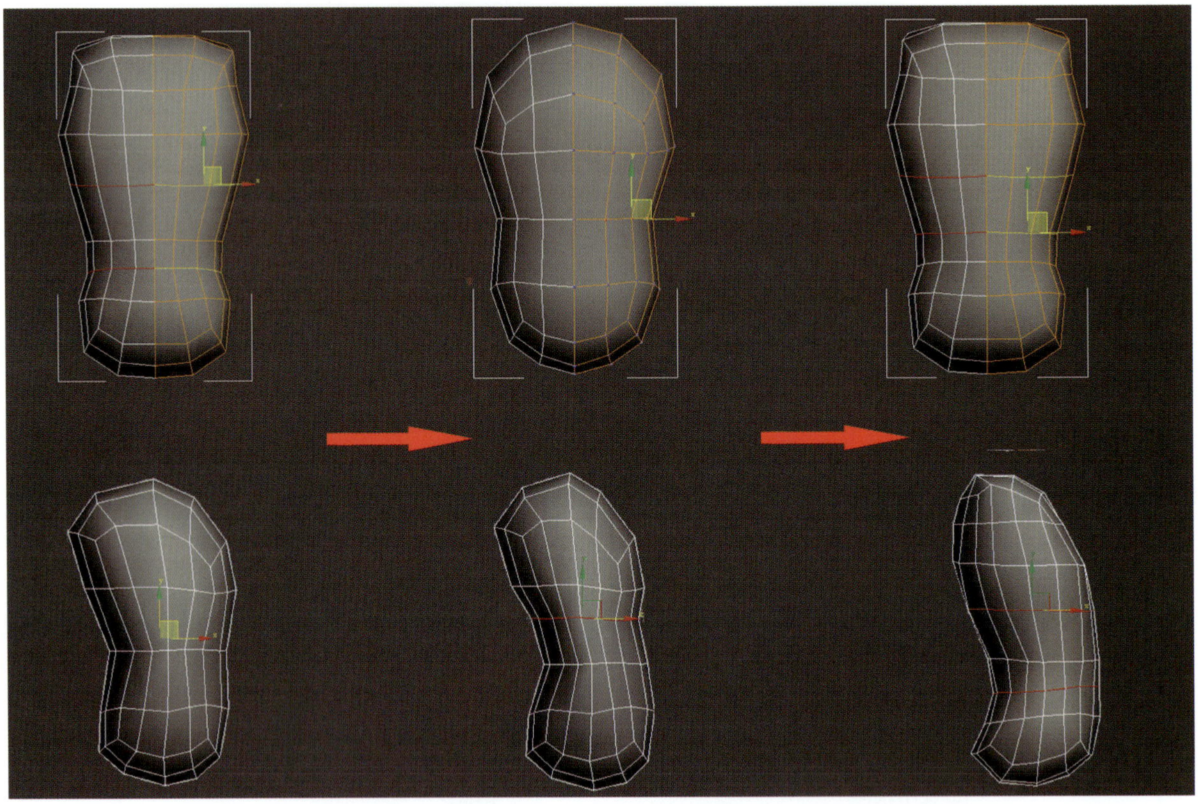

图 5-40 对躯干模型进行调节

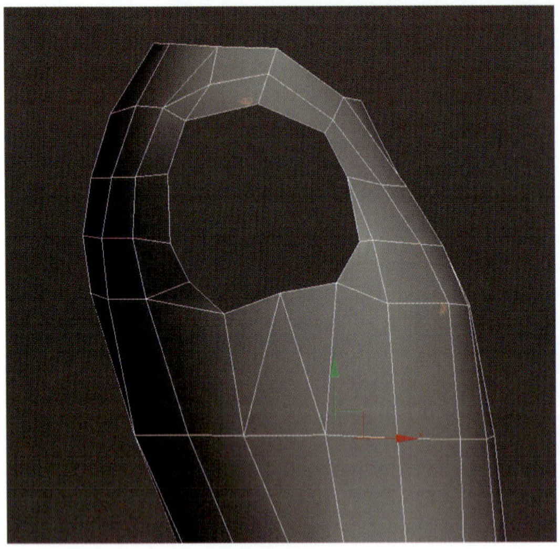

（a）肩膀接口调节

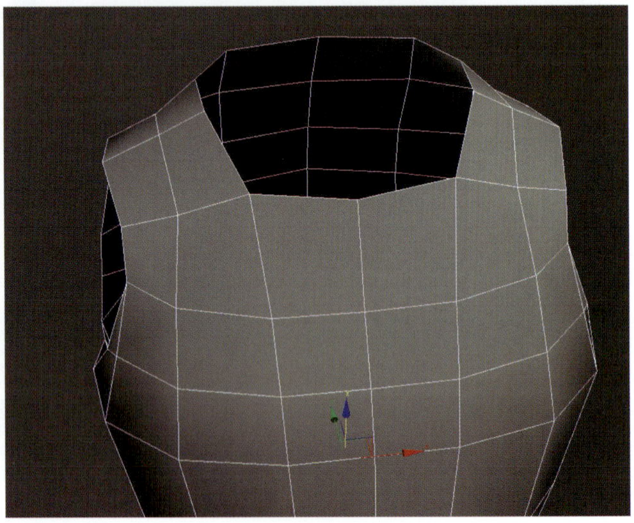

（b）颈部接口调节

图 5-41

⑤在正视图和左视图中对模型进行调整，初步调节出胸腔、腰部、臀部的线条感，可以适当多加一些线段。注意把握好女性角色的躯干的美感度和形体的变化，如图5-40所示。

⑥调整好角色的基本身形后，结合身体各部位的切线，在透视图中利用剪切工具为角色的肩膀部位添加边，并调节相应的顶点，初步编辑出肩膀的横截面，如图5-41（a）所示。利用相同的方法制作出颈部的横截面，如图5-41（b）所示。

⑦臀部、腹部以及腿部的交接处结构比较复杂，为了能准确地表现结构，我们需要找一些人体结构图进行参考，如图5-42（a）所示。在调节的过程中，需在前视图和侧视图中不断观察，注意

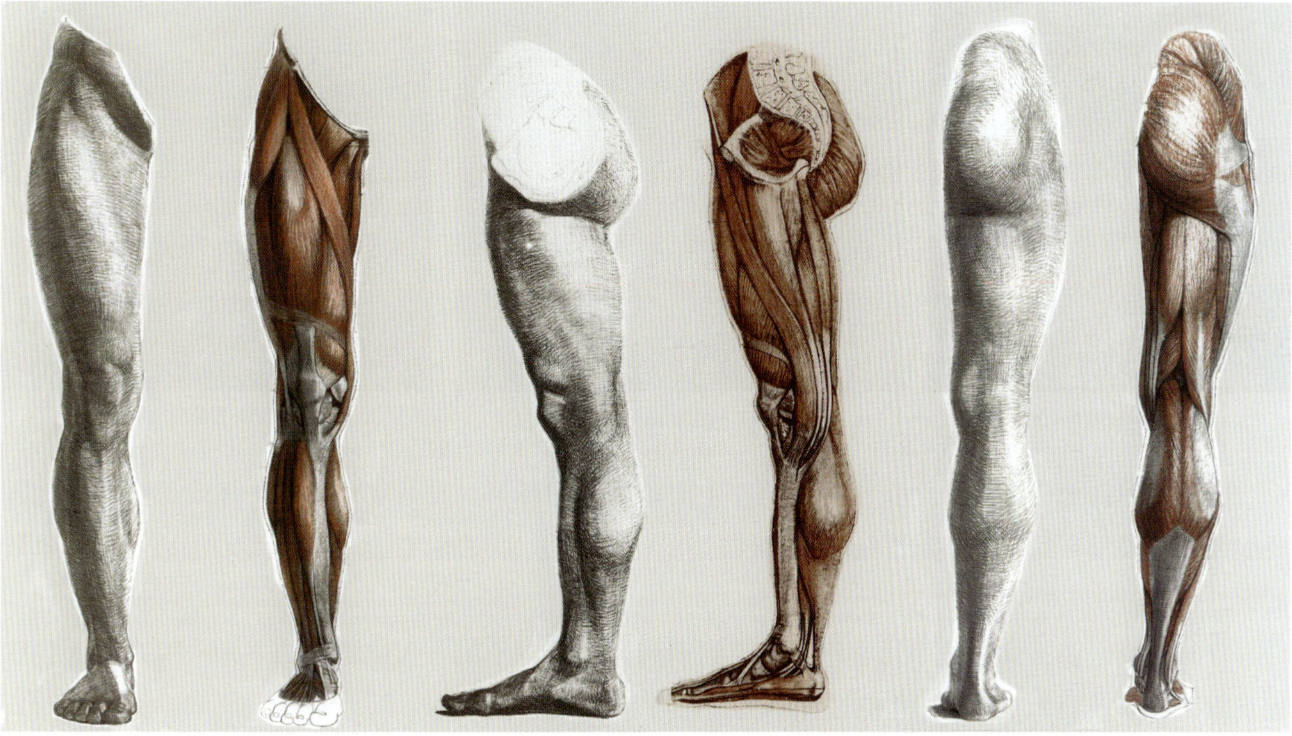

(a) 人体腿部结构图

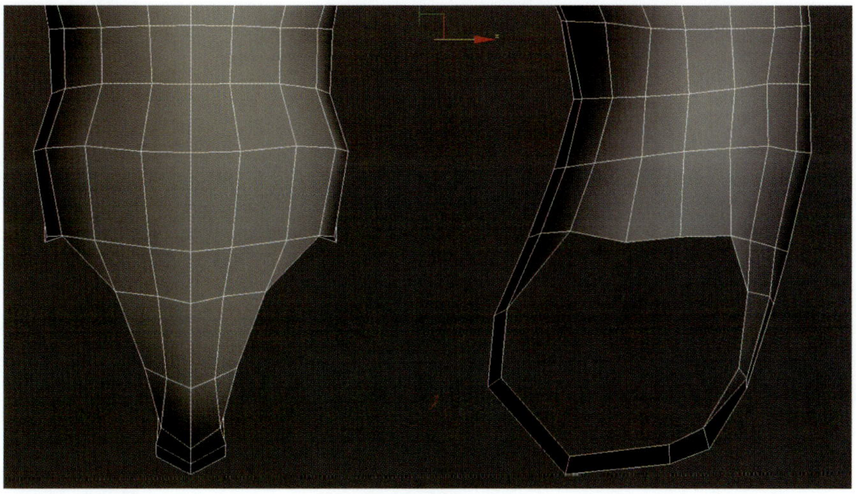

(b) 腿部模型接口调节

图 5-42

臀部曲线的美感。角色的双腿应尽量分开，便于动画的调节和后期做蒙皮绑定时的权重设置，如图5-42（b）所示。

在各视图中对身体的细节部分进行刻画，按照人体曲线的走向调整上半身的顶点以及角色的身体外形。现有的模型布线已经不能满足模型细节的制作要求了，我们需要进一步在角色的胸部和背部增加边来刻画细节。

⑧选择模型，进入点级别，利用剪切工具为胸部添加环形布线，如图5-43（a）所示。进入侧视图，从侧面初步调整胸部的曲线，如图5-43（b）所示。调节背部的顶点，让模型更接近人体背部的肌肉结构，如图5-43（c）所示。

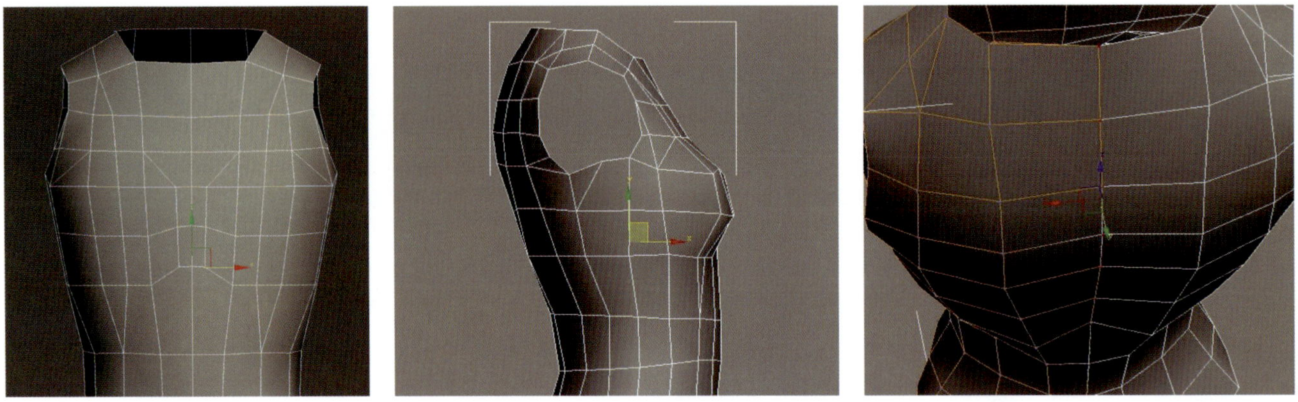

(a) 为胸部添加布线　　(b) 从侧面调节胸形　　(c) 调节背部结构

图 5-43

⑨女性的胸部模型是整个女性角色制作中比较重要的环节，也是玩家比较关注的部分，因此需要继续增加模型布线来调整胸部结构，调整时应从不同角度去观察，注意女性胸形的美感。调整效果如图5-44所示。

背部的模型在三维制作中通常不容易受到重视，但是对于第一人称游戏的主角来说，背面往往比正面更重要，因为在游戏操作的过程中主角背对玩家的时间较多。

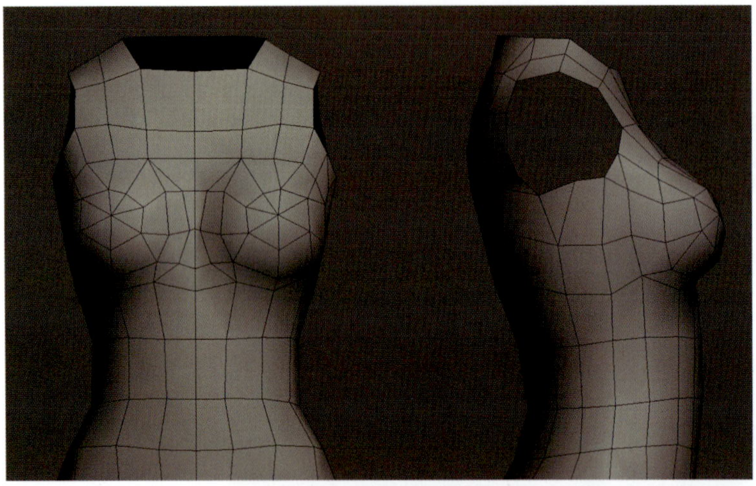

图 5-44 女性胸部模型效果

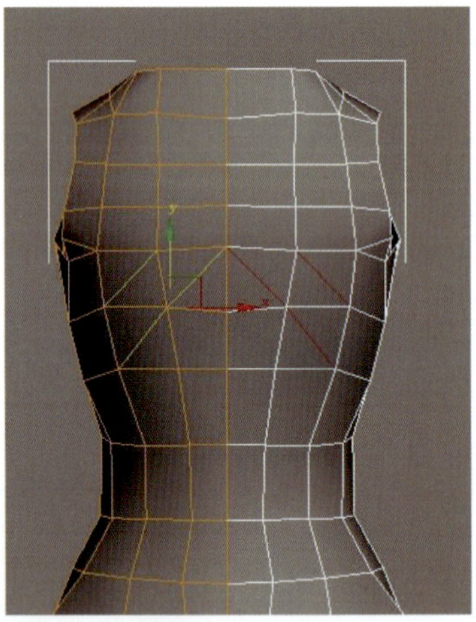

(a) 增加背部布线

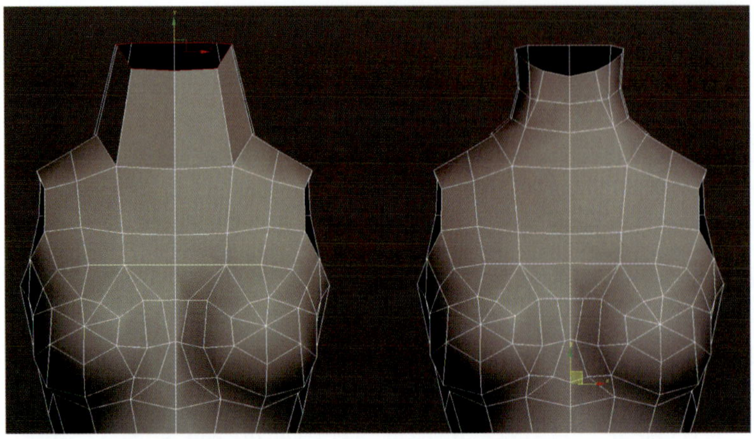

(a) 拉出颈部结构　　(b) 调节颈部布线结构

图 5-46

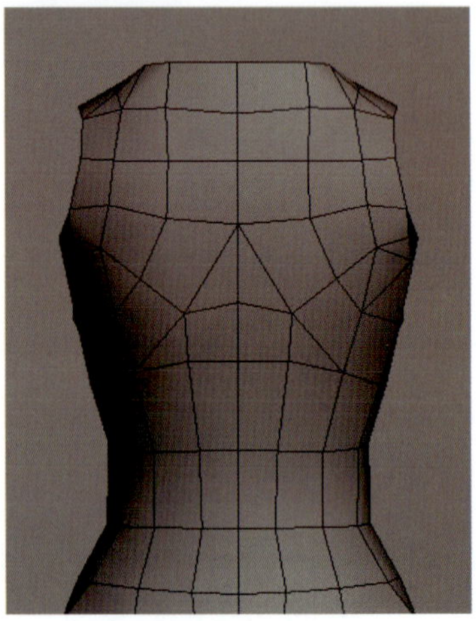

(b) 调整背部布线结构

图 5-45

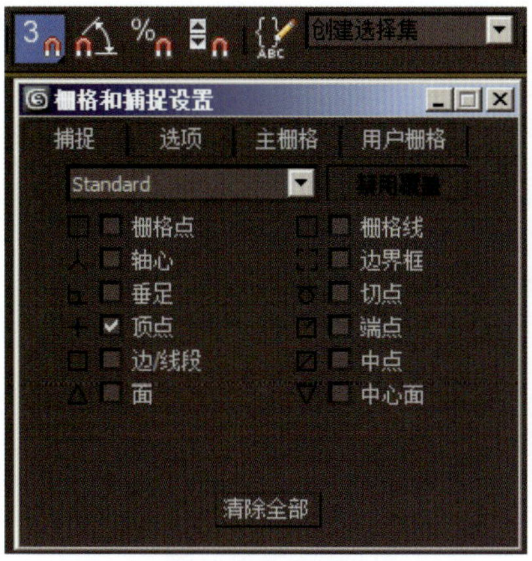

（a）使用点捕捉

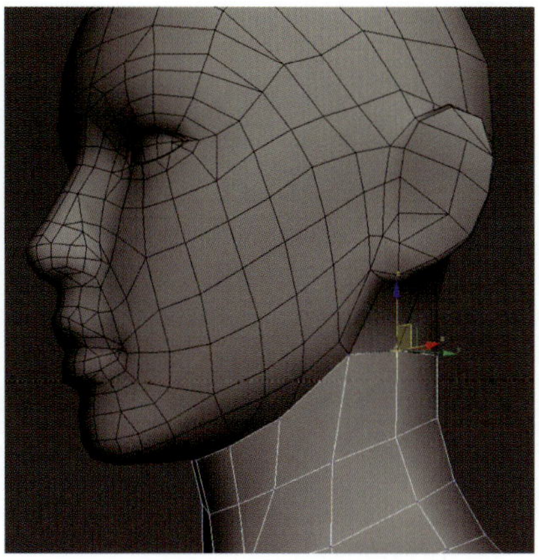
（b）连接头部与颈部

图 5-47

⑩进入后视图，对模型进行剪切操作，如图5-45（a）所示。按照人体背部肌肉结构调整背部布线。女性背部比男性背部肌肉柔和，在调节的过程中应适度。如图5-45（b）所示。

调整好女性躯干的顶点后，得到一个比较完整的角色上半身模型。接下来，对颈部进行制作，制作中应注意将颈部和头部进行无缝对点连接。

⑪点击模型，进入边层级，选择颈部接口的边，按住<Shift>键，从颈部接口直接拉出边，如图5-46（a）所示。对颈部模型进行环形连接，连接两圈环形线，按照人体颈部结构调整顶点，如图5-46（b）所示。

⑫颈部模型做好以后，需要对头部进行无缝对点连接。取消对头部的隐藏，鼠标右键点击“捕捉开关”，在弹出的菜单栏中勾选“顶点”选项，如图5-47（a）所示。保持“捕捉开关”的按下状态，选择颈部模型的顶点以对头部的接口进行捕捉连接，如图5-47（b）所示。

2. 手臂的制作

现在，我们开始拉伸手臂部分的边，对手臂的结构进行调整。

①进入边级别，选择肩膀接口，按住<Shift>键，从肩膀接口处直接拉出边，如图5-48（a）所示。选择拉出的手臂模型，对手臂模型进行环形连接，连接出上臂和下臂的结构线，如图5-48（b）所示。

②进入点级别，在前视图中调整手臂的整体姿态，同时配合缩放工具对手臂模型的各段关节线的粗细进行调节，调节时应注意上臂和下臂长度的比例，以及整个手臂线条的美感，如图5-49（a）

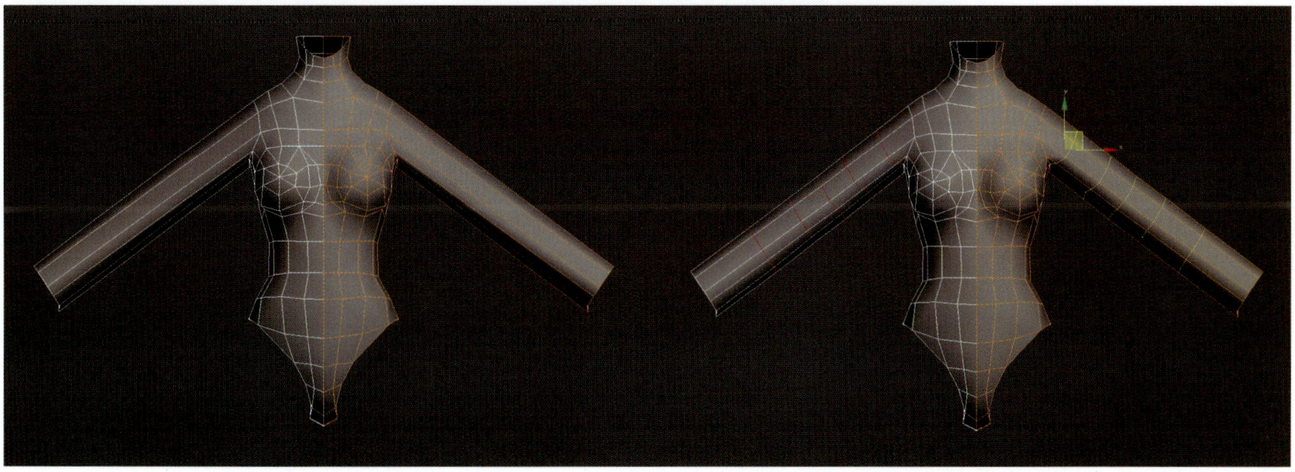
（a）拉出手臂模型　　（b）链接手臂结构线

图 5-48

所示。给肩膀加线，调整出三角肌的结构，如图5−49（b）所示。给肘关节加线，如图5−49（c）所示。调整细节以丰富手臂的结构，同时调整手臂和手掌的接口，为后面制作手掌做好铺垫，如图5−49（d）所示。

③按照人体手臂结构对手臂模型进行深入调节，效果如图5−50所示。

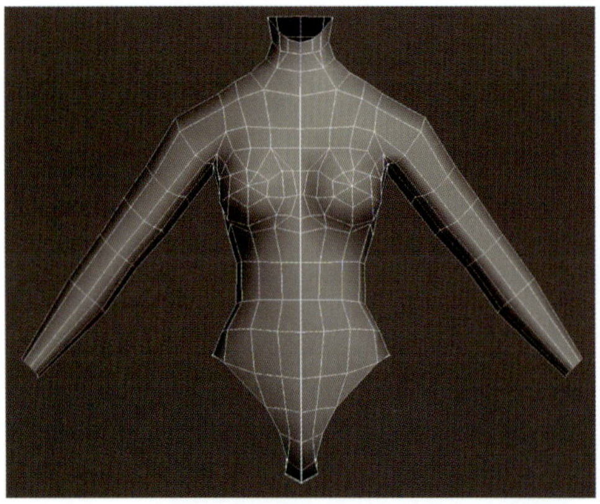

(a) 手臂结构调节

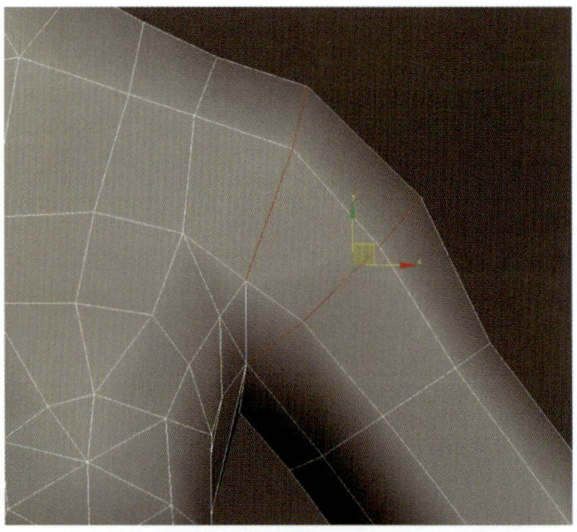

(b) 调整三角肌结构

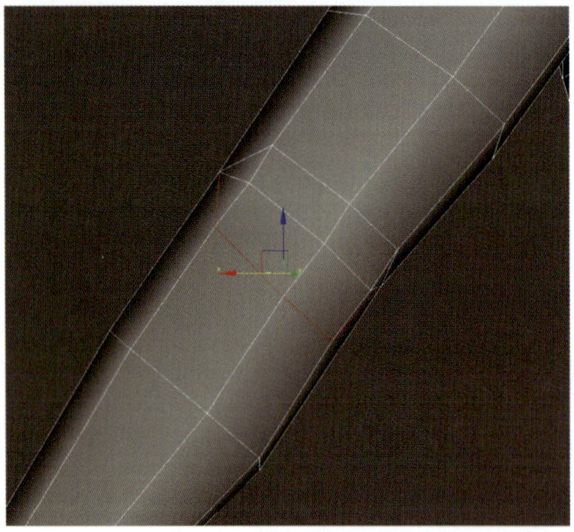

（c）调整肘关节

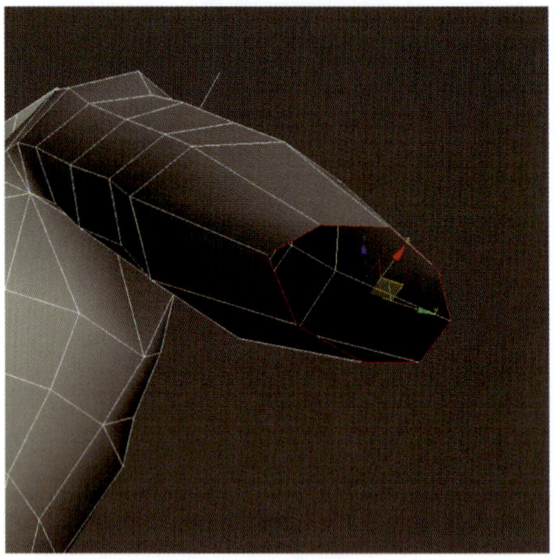

（d）调整手腕接口

图 5−49

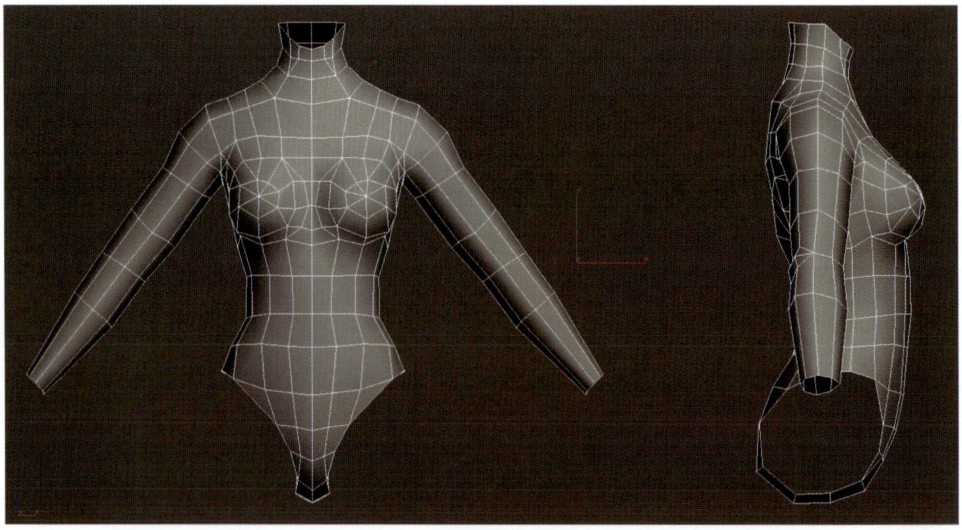

图 5−50 手臂完成效果

3. 手掌的制作

手掌是整个角色模型中结构最复杂的部分，俗话说“画鬼容易画手难”，可见手的制作是相对其他部分比较复杂的，在制作写实角色时应注意手掌和头部的比例。

在游戏制作中，角色不同，制作方法就不同。为了节省面数，普通NPC角色（非玩家控制角色）和普通小怪一般只做拇指，其他4根手指合为一体，细节靠贴图来表现，如图5−51所示。主角和重要的NPC以及终极怪物，因为比较重要，数量也较少，会把5根手指做出来，如图5−52所示。

下面我们来制作女主角的手掌。

①在透视图中创建一个长宽高为18cm、25cm、5cm，分段数为4、3、1的长方体。如图5−53所示。

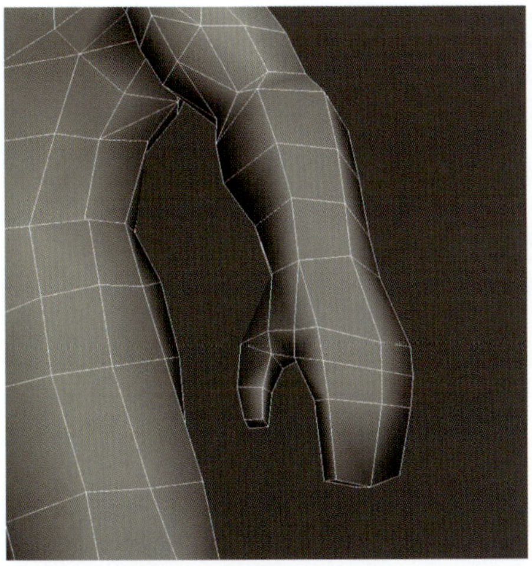

(a) 普通角色手掌模型

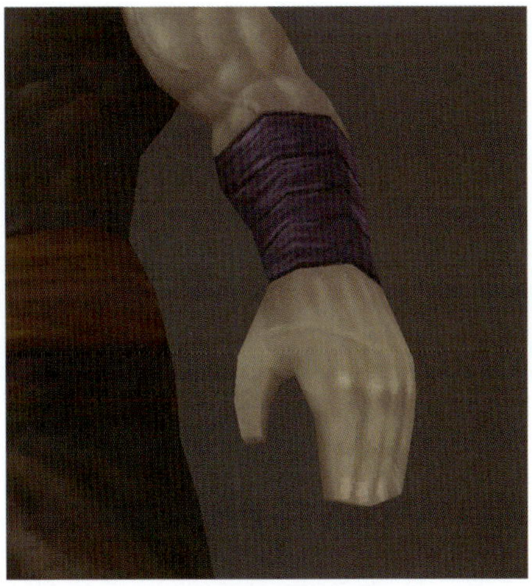

(b) 普通角色手掌效果

图 5–51

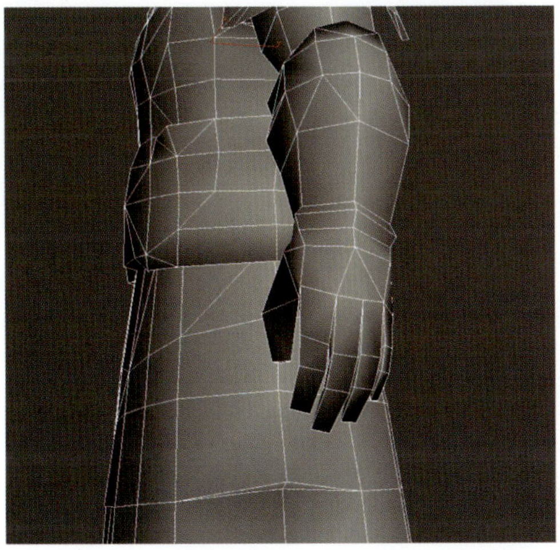

(a) 特殊角色手掌模型

(b) 特殊角色手掌效果

图 5–52

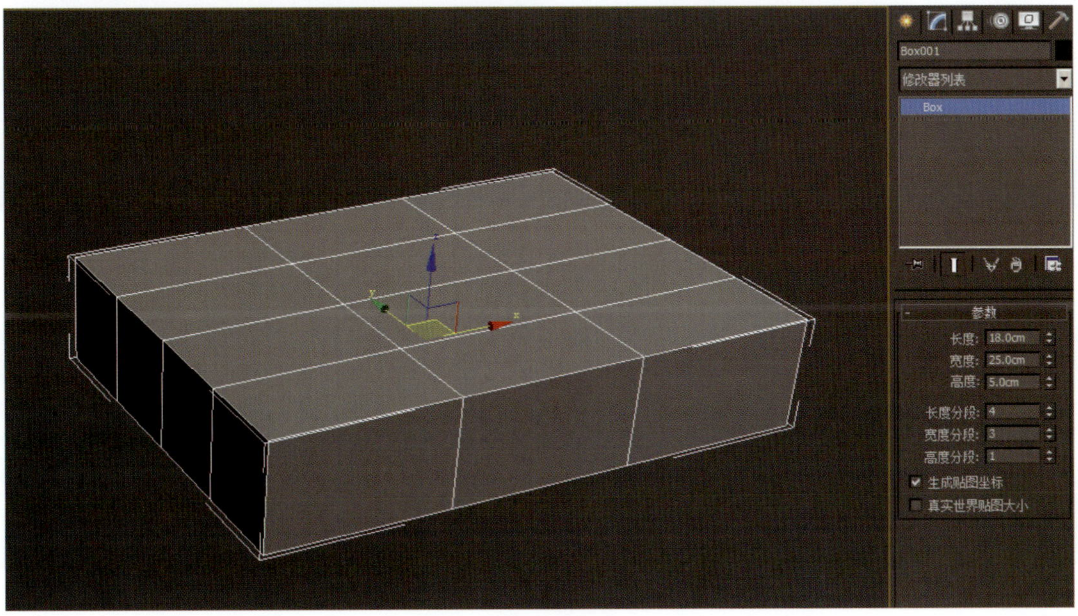

图 5–53 创建长方体

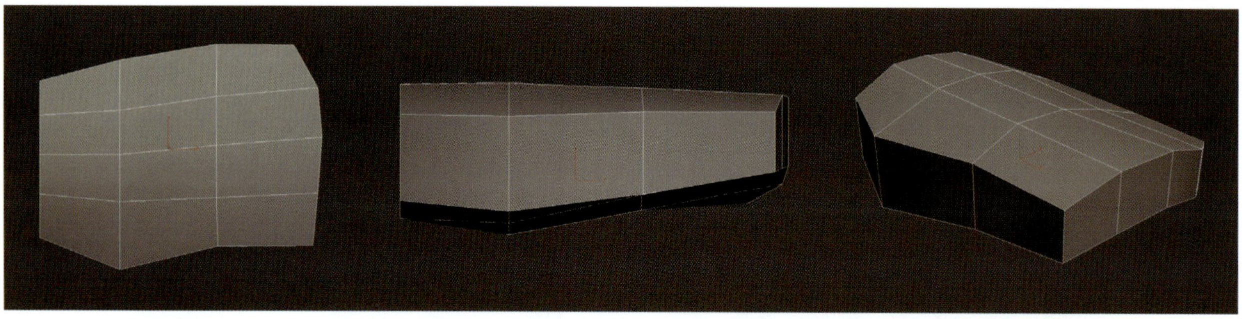

（a）手掌正面　（b）手掌侧面　（c）手掌透视图

图 5-54

②从各个视图不断观察，按照手掌形体的结构对模型进行调节。注意调节出手掌与手指连接部分的曲线，为手指的挤出打好基础。如图5-54所示。

③进入面级别，选择手指接口处的面，点击“编辑多边形”中的“挤出”，将手指模型挤出。为了能将挤出的4根手指分开，注意在“挤出多边形”面板下的“挤出类型”中选择“按多边形”。如图5-55所示。

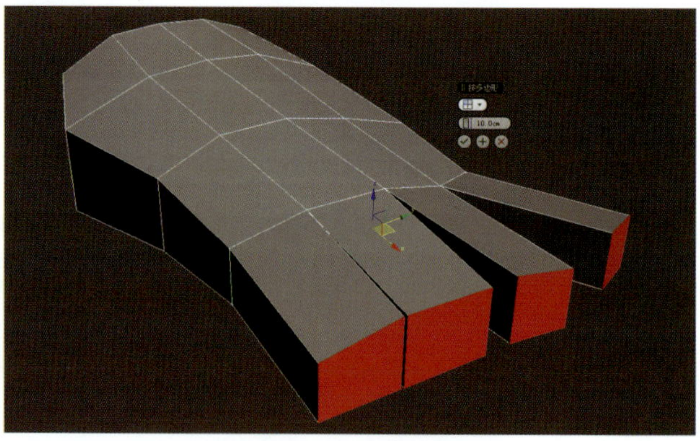

图 5-55 挤出手指

④根据人体的手指结构，对手指模型的外形进行调节，对手指进行环形连接，加入两条线段，将手指分为3段，并调整手指的姿态。如图5-56所示。

⑤利用“剪切”工具对手掌进行加线，调整出拇指关节处的结构线，如图5-57（a）、图5-57（b）所示。相对于其他手指，拇指关节的接口处在结构上是倾斜的。选择拇指接口的面，利用“旋转”工具，对面进行旋转。如图5-57（c）所示。

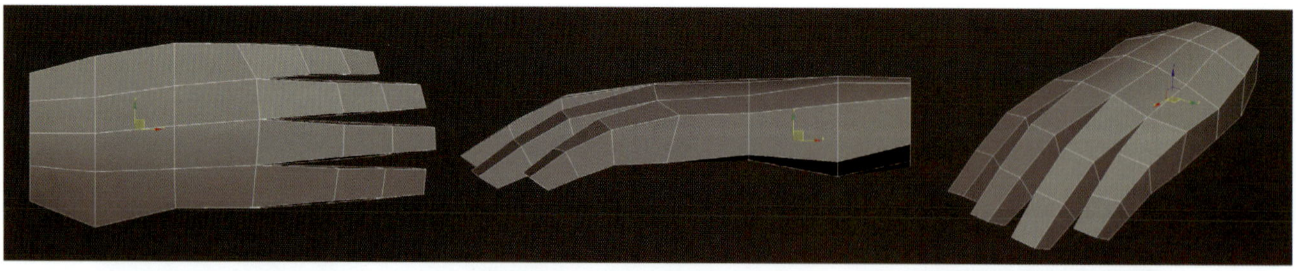

（a）手指正面　（b）手指侧面　（c）手指透视图

图 5-56

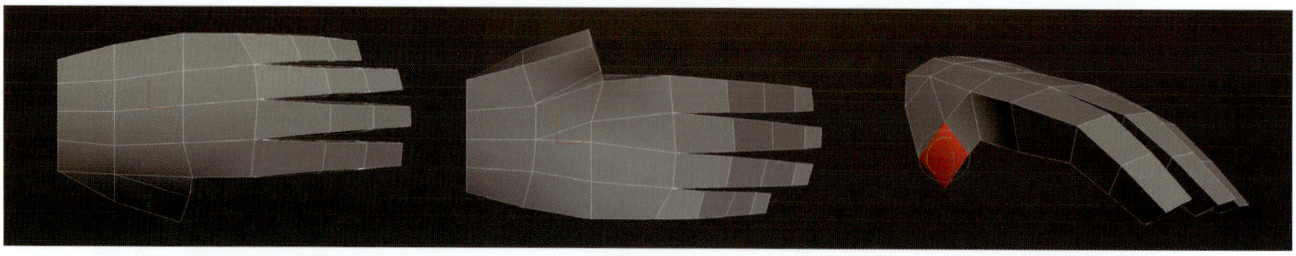

（a）拇指关节正面　（b）拇指关节底面　（c）旋转拇指接口

图 5-57

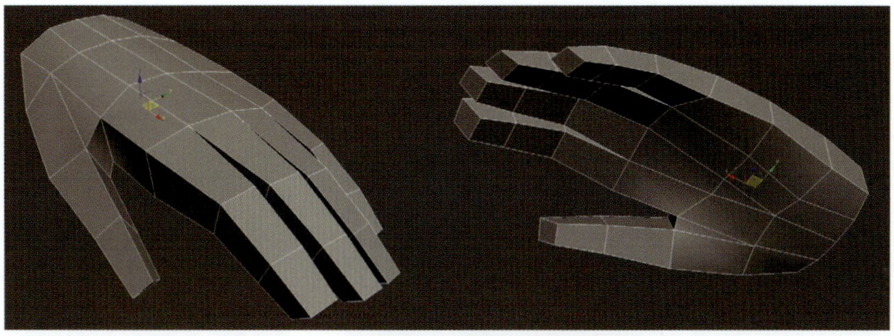

图 5-58 手掌模型完成效果

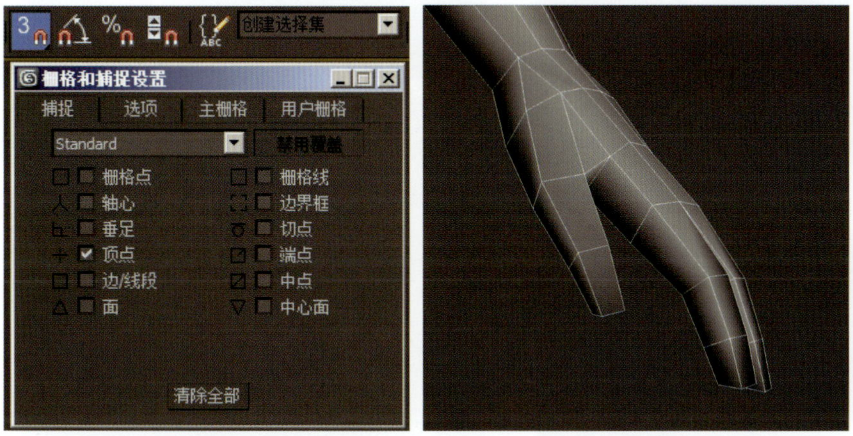

(a) 使用捕捉工具

(b) 连接手部接口

图 5-59

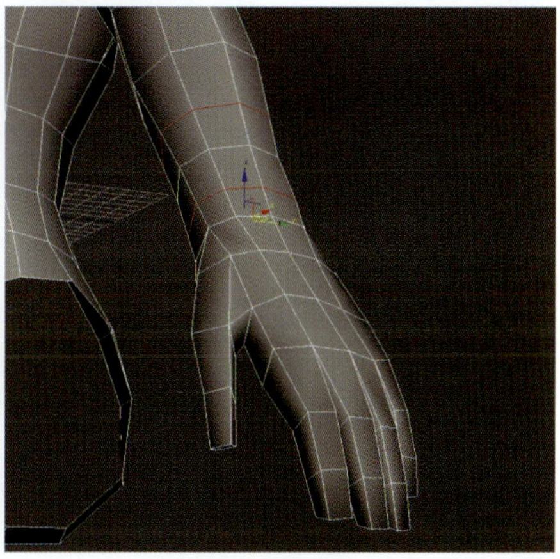

图 5-60 调节腕关节

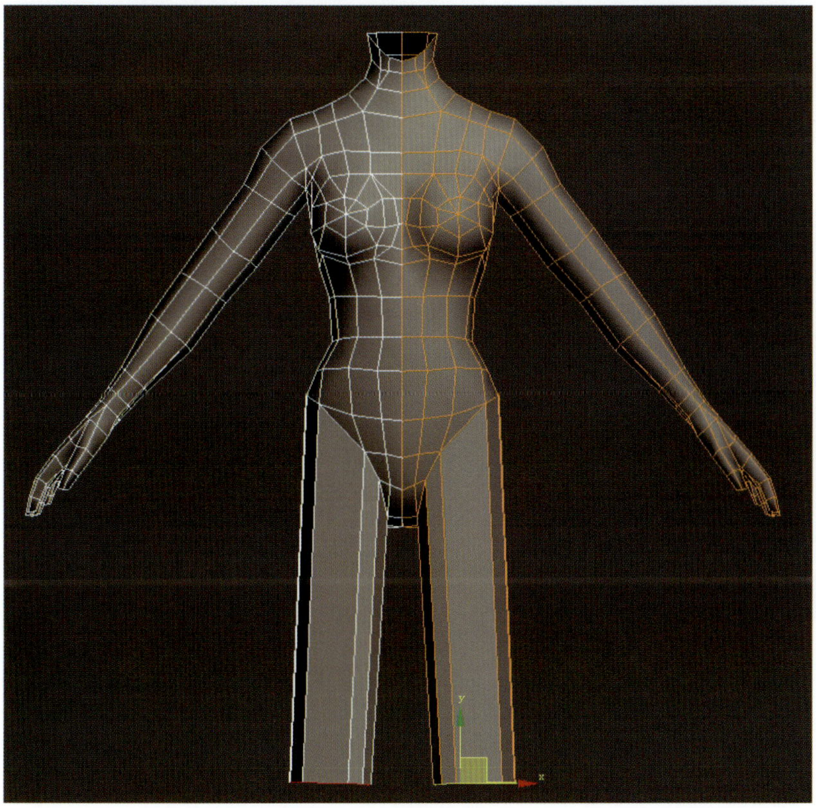

图 5-61 生成腿部模型

⑥对拇指进行“挤出”操作，并加线调整好拇指的结构。最后对整个手掌模型进行整体调节，调整时应注意女性手掌和男性手掌的区别。如图5-58所示。

⑦利用“旋转”工具，将手部模型调整至合适位置，配合三维“捕捉”开关，对手部和手臂模型的接口进行无缝对点连接。如图5-59所示。

对手部模型进行加线，调整出腕关节的结构，效果如图5-60所示。

4. 腿部的制作

①进入边级别，选择腿部接口，配合<Shift>键将腿部模型拉出，如图5-61所示。

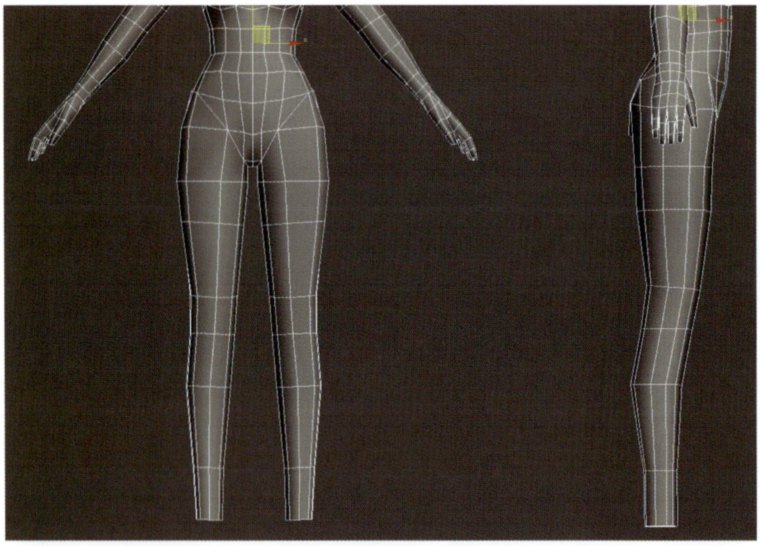

图 5-62 腿部模型调节

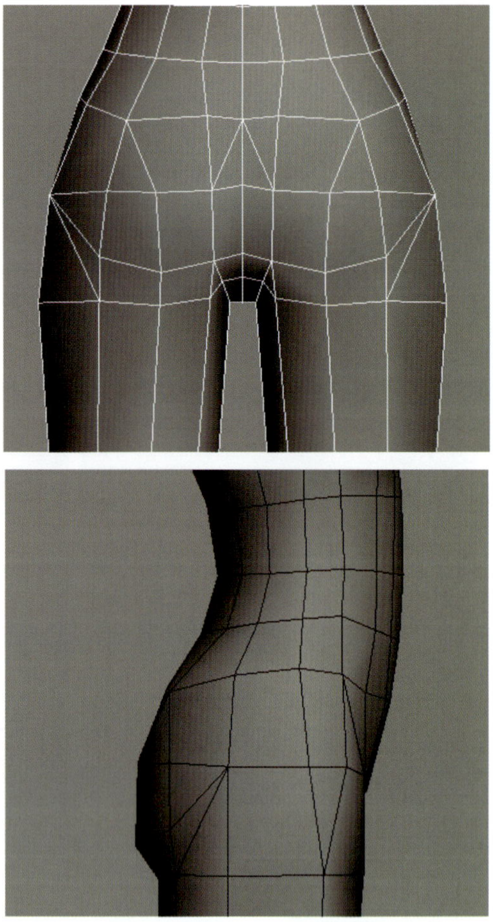

图 5-63 臀部正面、侧面效果

图 5-64 膝盖和小腿正面、侧面效果

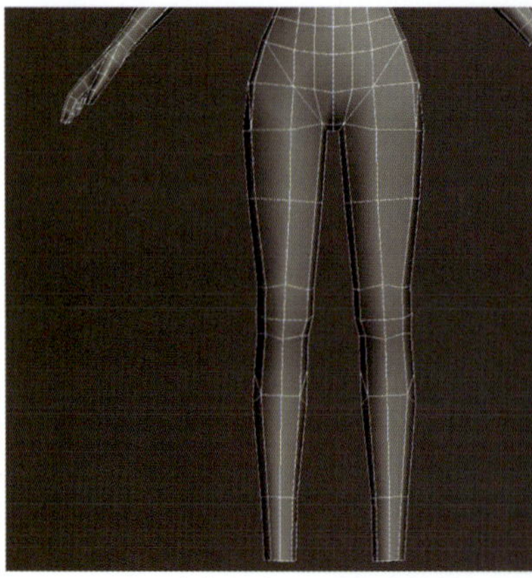

（a）腿部正面完成效果

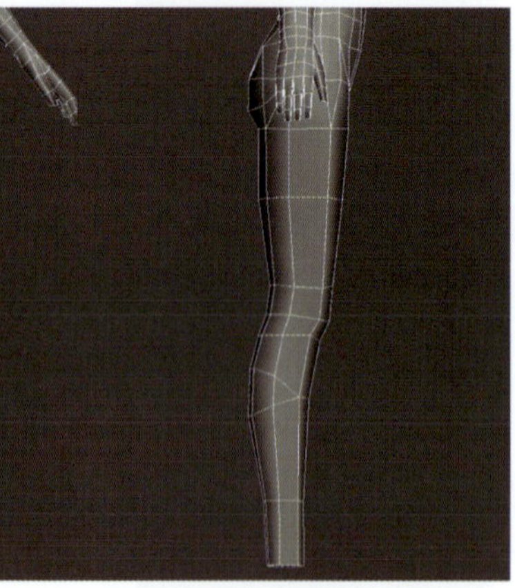

（b）腿部侧面完成效果

图 5-65

②对腿部模型进行环形加边，添加更多的线段来制作出腿部的曲线。进入点级别，对整个腿部的结构进行调节。调节过程中应注意大腿、小腿的比例，以及髋关节、膝盖、裸关节处的结构，在正视图和侧视图中不断切换着观察。效果如图5-62所示。

③利用“剪切”工具，参考臀部肌肉结构对臀部模型进行加线调节。臀部是身体曲线比较重要的一个部分，也是体现女性美感的一个重点。我们需要在不同的视图中对模型进行精确调节，尽量多参考一些结构资料和图片。如图5-63所示。

④对膝盖和小腿模型进行加线，刻画出膝盖模型的结构感。如图5-64所示。

⑤腿部模型完成效果如图5-65所示。

5. 脚掌模型制作

在游戏角色制作当中，脚部模型是最容易被忽视的地方。因为在3D网络游戏中，无论是2.5D游戏还是3D的全视角游戏，几乎都是俯视的角度。脚的部分就显得没那么重要。但是优秀的角色模型，其整体的完整性是需要的。

和手掌模型一样，不同的角色的脚部，通常制作方法也不一样。为了节省面数，普通NPC角色和普通小怪一般不做脚趾，细节靠贴图表现，如图5–66所示。主角和重要的NPC以及终极怪兽，因为比较重要，数量也较少，会把5根脚趾做出来。如图5–67所示。

①在透视图中创建一个长宽高为55cm、20cm、10cm，分段数为3、4、1的长方体。如图5–68所示。

②选择创建出来的方体，进入点级别。进入侧视图，按照人体脚掌侧面的造型对脚掌模型进行

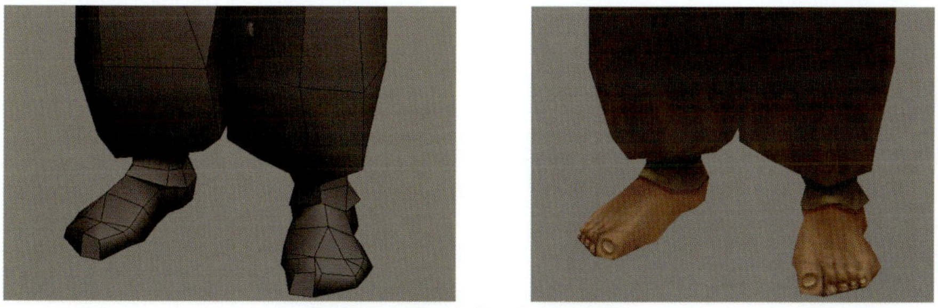

图 5–66 普通角色脚部模型效果

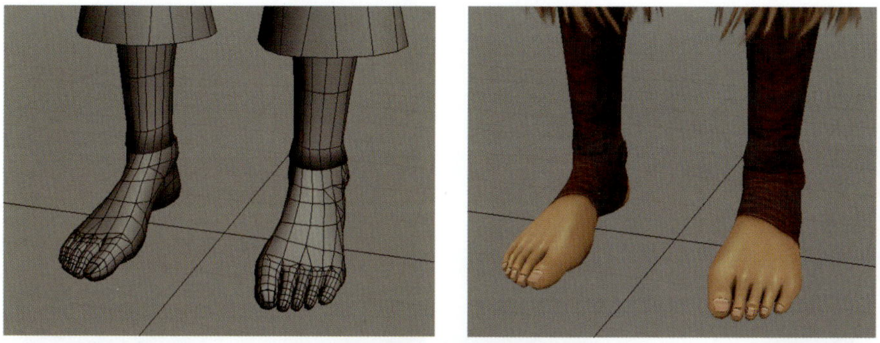

图 5–67 重要角色脚部模型效果

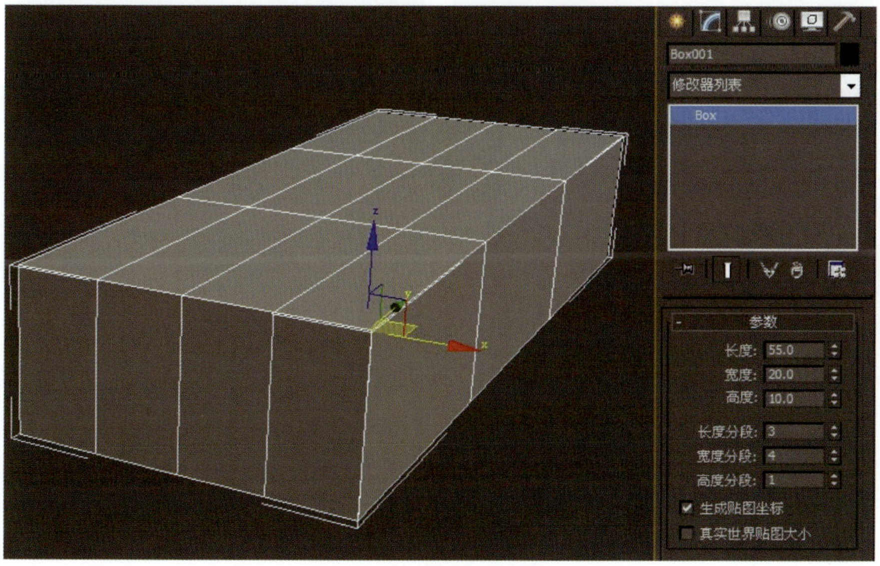

图 5–68 创建基础方体

(a) 脚掌侧面模型

(b) 脚掌正面模型

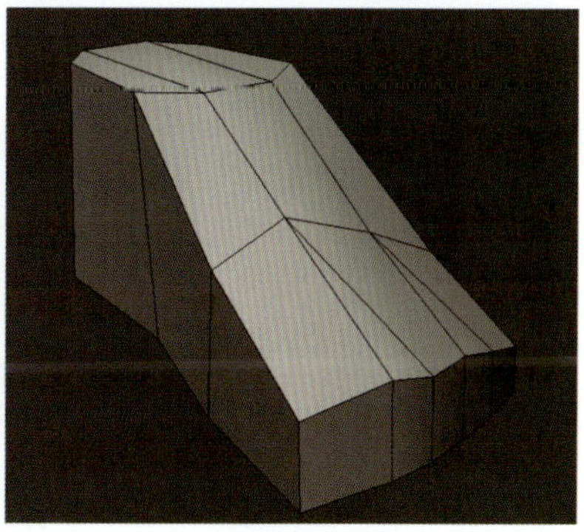

(c) 脚部模型效果

图 5–69

调节。注意脚部每个骨点的结构关系，如图5-69（a）所示。进入正视图，调节脚掌和脚趾的5个接口，如图5-69（b）所示。进入透视图，对脚部模型的各个顶点进行调节，让模型更接近脚部的肌肉结构，如图5-69（c）所示。

③进一步调节模型的顶点，使其圆滑，更接近脚掌部分的肌肉结构。进入面级别，选择脚掌模型和腿部的接面，按<Delete>键删除，制作出脚部模型的接口。如图5-70所示。

④进入模型面级别，选中脚趾接口处的5个面，点击“编辑多边形”，点击“挤出”命令，在弹出的对话框中选择“按多边形”，分别挤出5个脚趾。如图5-71所示。

⑤挤出脚趾模型后，按照正常人体脚趾的结构，调整脚趾模型的姿态，如图5-72（a）所示。对5根脚趾模型进行环形加线，在透视图中通过对顶点的调节细

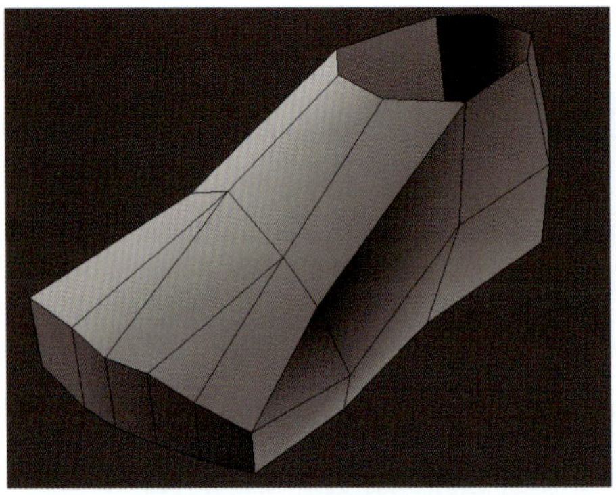
图 5-70 制作脚部的接口

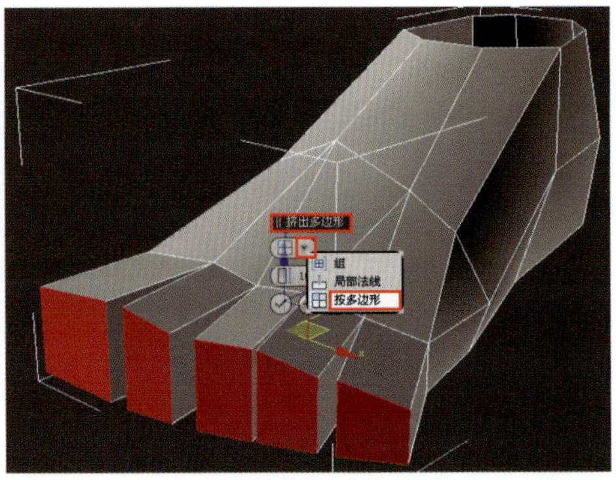
图 5-71 挤出脚趾模型

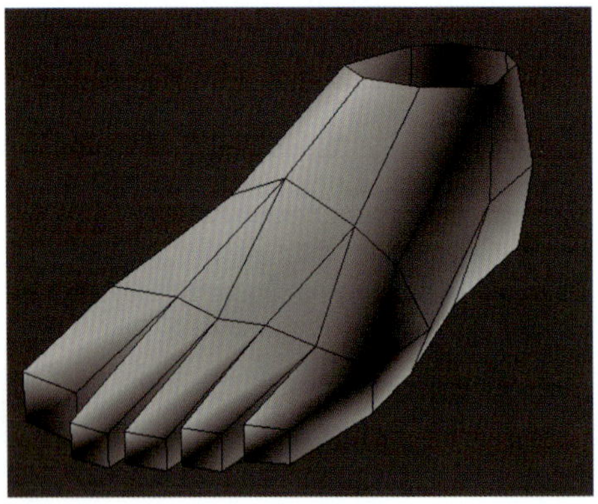
（a）调整脚趾形态

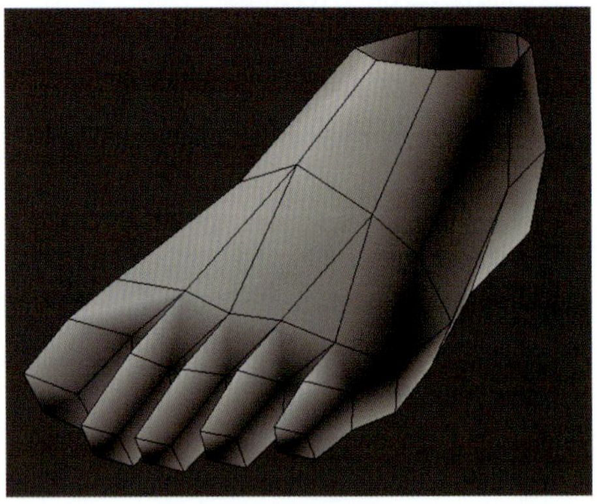
（b）细化脚趾模型

图 5-72

（a）显示出腿部模型接口

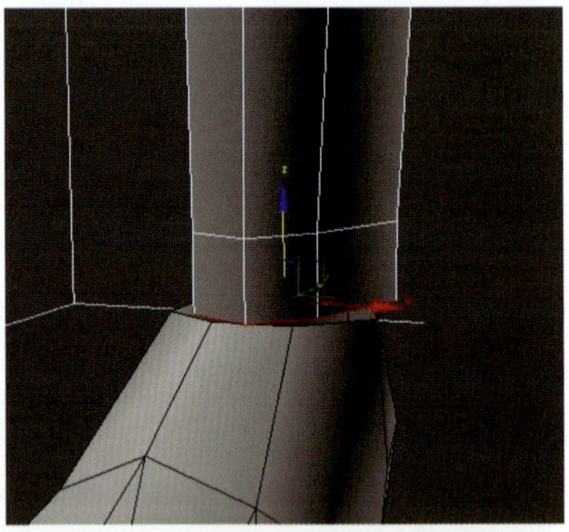
（b）拉出脚部接口处模型

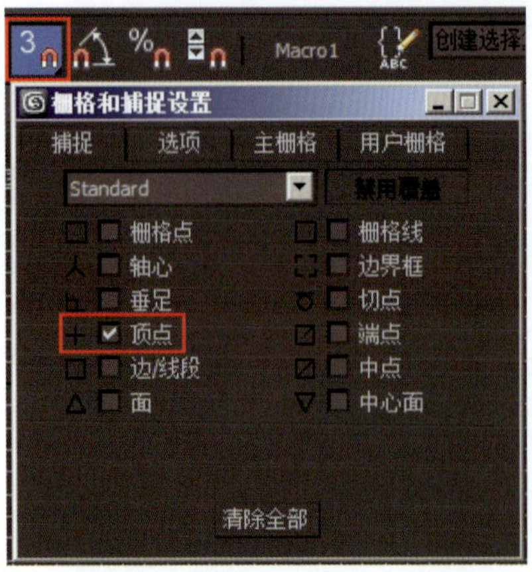

(c) 设置捕捉开关

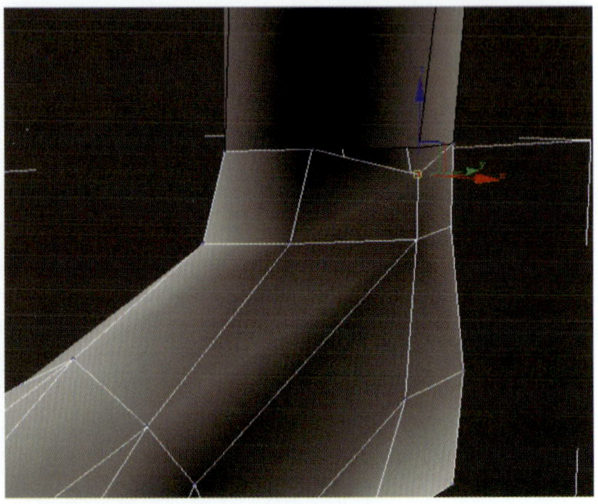
（d）连接腿部和脚部模型

图 5-73

化脚趾模型的结构，如图5-72（b）所示。

⑥点击鼠标右键后选择“全部取消隐藏”，显示出腿部模型，如图5-73（a）所示。选择边界层级，选中腿部接口的边，配合<Shift>键拉出一段模型以连接脚掌模型，如图5-73（b）所示。在“捕捉开关”上点击鼠标右键，在弹出的菜单栏中勾选“顶点”选项，如图5-73（c）所示。利用“顶点捕捉”对腿部和脚部模型进行无缝连接，如图5-73（d）所示。

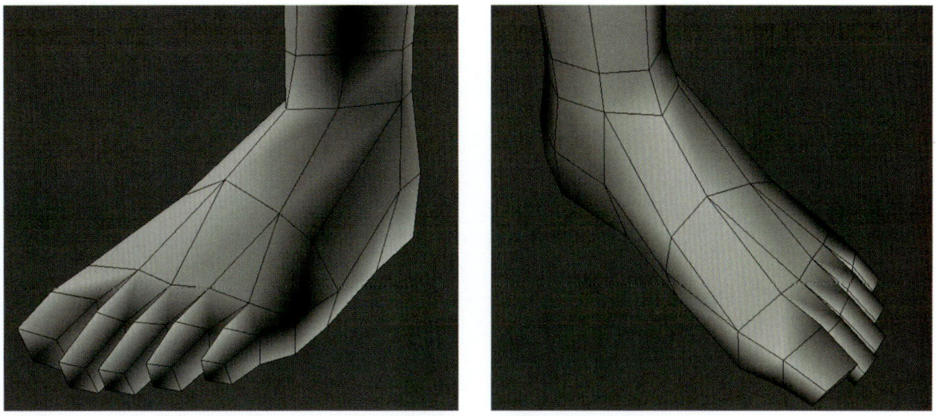

图 5-74 脚部模型完成效果

⑦整体调节脚部模型，使其更符合人体脚部肌肉结构，完成效果如图5-74所示。

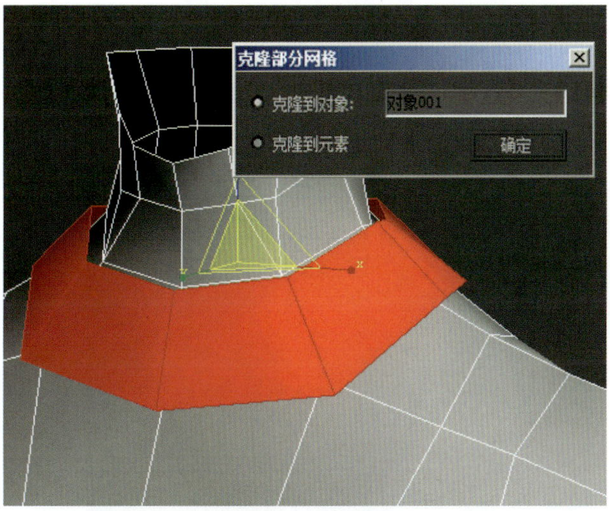

(a) 复制出颈部的面

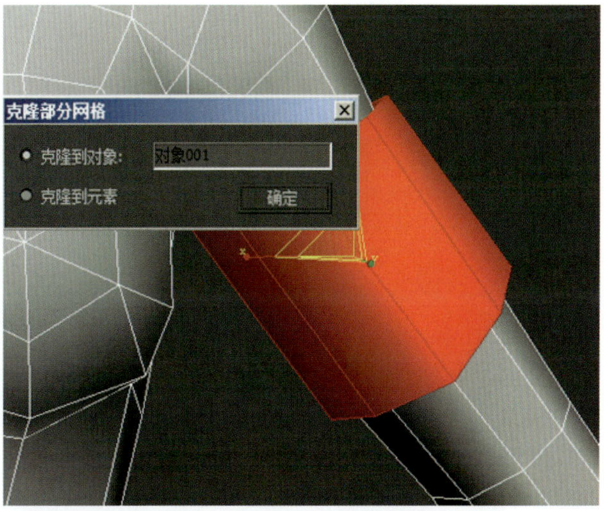

(b) 复制出手臂的面

(c) 复制出胸部的面

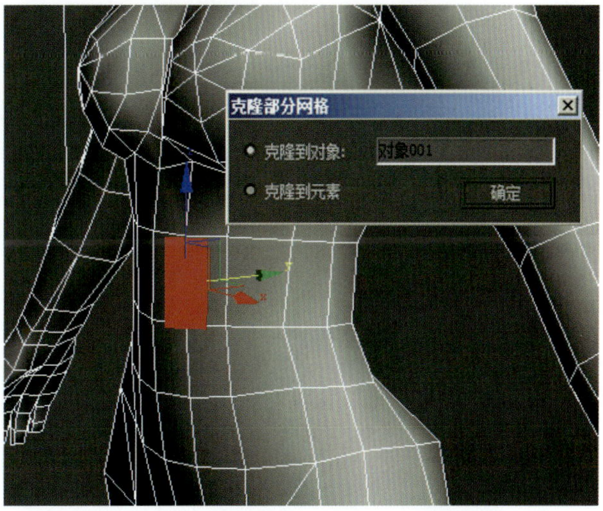

(d) 复制出腰部的面

图 5-75

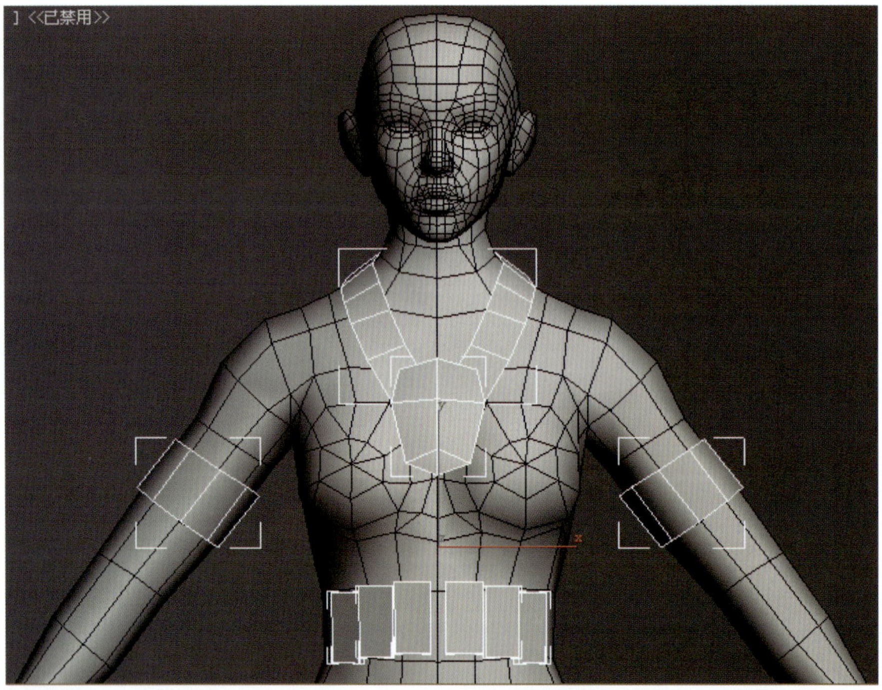

图 5-76 上半身配饰制作效果

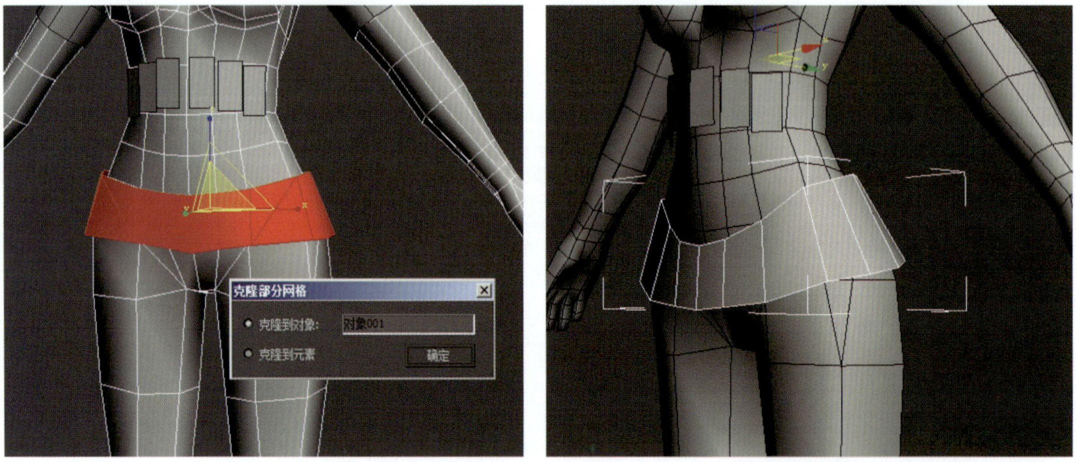

(a) 复制出围裙模型　　(b) 调整模型布线

图 5-77

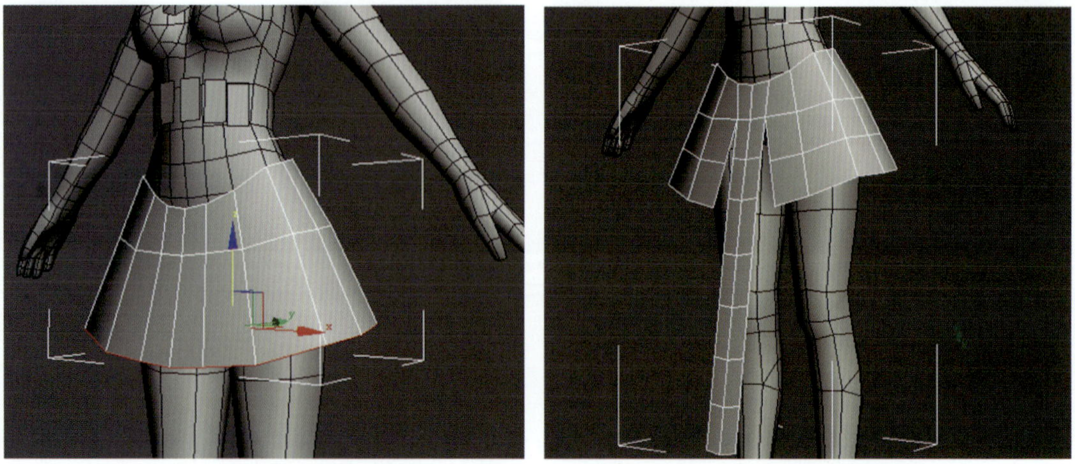

(a) 复制围裙下面的模型　　(b) 制作出裙摆模型

图 5-78

6. 装备模型的制作

首先我们来制作上半身的装备模型。上半身的装备由于都比较贴身，其模型没有太大的起伏变化，在游戏低模制作中，为了节约资源通常都采用贴图表现的方法，而不会过多地处理模型。

①选中裸体模型，通过对模型上面固有的面进行复制来制作出上身的配饰。分别选中颈部、手臂、胸口、腰部的面，配合<Shift>键拖动出项链、臂环、骷髅配饰和腰部吊坠的面。如图5–75所示。

②选中复制出的面，对其进行精确调节。注意参考原画，使面的大体形状与原画尽量吻合。如图5–76所示。

③选中腰部的环形面，使用“缩放”工具，配合<Shift>键对腰部模型进行复制，形成制作围裙所需要的面。如图5–77（a）所示。调整围裙模型的顶点，使其布线更加合理，如图5–77（b）所示。

④选中围裙模型下面的边，使用“移动”工具，配合<Shift>键继续对围裙模型进行复制，并参考原画调整模型的造型，使其与原画更加吻合，如图5–78（a）所示。接着给模型加入一段环形线，以便于后期绑定的需要。利用同样的方法，复制出裙摆部分的模型，并且给出相应的线段，便于后期制作裙摆动画。如图5–78（b）所示。

⑤选择小腿模型的面，点击“编辑几何体”中的“分离”，在弹出的窗口中勾选“以克隆对象分离”，这样可以对小腿部分的面进行分离并且复制。如图5–79所示。

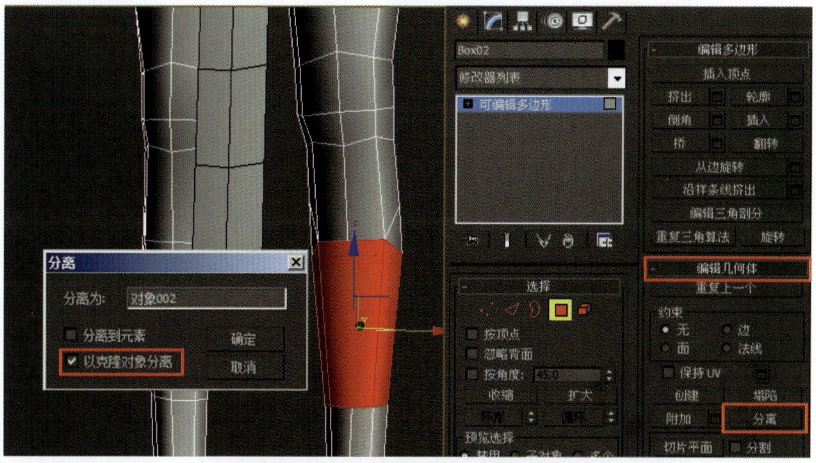

图 5–79 对小腿模型的面进行分离

⑥利用“缩放”工具调整复制出来的面，形成裤脚部分绒毛的模型，并根据原画造型对其进行调节，如图5–80所示。

⑦选择小臂及其以下的手部模型的所有面，进入“编辑几何

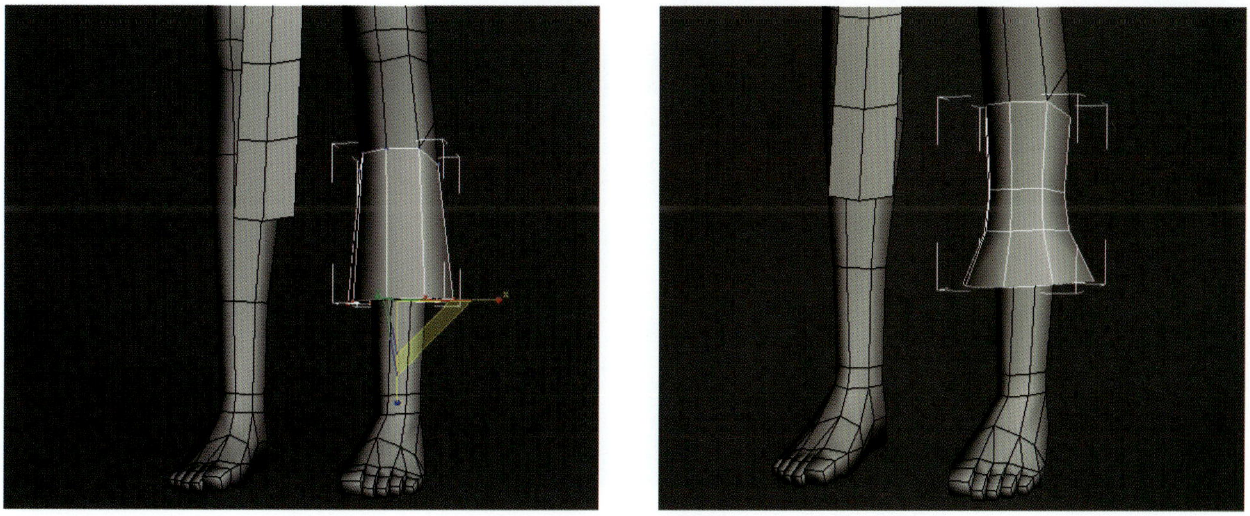
图 5–80 调整裤脚绒毛模型

体”面板，点击“分离”，不勾选弹出对话框中的所有选项，对模型进行分离操作，制作出手套模型。如图5−81所示。

⑧选中手套模型最上面的边，通过“缩放”工具对其进行调节，如图5−82（a）所示，并对其进行封口操作，如图5−82（b）所示。

⑨选中头部模型中的部分面，利用“缩放”工具配合<Shift>键，在弹出的对话框中选择“克隆到对象”，复制出头发的基础模型，如图5−83（a）所示。选择头发模型底面的边，利用“移动”工具配合<Shift>键，拉出一段面作为发丝，如图5−83（b）所示。

⑩进入点级别，选择发丝模型末端的点，进入“编辑顶点”面板点击“断开”按钮，对模型末端的顶点进行断开操作，参考原画调整出发丝凌乱的感觉，并对其进行复制，如图5−84（a）所示。

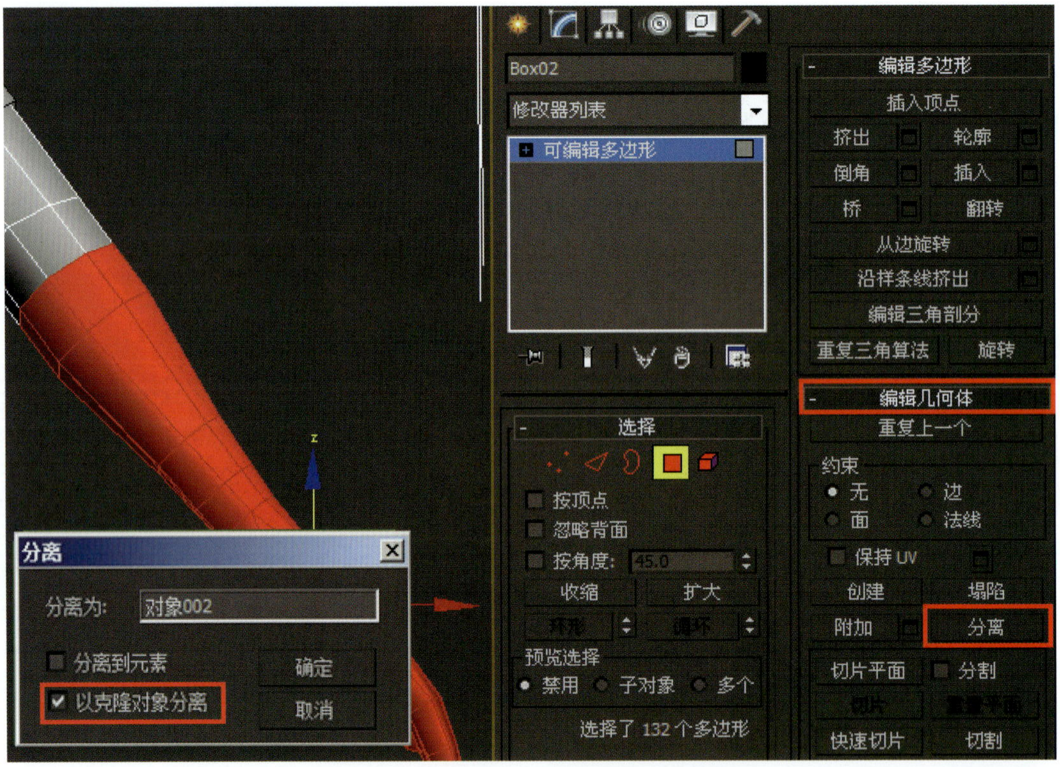

图 5−81 分离出手套模型

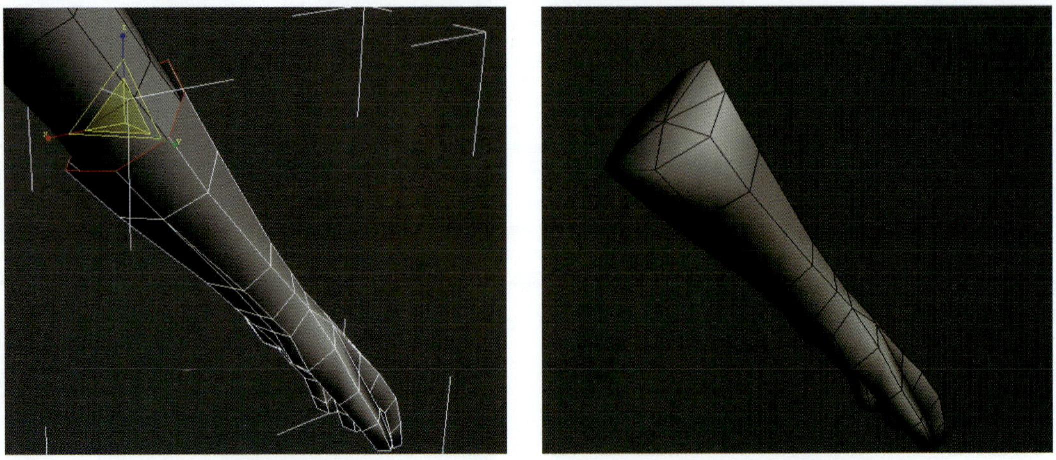

(a) 调节手套的端口　　(b) 进行封口操作

图 5−82

重复利用此方法，复制出整个头发模型蓬松的感觉，如图5–84（b）所示。

⑪选择额头部分的面，利用移动工具配合<Shift>键，复制出初始的头饰模型，如图5–85（a）所示。选中边缘的面，配合<Shift>键拉出头饰的尖角，根据原画调整尖角的造型，如图5–85（b）所示。这时现有的顶点已经不能满足我们对模型深入加工的要求，我们需要加入更多的点和线，以及参考原画，进一步制作出头饰模型，如图5–85（c）所示。

⑫在透视图中创建一个圆环作为耳环模型，参数如图5–86

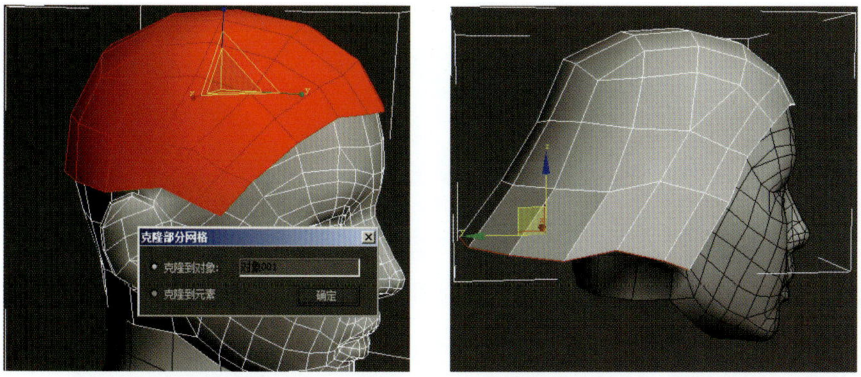

(a) 复制头发模型　　(b) 拉出发丝模型

图 5–83

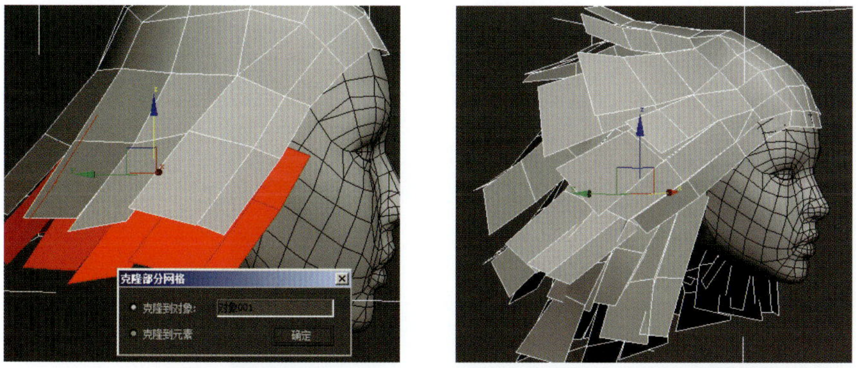

(a) 复制并制作出发丝　　(b) 制作出头发模型蓬松的感觉

图 5–84

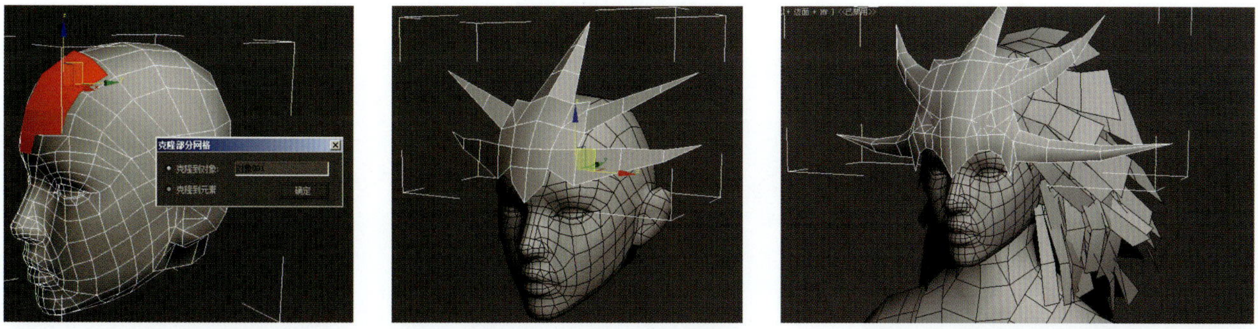

(a) 复制出头饰模型　　(b) 拉出头饰的尖角　　(c) 头饰完成效果

图 5–85

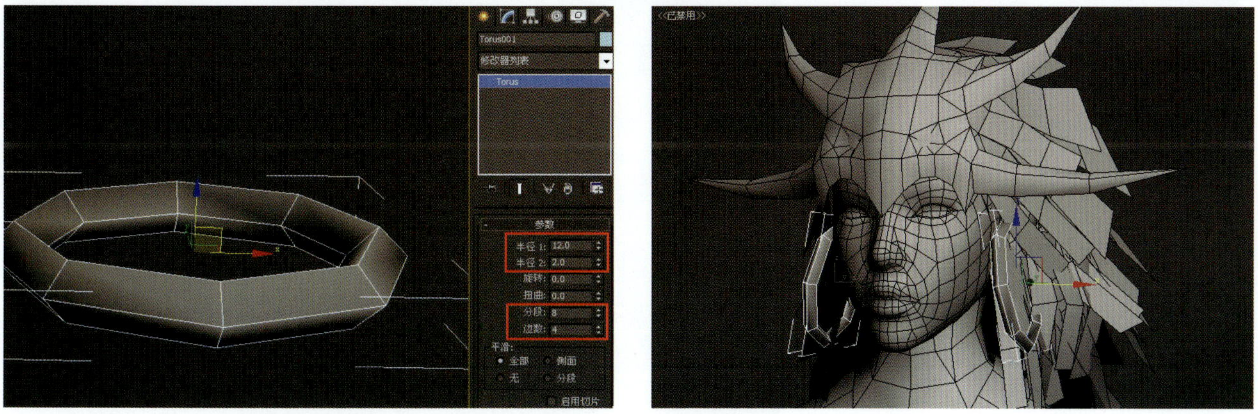

(a) 创建圆环　　(b) 调整耳环模型位置

图 5–86

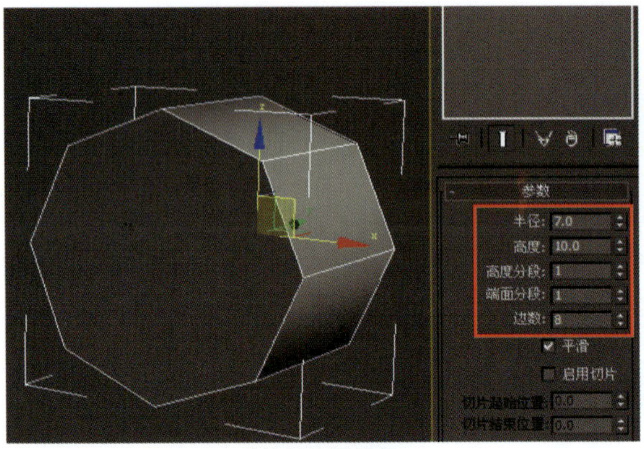

(a) 创建圆柱体

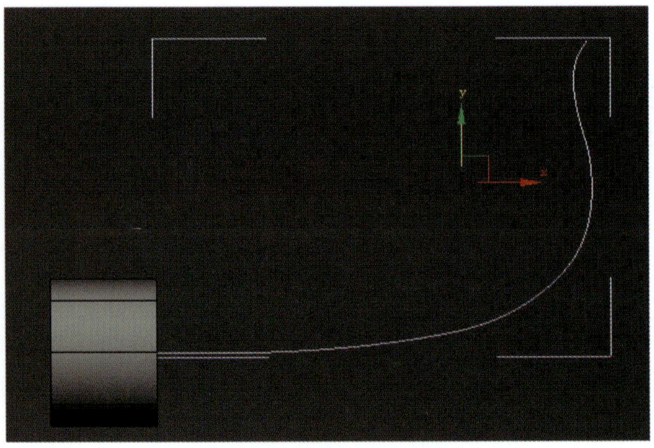

(b) 创建样条线

图 5-87

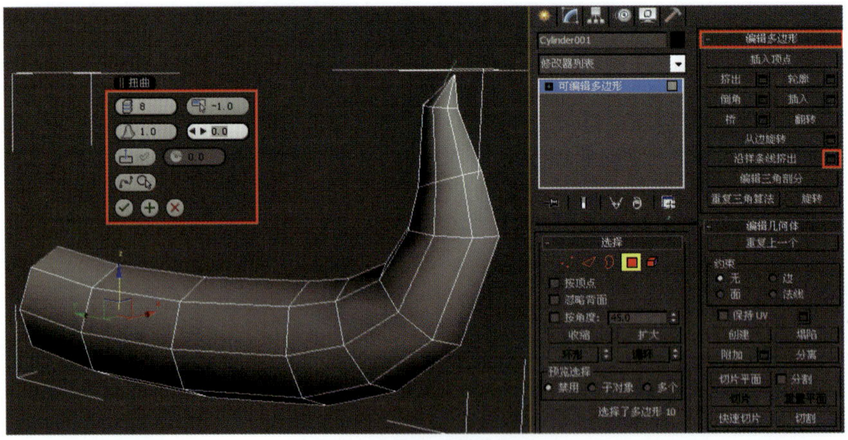

图 5-88 制作出犄角模型

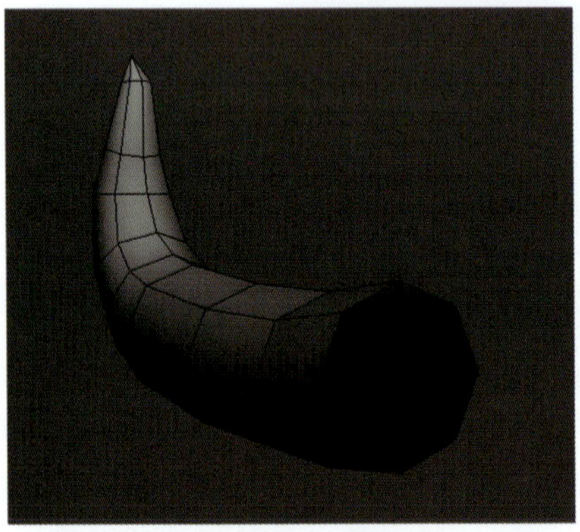

(a) 删除端口的面

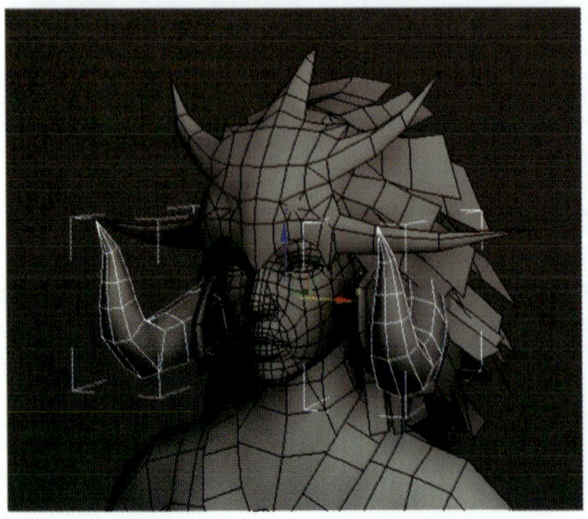

(b) 犄角模型完成效果

图 5-89

图 5-90 整体模型正面及侧面线框效果

(a) 所示。调节圆环的位置，使其尽量和原画一致，如图5−86 (b) 所示。

⑬在透视图中创建一个圆柱体作为犄角的基础模型，参数设置如图5−87 (a) 所示。切换到侧视图，在“创建面板”中点击“图形按钮”，选择“线”，按照原画犄角的走向创建一根样条线，将创建好的样条线放置到圆柱体的一端，如图5−87 (b) 所示。

⑭选中圆柱体的底面，进入“编辑多边形”面板，选择“沿样条线挤出”命令，在弹出的对话框中选择“拾取样条线”的同时点击样条线，对犄角模型进行沿样条线挤出的操作，同时设置分段数为8，锥化量为−1，锥化曲线为1。效果如图5−88所示。

⑮将犄角模型的底面删除，如图5−89 (a) 所示。根据原画犄角的造型对模型进行精确调节，为了造型需要，可适当补充线段。调整完毕后，参考原画的造型将模型摆放在合适的位置，效果如图5−89 (b) 所示。

⑯最后结合原画的设定，从整体上对模型进行结构上的细节调整，至此，一个低面数的写实角色的模型就制作完成了。完整女性角色的模型线框及侧面线框效果如图5−90所示。

第四节 角色 UVW 制作

整个角色的模型制作完成之后就可以开始进行UVW的编辑了。UVW的处理是非常重要的一个环节，是连接模型和贴图的“桥梁”。UVW处理不好，可能导致贴图的拉伸变形，错误的UVW甚至可能导致贴图绘制的重复返工。所以在编辑UVW时应尽量严谨。

编辑UVW时要根据角色贴图一体化的特点和规范，处理好身体各部分结构之间的UVW空间分配比例，这对后期贴图细节的制作有非常重要的意义。

一、模型材质制作

通过分析原画我们可以得出一个结论，原画的身体和装备都是左右对称的。因此我们在进行UVW的制作时，同样只需要制作身体和装备的一半。

① 切换到前视图，选择角

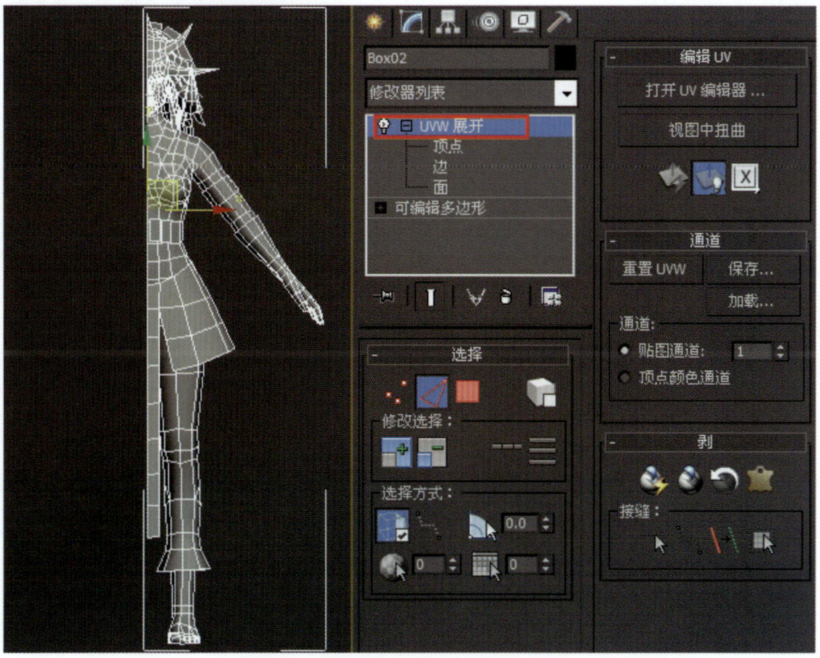

图 5−91 添加 UVW 展开编辑器

色模型，进入模型的面级别，按<Delete>键删除左边的模型，选择剩下的一半模型，在修改器列表下添加“UVW展开”。如图5-91所示。

②单击工具栏中的“材质编辑器”，或者按键盘上的<M>快捷键进入材质编辑器界面。选择一个空白的材质球，单击“漫反射”颜色框左侧的方块，从弹出的“材质/贴图浏览器”对话框中选择“棋盘格”选项，给角色模型添加一个棋盘格材质，作为检测UVW是否展平的依据，如图5-92（a）所示。点击该材质，进入“坐标”栏，将瓷砖的U改为5，V改为5。并将材质赋予角色模型，如图5-92（b）所示。

二、编辑头部UVW

编辑头部UVW的思路：首先从头部正面和侧面分别为头部模型指定平面坐标，然后进行编辑操作，最后进行融合操作。

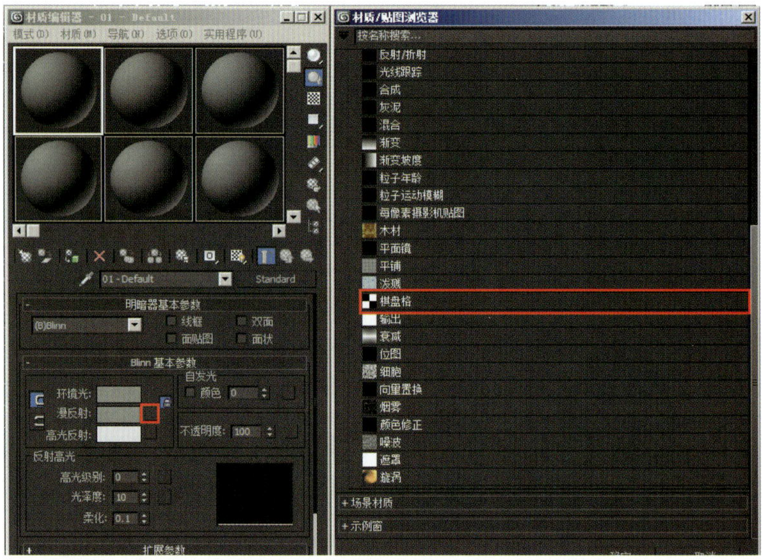

（a）添加棋盘格材质

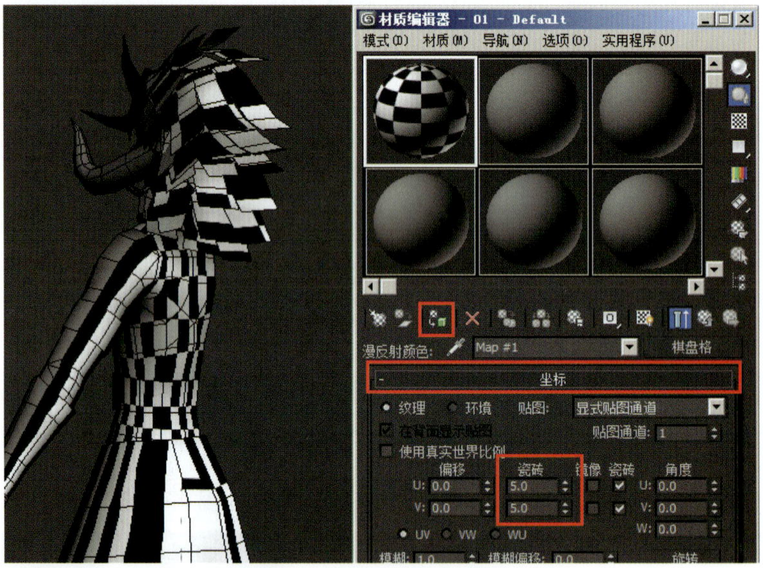

（b）设置棋盘格平铺参数

图 5-92

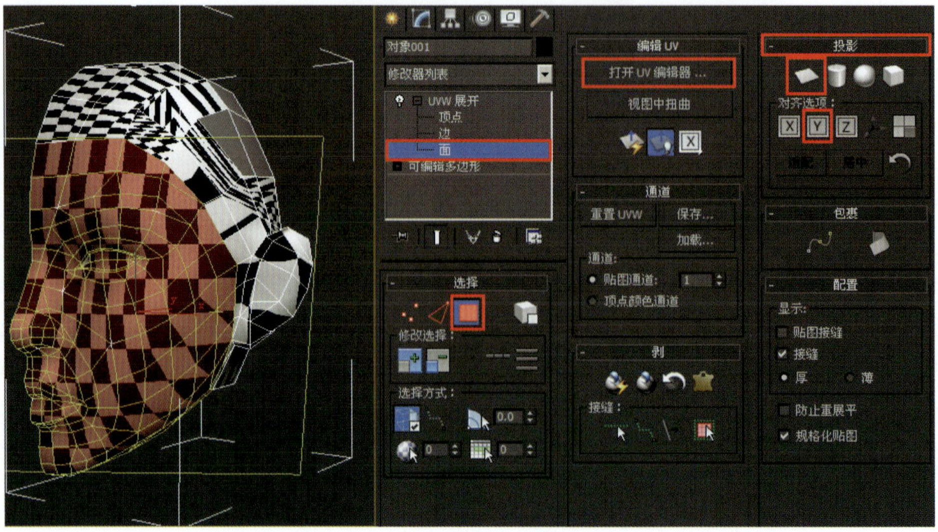

图 5-93 对面部 UV 进行映射

①首先将头部模型独立出来，单独添加“U V W展开”。选择U V W的面级别，选择脸部正面的UVW,进入“投影”面板,选择平面投影，对头部模型面部进行Y轴向映射。如图5–93所示。

②点击“打开UV编辑器”,进入“编辑UVW”面板，选择UVW的“缩放”工具，对UV进行横向的缩放调整,直至头部模型上的棋盘格为正方形。如图5–94所示。

③选择U V W的点级别，选中侧面和下巴重叠在一起的点，点击“工具”，选择“松弛”，在弹出的对话框中选择“由边角松弛”，点击“开始松弛”，对重叠在一起的点进行放松。如图5–95所示。

④选择头部模型侧面脸以及后脑勺部分的U V W，对其进行沿X轴的面投影，如图5–96（a）所示。切换到点级别，对其进行放松，效果如图5–96（b）所示。

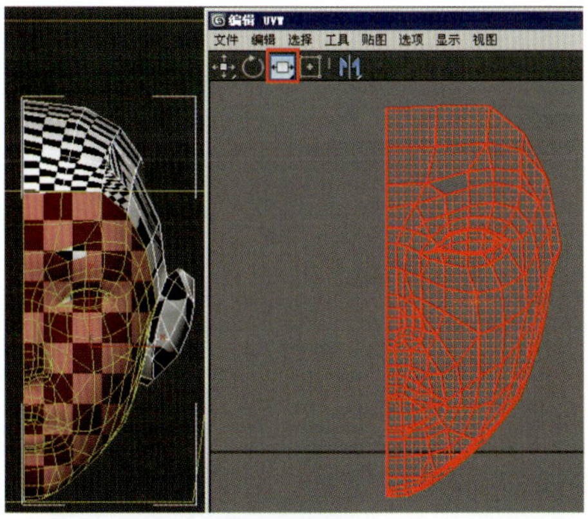

图 5–94 调整面部 UV

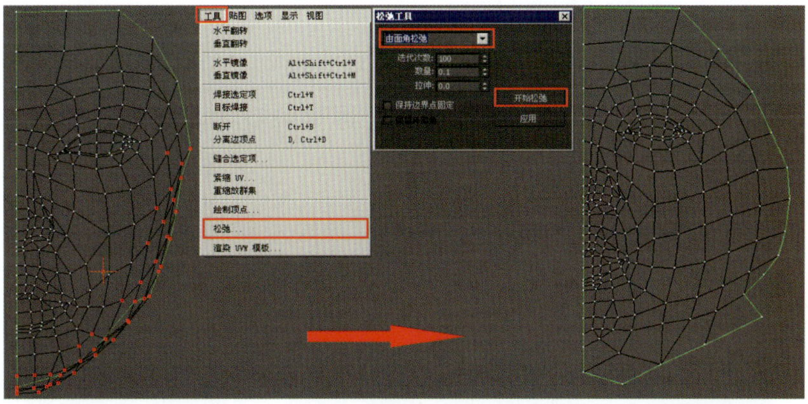

图 5–95 对重叠的点进行松弛

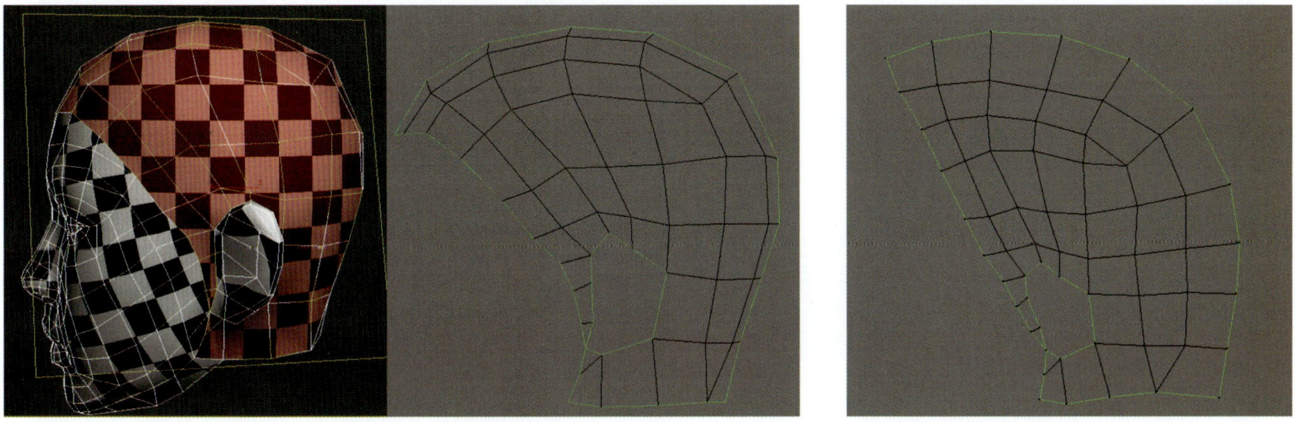

(a) 头部侧面进行平面映射

(b) 松弛 UVW

图 5–96

⑤选择耳朵部分的U V W，把模型的视角调整到合适角度，对其进行沿屏幕方向的平面映射的操作，如图5–97所示。

⑥进入“编辑U V W”面板，利用“缩放”工具对耳朵的U V W进行调整，并且手动将绿色的边界线调整到耳朵UVW的外围。如图5–98所示。

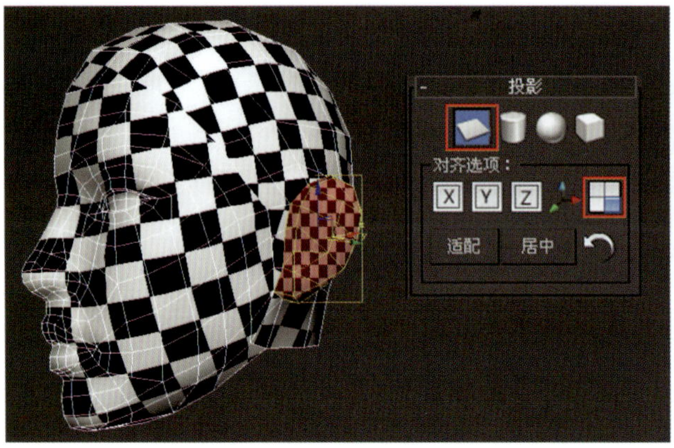

图 5-97 对耳朵进行映射

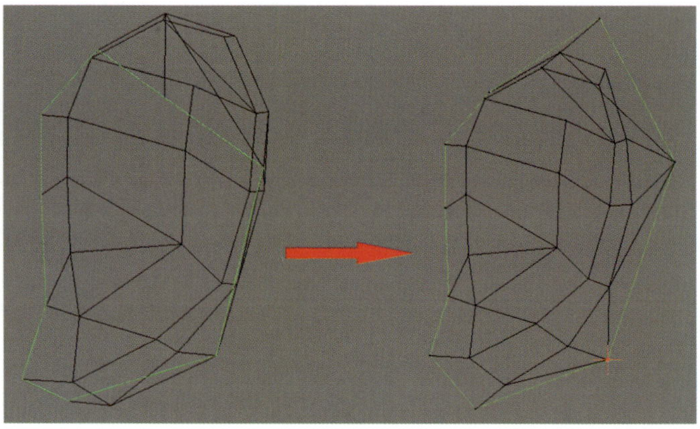

图 5-98 调整耳朵 UVW

三、编辑身体 UVW

①将身体裸体模型独立出来，单独添加“UVW修改器”。选择“顶点”，按下“剥”面板下的“点对点接缝”按钮，对女性角色模型的身体模型进行接缝的连接操作。注意将接缝尽量处理在不显眼的地方，如手臂内侧、大腿内侧等。如图5-99所示。

②选择UVW的面级别，分别对身体正面的UVW和身体背面的UVW进行Y轴向的平面映射。如图5-100所示。

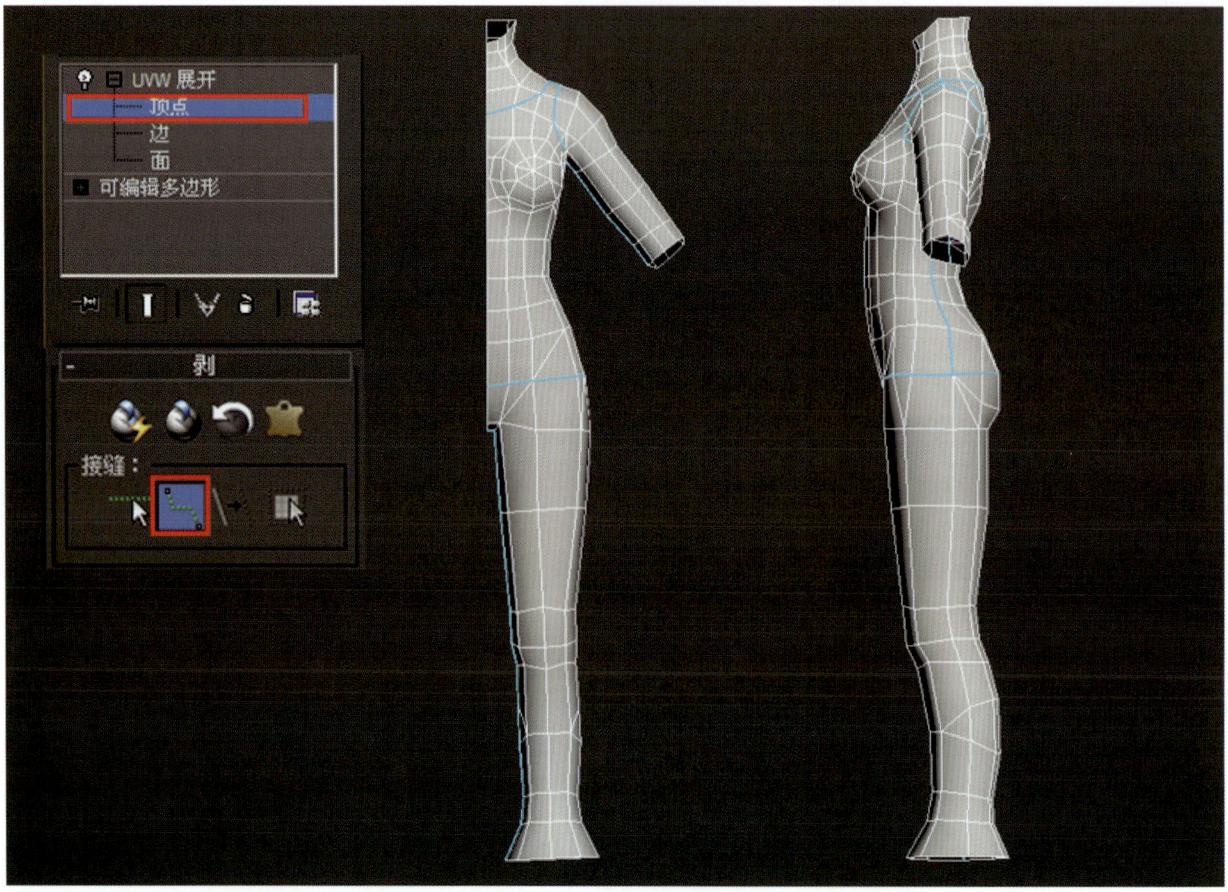

图 5-99 处理角色接缝部位

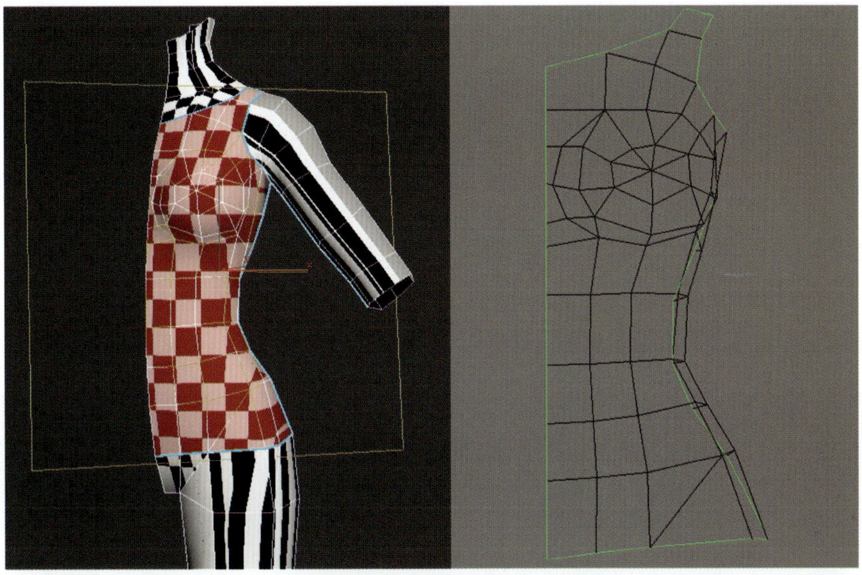
(a) 对身体正面进行 Y 轴向的映射

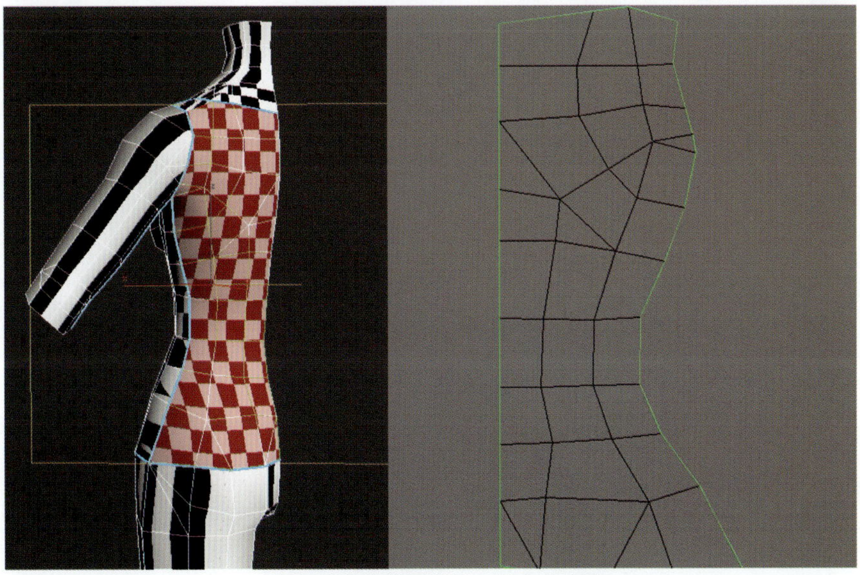
(b) 对身体背面进行 Y 轴向的映射

图 5–100

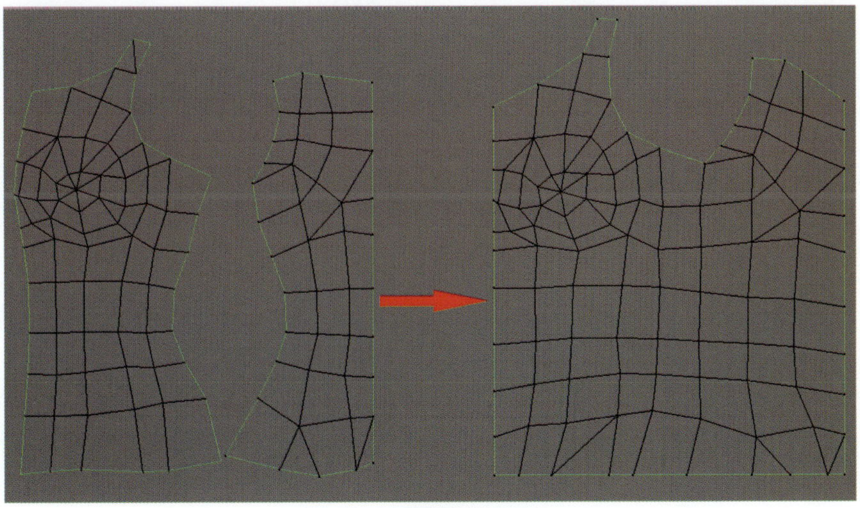
图 5–101 调整身体 UVW

③进入“UVW编辑”面板，利用“工具”面板中的“水平翻转”选项，将身体背面的UVW进行翻转，然后将身体正面和背面的UVW缝合在一起。利用“缩放”工具，将身体的UVW的边界尽量处理成方形，便于后期对贴图的处理以及对UVW的摆放。如图5-101所示。

④选择手臂的UVW，点击“剥”面板的“毛皮贴图”按钮，在弹出的“毛皮贴图”面板中点击“开始毛皮”选项，将手臂的UVW拉开。点击“开始松弛”按钮，将手臂的UVW松弛到接近模型结构的状态。如图5-102所示。

⑤利用相同的方法将脖子以及大腿的UVW进行拉开，分别进行调点的处理。如图5-103所示。

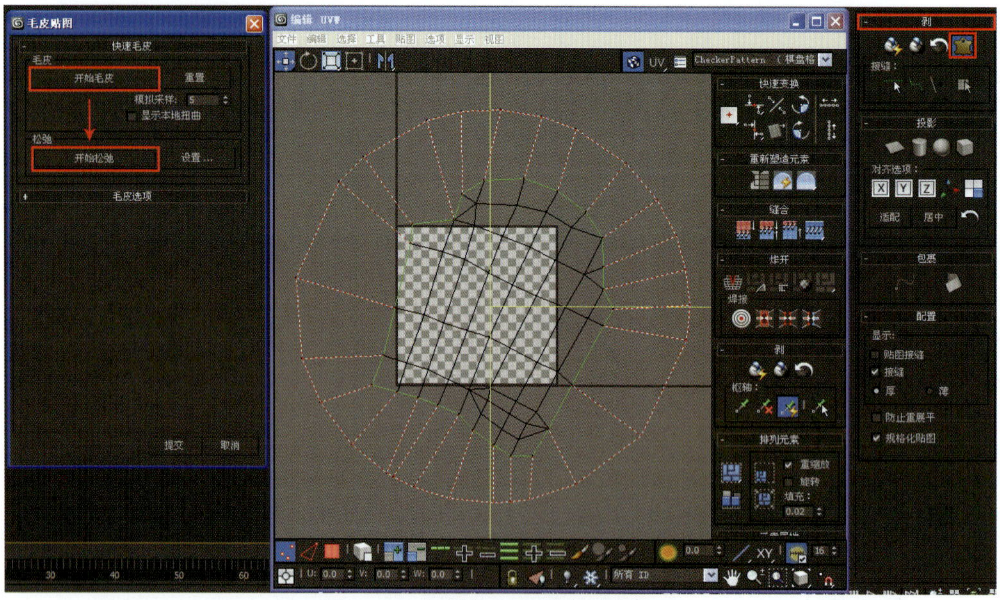

图 5-102 将手臂 UVW 进行毛皮拉开

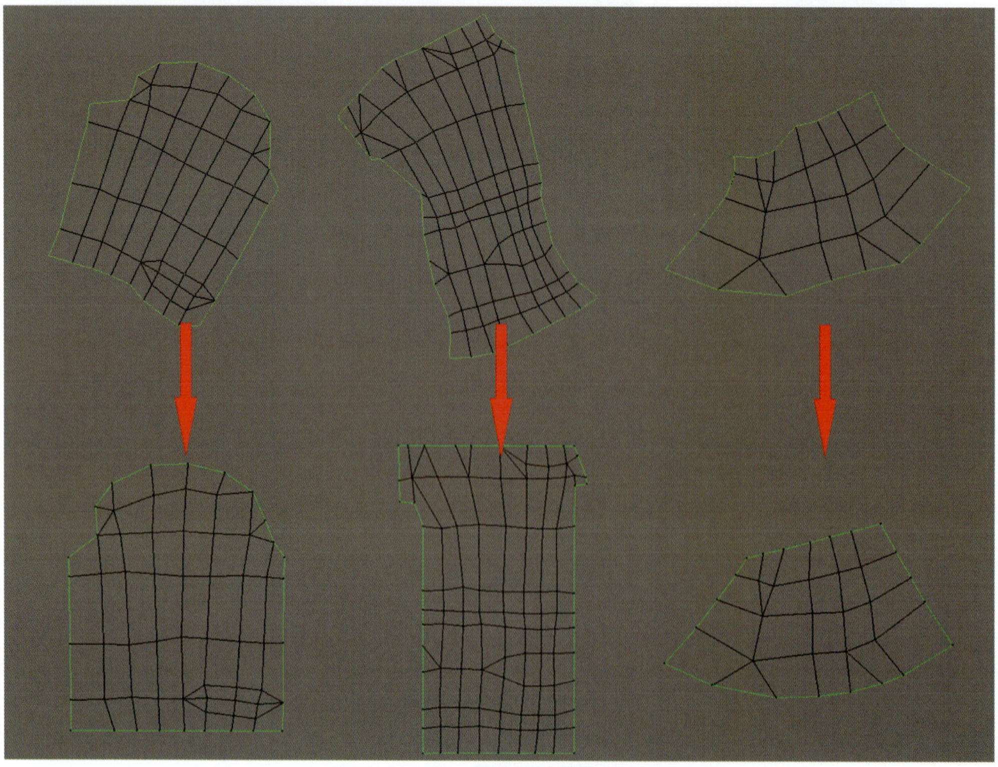

图 5-103 进一步处理手臂的 UVW

四、编辑角色装备和头发的UVW

①将装备模型独立出来，在修改器列表中给模型制定“UVW展开”修改器，进入点级别，编辑手套、脚掌以及犄角的接缝，为后面进行毛皮贴图的编辑做好准备工作。如图5–104所示。

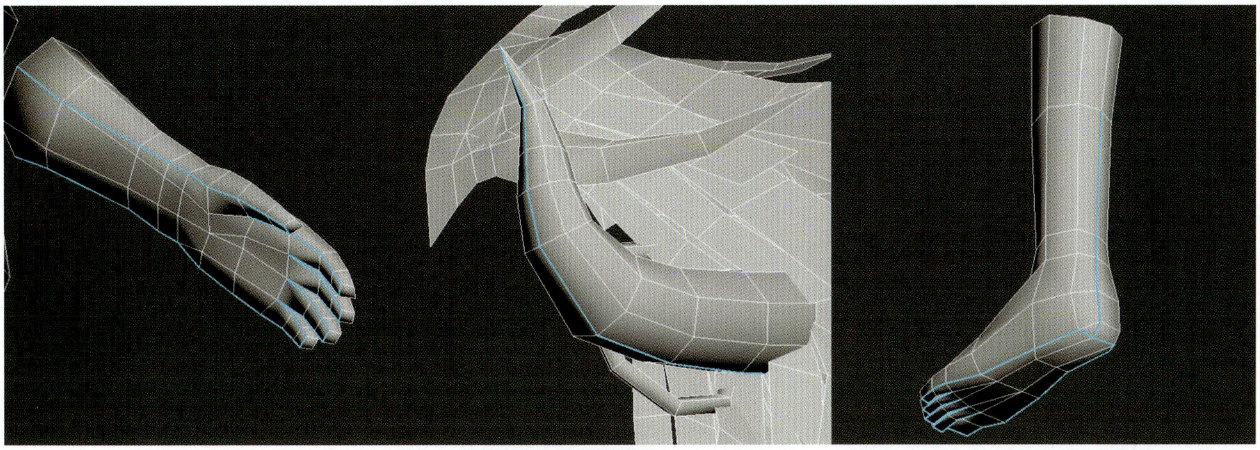

图 5–104 编辑模型 UVW 接缝

②分别对手的正面和背面的UVW进行“视图对齐”的平面映射操作，然后进入“编辑UVW”面板对手的UVW进行缝合，并调整顶点。如图5–105所示。

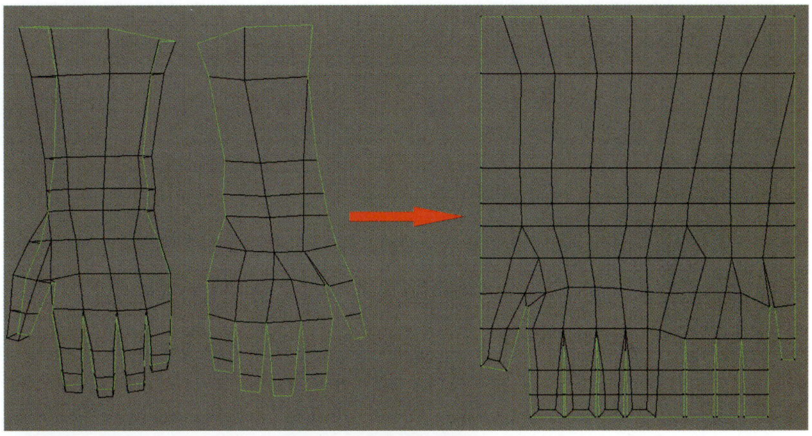

图 5–105 编辑手的 UVW

③利用“平面投影”或者“毛皮贴图”的方式，对身体的其他部件进行UVW展开，并调节顶点。注意UVW的边界尽量处理得规范一些，以利于后面贴图的绘制以及UVW的平铺操作。如图5–106所示。

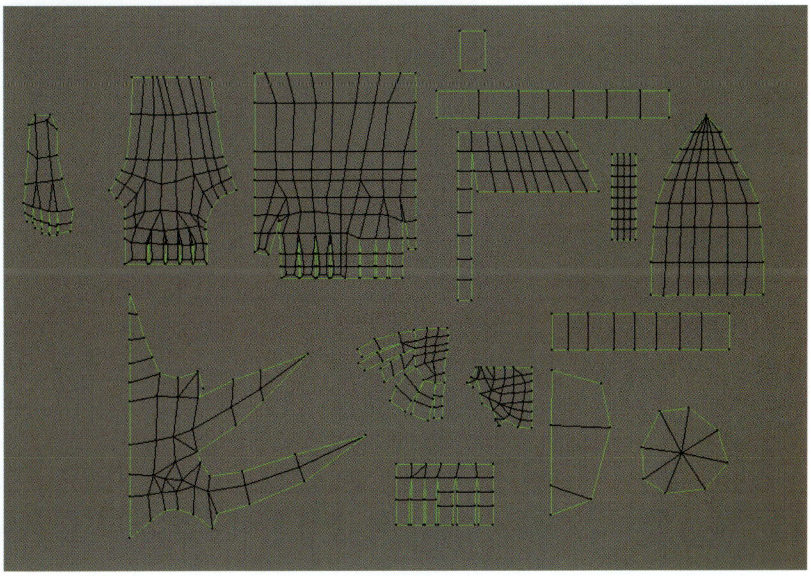

图 5–106 展开装备模型的 UVW

④角色模型中所有部件的UVW都展开后，我们需要将它们放置到UVW第一象限的黑线里面（只有在黑线以内的UVW才是有效的UVW），并对其进行渲染输出。摆放时应充分利用UVW第一象限的所有空间，但不能超过象限的边界。同时应注意观察原画，贴图细节丰富的部分应考虑

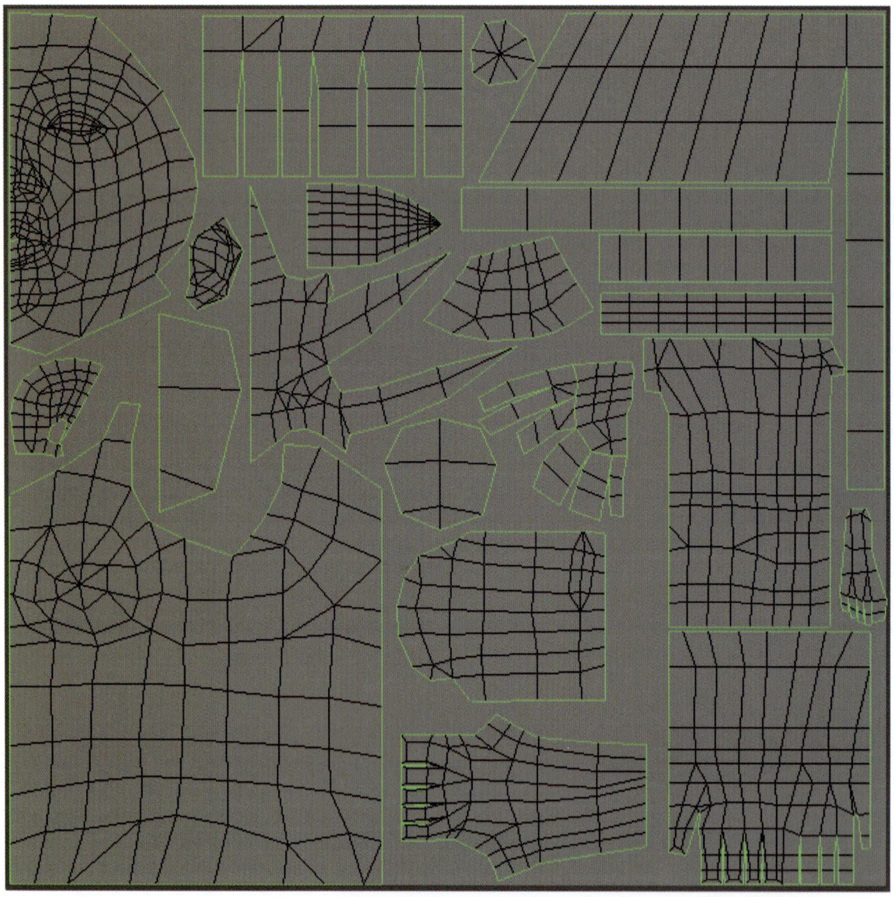

图 5-107 角色模型 UVW 摆放效果

多给一些空间。如图5-107所示。

⑤选择“工具”中的“渲染UVW模板”，在弹出的“渲染UVs”对话框中将宽度设为1024，高度设为1204，点击下面的“渲染UV模板”按钮，将UV保存为TGA格式的图片文件。如图5-108所示。

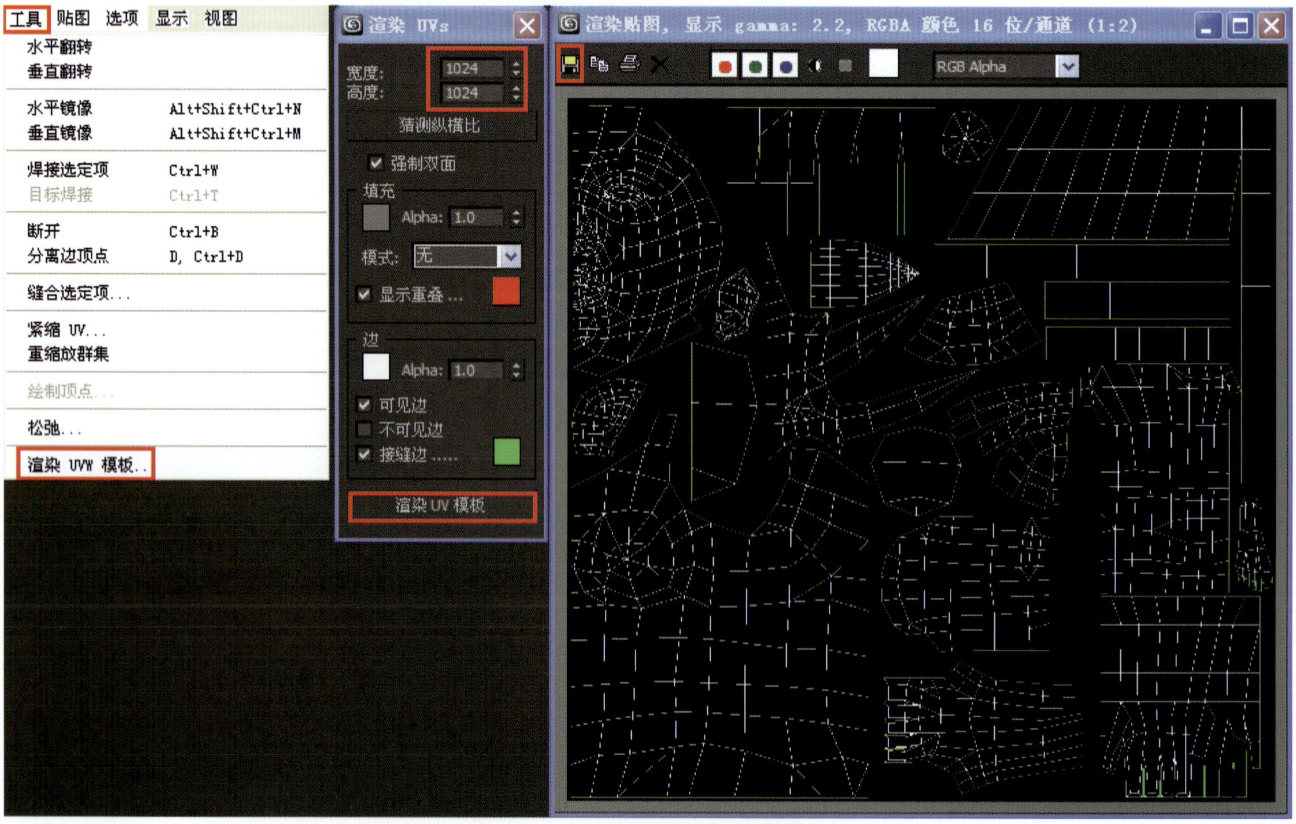

图 5-108 对 UVW 进行渲染输出操作

第五节 角色贴图绘制

我们已经根据原画完成了整个角色模型和UVW的制作，接下来要开始给游戏人物绘制贴图。模型的制作只是完成了整个三维游戏角色工作的一部分，接下来的贴图绘制更为关键。可以说一个三维游戏角色质量的好坏，很大程度上取决于贴图质量的高低。

在整个三维游戏角色制作的工作量上，用于贴图绘制的时间占60%，甚至更多。因为在游戏的美术制作中，贴图制作的好坏代表了一个游戏公司的整体美术制作力量，也直接影响着游戏画面的质量，甚至关系到一款游戏的成败。好的贴图能生动形象地反映场景与角色的真实感，特别是对于一些低模来说尤为重要。

游戏贴图的尺寸通常都有较严格的规定，贴图尺寸通常采用6进制大小的正方形贴图，例如身体使用512×512，道具使用256×256。我们用北京完美动力公司开发的《赤壁》游戏中的男性NPC贴图效果作为本例的参考，如图5-109所示。此外，贴图尺寸也有采用6进制大小的长方形贴图的情况，例如身体使用512×256，道具使用256×128。我们以日本光荣公司开发的《三国无双》游戏中的男性角色贴图效果作为本例的参考，如图5-110所示。

图 5-109《赤壁》游戏中的男性 NPC 贴图

图 5-110《三国无双》游戏中的男性角色贴图

一、准备工作

我们将之前在“渲染UVs”模板中渲染出来的图片用Photoshop软件打开，如图5-111所示。首先，双击背景层将其解锁，如图5-112；然后，将图层名称改为“UV”，图层叠加方式改为“滤

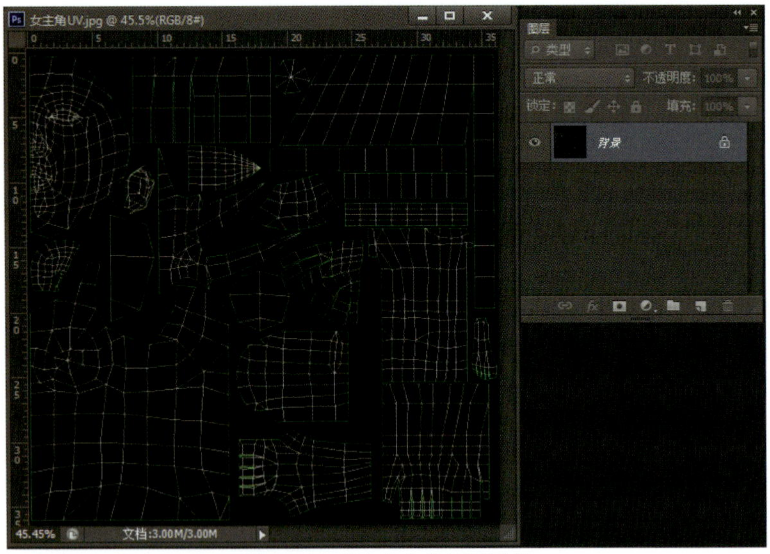

图 5–111 载入女主角 UV 图片

色”，图层的不透明度设置为20%，以便为绘制贴图颜色做参考，如图5–113；最后将图层锁定，以免在编辑过程中不小心被拖动或编辑。

在绘制贴图时，需创建新的图层，并放置在U V层之下进行绘制。用“吸管”工具吸取原画中的色彩作为贴图的底色，注意在选色的时候尽量吸取中间色，这样有利于绘制贴图时进行加深或者减淡的操作。如图5–114、图5–115所示。

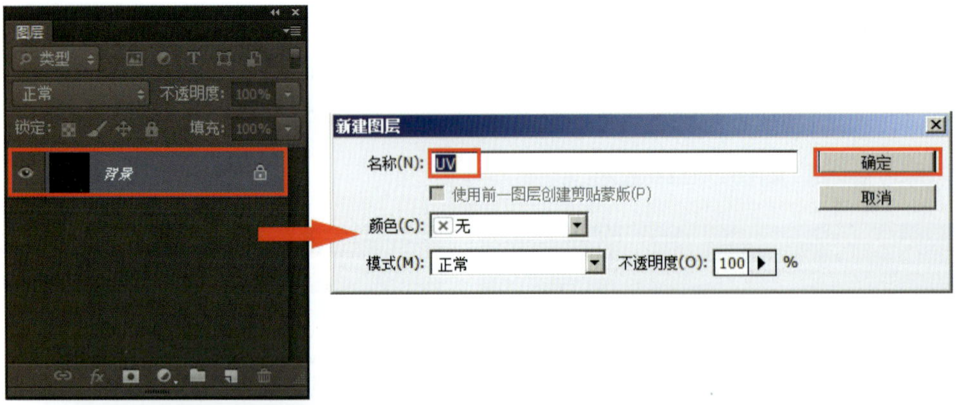

图 5–112 解锁背景层

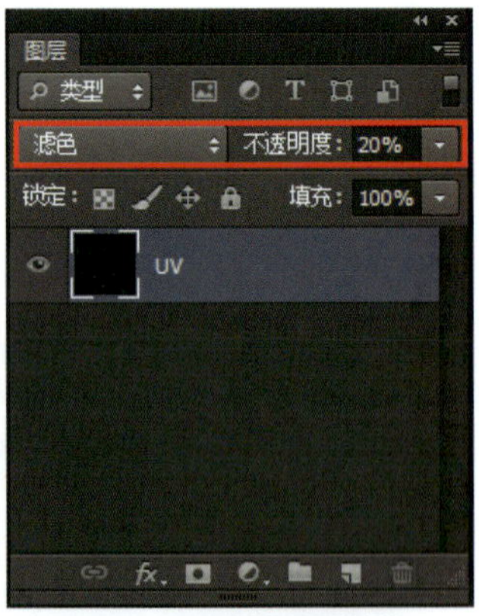

图 5–113 设置图层属性

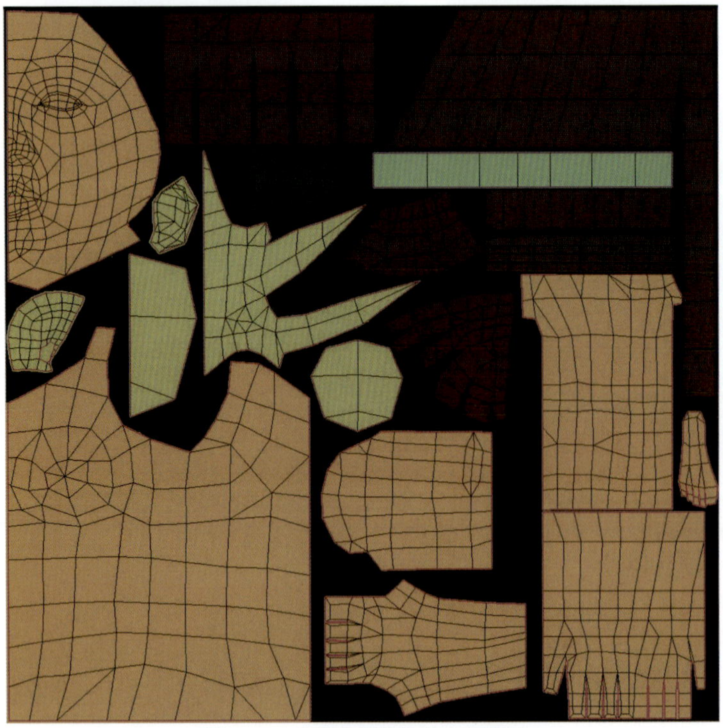

图 5–114 女性角色贴图底色和线框

图 5–115 角色模型上色效果

二、头部和颈部的贴图制作

有了大体的色彩关系以后，我们开始进行局部的贴图绘制。

1. 五官贴图制作

①利用Photoshop中的“画笔”工具进行脸部五官贴图的绘制。在绘制贴图时，要尽量保持头顶和脸部侧面皮肤材质的一致性，以便有效地避免脸部接缝部位颜色不匹配的现象。接下来继续使用“涂抹”工具、“减淡”工具和“画笔”工具进行绘制，用大色块表现出五官与脸部的整体色彩关系。

脸部大体明暗关系绘制完成以后，开始对五官的细节进行处理。在角色贴图的绘制中，脸部贴图绘制尤为重要。在绘制时既要保证与原画设计相符合，又要在原画的基础上将贴图绘制得更加精致细腻。

②除了五官的明暗关系之外，女性角色脸部的着妆也是比较关键的。该角色为魔族祭祀，属于反派角色，因此脸部的着妆在色彩上应该浓重一点。脸部绘制步骤如图5-116所示。

③脸部贴图绘制完成后，在Photoshop中将该贴图进行保存，3ds Max将会自动更新贴图，如图5-117所示。

接下来进行头部的配饰制作，该角色头部配饰为兽骨类的饰品，在绘制时应该注意质感的表现。

图 5-116 脸部贴图绘制步骤

图 5-117 脸部贴图在模型上的效果

④在Photoshop中找到头饰模型对应的UV，利用“吸管”工具吸取原画中头饰部分的色彩，然后对贴图进行大关系的绘制，表现出头部兽骨面具和犄角的明暗关系。继续使用“涂抹”工具、“减淡”工具和“画笔”工具对贴图的细节进行深入刻画。绘制时要注意对细节疏密的把握以及对骨头类材质的环境色处理。贴图绘制步骤如图5-118所示，模型效果如图5-119所示。

⑤中高端网络游戏贴图的制作对贴图质感和细节的要求比较高，单纯的手绘很难让贴图达到理想的材质效果。这时通常会将真实的纹理贴图和手绘贴图进行叠加，让已有的手绘贴图更加真实。头饰纹理效果如图5-120所示，头饰模型最终效果如图5-121所示。

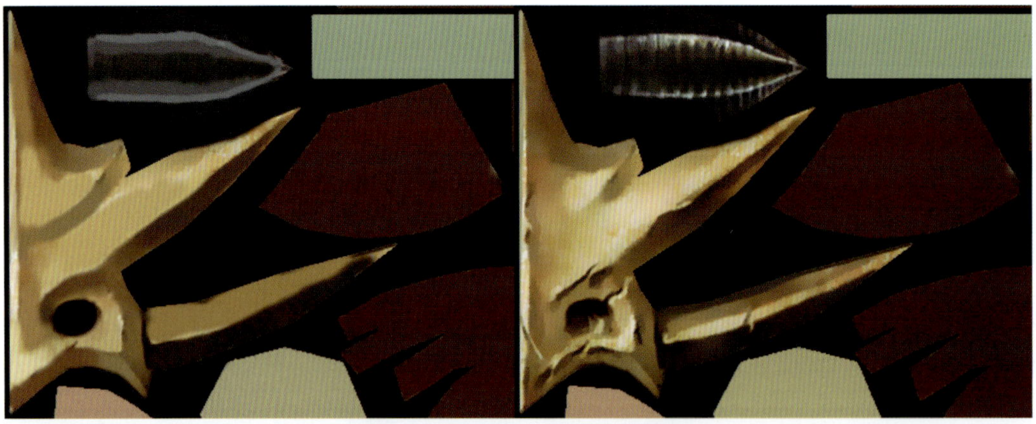

图 5-118 头部饰品贴图绘制步骤

图 5-119 头部饰品模型效果

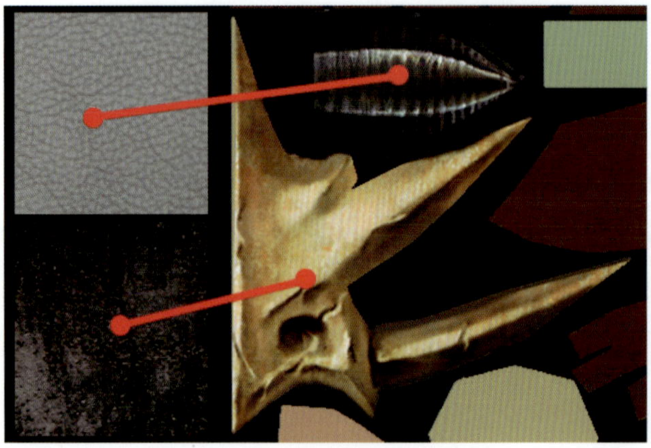

图 5-120 对头饰贴图进行纹理的叠加

图 5-121 头部配饰完成效果

2. 头发贴图制作

头发部分的贴图是整个角色贴图制作比较复杂的一个部分。在贴图制作时，我们除了要绘制头发的颜色贴图之外，还需要制作头发的透明贴图来模拟发丝边缘透明的效果。

①首先在Photoshop中找到头发模型对应的UV，如图5–122（a）所示，利用“画笔”工具大体勾勒出发丝的大致走向。然后新建一个图层，绘制出需要做的透明贴图的区域（这样做是为后面透明贴图的制作起到一个提示的作用，也有利于对头发的进一步刻画），如图5–122（b)所示。最后根据绘制好的透明区域，对头发贴图进行进一步刻画。绘制时要注意整体的明暗关系以及整个头发的层次感，如图5–122（c）所示。

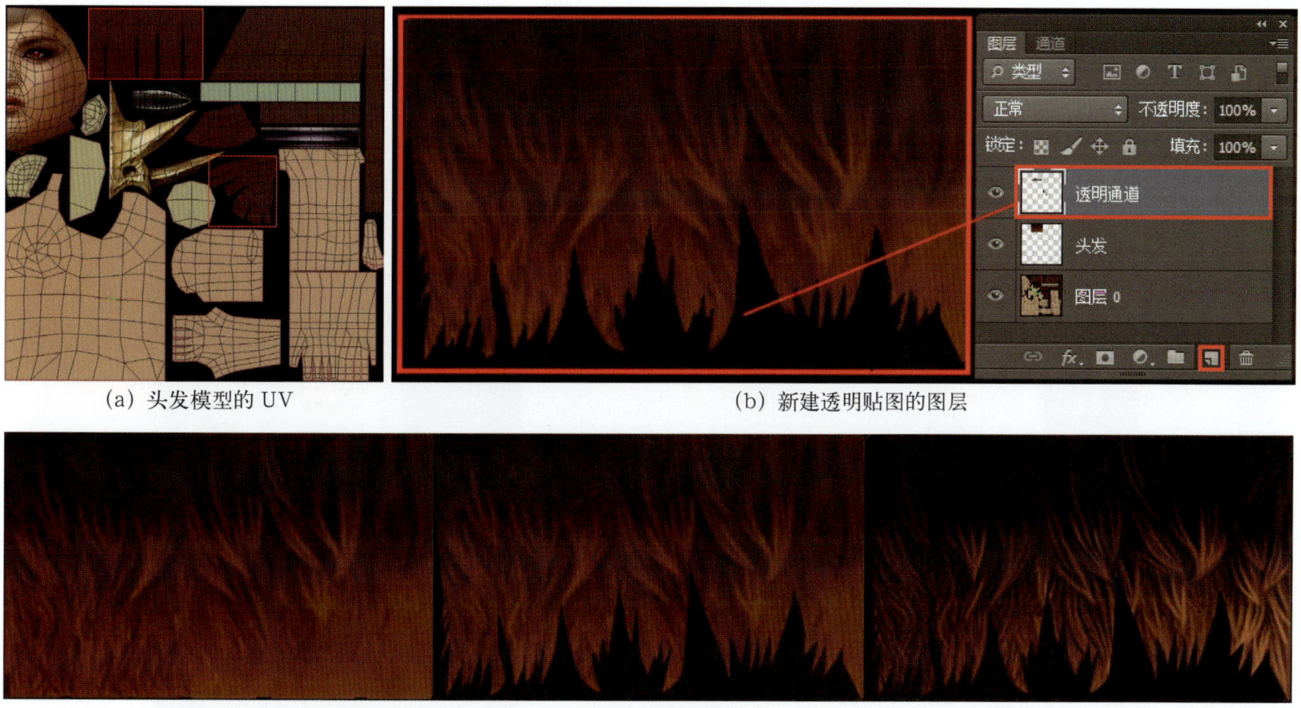

（a）头发模型的 UV

（b）新建透明贴图的图层

（c）刻画发丝细节

图 5–122 头发贴图的绘制

随时注意观察贴图在模型上的效果，以便于修改和完善。如图5–123所示。

②头发的颜色贴图制作好以后，我们来为模型制作透明贴图。选择“通道面板”，新建一个“Alpha”通道。将整个通道填充为白色，将透明部分填充为黑色（在3D游戏制作中，默认透明通

图 5–123 未做透明效果的头发模型

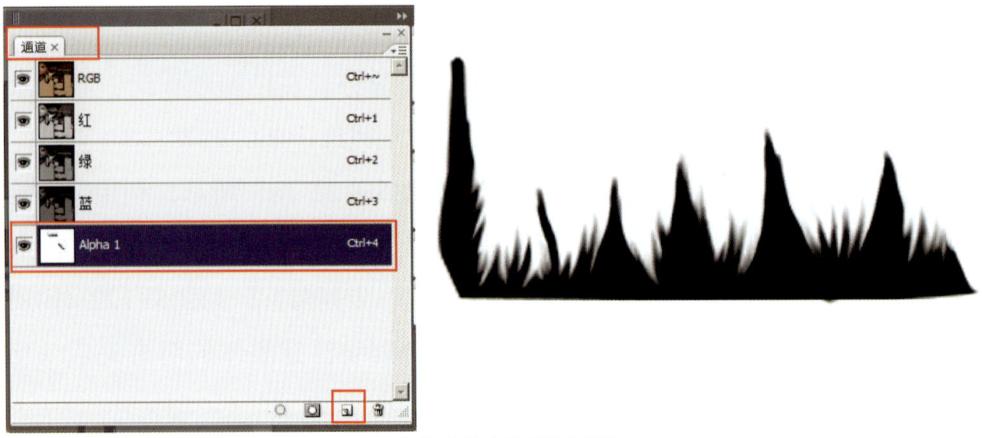

（a）制作头发透明贴图

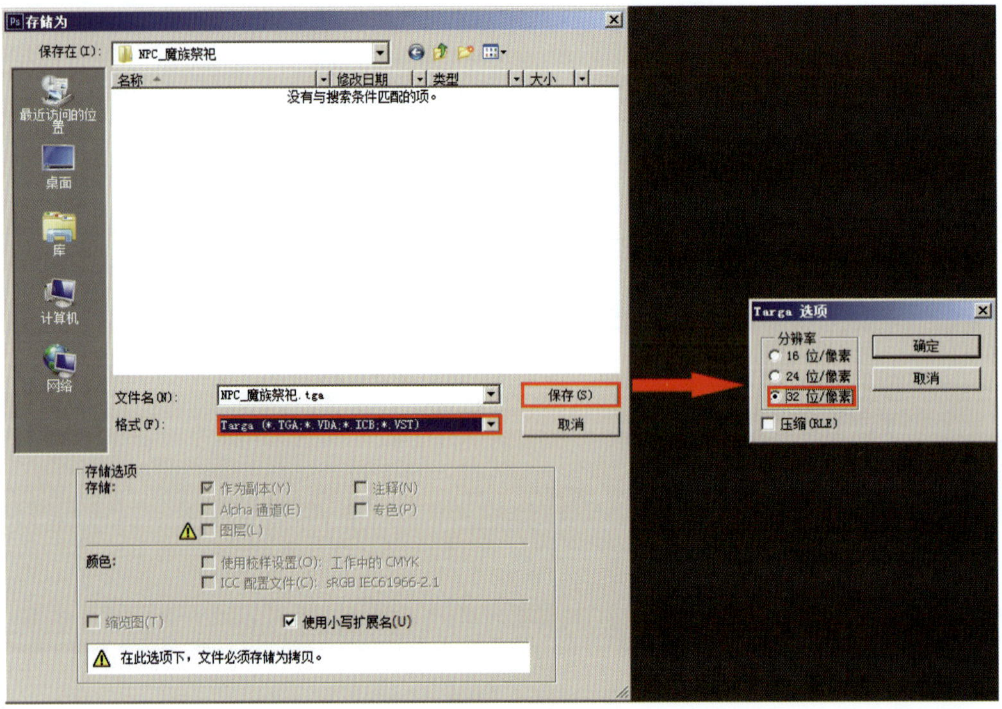

（b）保存头发透明贴图

图 5−124

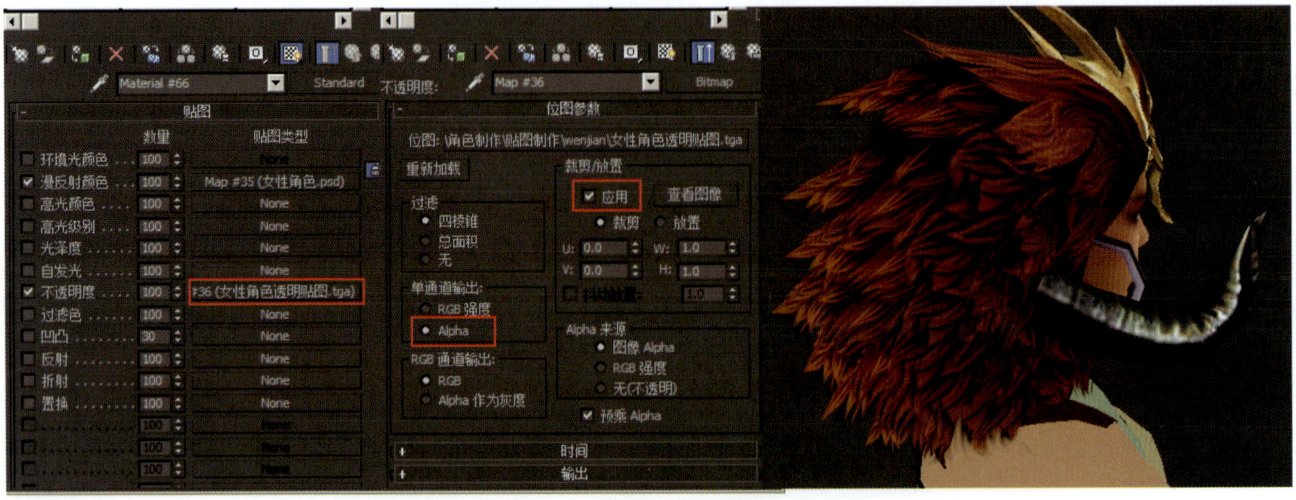

图 5−125 设置头发透明贴图

道中黑色为透明，白色为不透明），如图5－124（a）所示。将贴图保存为32位/像素的TGA格式。如图5－124（b）所示。

③在3ds Max中打开材质球面板，将制作好的透明贴图指定给不透明度通道，并将通道中“裁剪/放置”中的“应用”勾选上，然后将单通道输出勾选为“Alpha”。这样，透明的效果就可以在3ds Max中正确显示了。如图5－125所示。

3. 颈部饰品贴图制作

①接下来制作颈部饰品的贴图，制作方法和制作头饰一样，先进行大色块的绘画，表现出饰品大体的色彩关系，然后利用“涂抹”工具以及“画笔”工具进行细节的刻画。贴图绘制完成后，与真实的纹理贴图进行叠加。如图5－126所示。

②由于原画的项链上有大量的宝石，我们需将一张真实宝石的照片调入Photoshop中，利用“套索”工具将宝石拖到角色贴图中，并对宝石图片进行缩放、复制等操作，调节宝石的色彩关系，制作出项链的贴图。

③由于项链模型是一个面片，我们还需要在“Alpha”通道中将透明的部分填充为黑色。如图5－127所示。

④最后制作首饰每个部件之间的阴影关系。将“画笔”工具修改为黑色，填充在阴影的位置，点击“滤镜—模糊—高斯模糊”，将阴影柔化处理，并调节该图层的透明度。效果如图5－128、图5－129所示。

图 5－126 颈部饰品的绘制

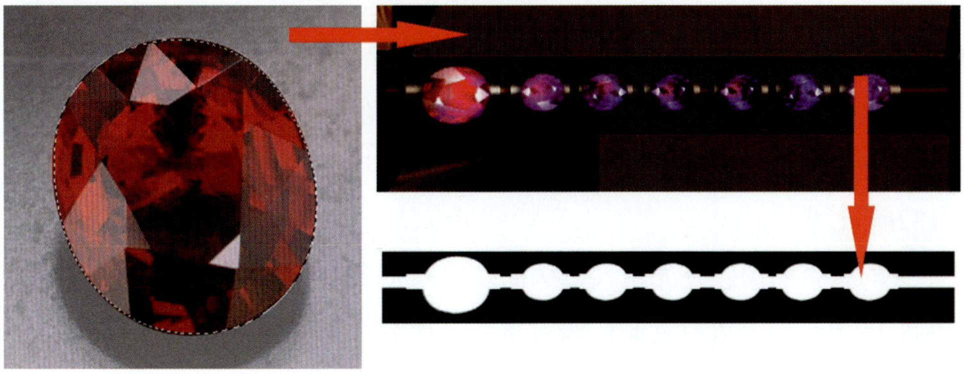

图 5－127 制作项链的颜色贴图和透明通道

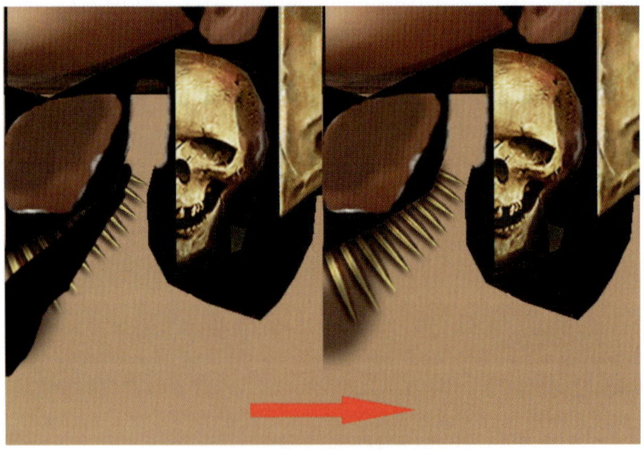

图 5-128 颈部首饰阴影制作效果

图 5-129 颈部首饰完成效果

三、身体的贴图制作

①绘制身体部分的贴图细节，在Photoshop中找到身体模型对应部分的UV，利用“吸管”工具吸取原画中的色彩，将身体部分的装备进行底色的填充，注意不同装备之间图层的分配。利用“笔刷”工具将皮肤部分的明暗和色彩关系绘制出来。如图5-130、图5-131所示。

图 5-130 身体部分装备底色和皮肤贴图的绘制

②绘制上半身细节，首先用“画笔”工具绘制出皮衣的底色，在绘制时应该把握好女性胸部的形体比例和光影关系。然后对皮衣上镶嵌的金属条纹和腰部的金属吊饰进行刻画，注意金属条纹和皮衣之间层次感的把握。最后选择合适的纹理贴图对皮衣和金属进行叠加，同时制作出吊饰的透明通道。如图5-132所示。

③绘制下半身的腰带贴图。首先用大色块描绘出腰带各个部分的光影关系，绘制出甲片的第一层，然后将绘制好的甲片向下进行复制，接着将腰带所有部件之间的光影关系制作出来，使其层次更加分明，最后制作出毛发的透明通道。如图5-133所示。

图 5-131 皮肤绘制完成后的效果

图 5-132 上半身贴图绘制步骤展示

图 5-133 腰带贴图绘制步骤展示

④身体部分贴图完成效果如图5-134所示。

⑤利用相同的方法绘制出四肢的贴图，绘制时尽量让贴图和原画保持一致。如图5-135、图5-136所示。

⑥至此，整个角色的模型和贴图制作完毕，我们在3ds Max中对角色进行渲染，然后同原画进行比较，接着按照网络游戏的规范制作流程对整个角色进行细节调整，使三维角色模型和原画保持高度的相似度。最终完成效果如图5-137所示。

图 5-134 身体部分贴图正面和背面效果图

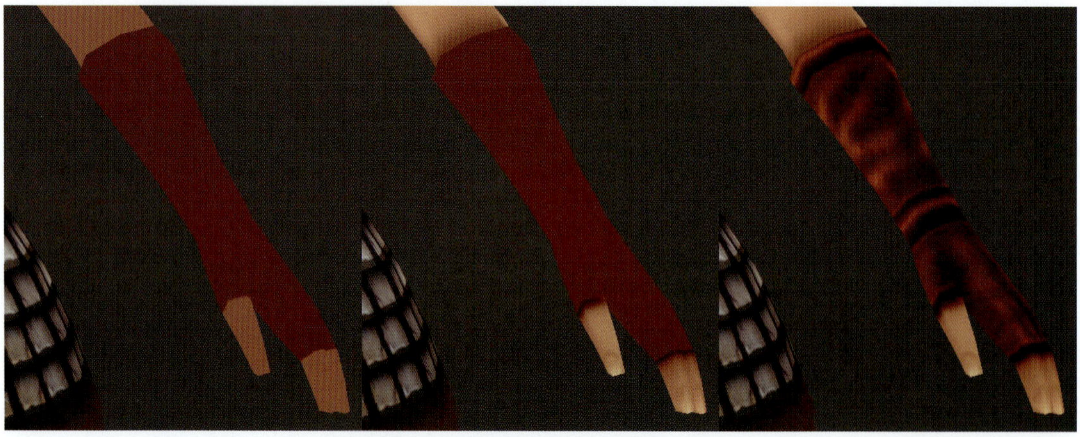

图 5-135 手臂贴图绘制步骤展示

图 5-136 腿部贴图绘制步骤展示

图 5–137 角色完成最终效果

本章小结

本章通过对网络游戏女性角色制作流程的完整讲解，从模型制作、UVW的分配及纹理贴图的制作三个方面完整地介绍了三维网络游戏中低模的制作方法。我们应该重点学习多边形模型的制作技巧和手绘纹理贴图的制作方法。

思考与练习

1.简述男性骨骼和女性骨骼的基本结构，以及男性形体和女性形体的区别。

2.尝试利用多边形建模的方式制作游戏女性角色模型，并合理分配UV、绘制贴图。

游戏动漫

第六章
手机游戏 3D 转 2D 美术项目制作

第一节 手机游戏项目介绍

一、手机游戏发展现状

随着智能手机和3G网络的普及和进一步发展，移动互联网呈爆发式增长的趋势。业界普遍认为，移动互联网是一个比互联网大数倍的万亿级产业，手机将作为未来人类线上娱乐生活的最主要载体。

在此大背景下，手机游戏也普遍被业界看好，从2004年到2011年，手机游戏市场规模已经发展到数十亿元，仅次于客户端网游和网页游戏。盛大游戏有限公司、腾讯公司、阿里巴巴集团等业界巨头已经高调进入手机游戏行业，在各家投入巨资和重兵之后，这个行业还将会有一轮大跃进式的发展。

二、手机游戏的分类

1. 单机游戏

单机游戏指仅使用一台设备就可以独立运行的电子游戏。区别于手机网络游戏，它不需要专门的服务器便可以正常运转游戏，部分单机游戏也可以通过多台手机互联进行多人对战。单机游戏代表作：《愤怒的小鸟》《植物大战僵尸》。如图6–2、图6–3所示。

图6–2 单机游戏《愤怒的小鸟》

图6–3 单机游戏《植物大战僵尸》

2. 网络游戏

网络游戏指以互联网为传输媒介，以游戏运营商服务器和用户手持设备为处理终端，以游戏移动客户端软件为信息交互窗口的，旨在实现娱乐、休闲、交流和取得虚拟成就的，具有可持续性的个体性多人在线游戏。网络游戏的代表作：《我叫MT》《神将传奇》《一代宗师》《十年一剑》《龙纹三国》。如图6–4、图6–5所示。

三、《龙纹三国》项目介绍

《龙纹三国》是一部耗资巨大，历时两年研发的手游巨著，由资深手游开发商简乐互动科技有限公司研发。

作为一款大型多人在线角色扮演游戏，《龙纹三国》不论从设计还是规模上都达到了回合制的角色扮演游戏的一个高水平，玩家可以从中体验到很多乐趣。《龙纹三国》就像一幅画，有近景远景的层次感，画面呈现出丰满的感觉。它除了带给用户流畅的游戏体验及精美的画面之外，绝无仅有的游戏玩法是游戏的最大卖点。如图6–6所示。

图 6–4 网络游戏《神将传奇》

图 6–5 网络游戏《我叫 MT》

图 6–6 手机网络游戏《龙纹三国》

第二节 手机游戏模型制作

在手机游戏3D转2D的项目中，游戏建模，特别是角色建模的重点和难点就是通过渲染的方式把三维模型转化为二维像素图片。因此，对模型本身细腻程度的要求比较高。相对网络游戏制作的低模，手机游戏按照不同的项目需求，需要模型本身有一定的细节。

本章将结合实际案例，严格按照手机游戏制作的流程对角色建模工作及制作流程进行全面系统的介绍，同时涉及部分人体结构方面的专业知识的应用。

在进行游戏角色建模之前，首先要参考原画设定，对角色的形体、服饰及人物性格等方面进行仔细的分析，然后划分出角色的基本结构图，以便在制作时能够准确地把握角色的形体特征，更好地对角色细节进行刻画，从而赋予角色个性和生命。

本例中的男性角色为近战职业的武将，体型比较强壮和魁梧，护身装备多为厚重的金属盔甲和皮甲，身体大部分的盔甲采用贴身设计，以方便动画的制作。对于腰带、护腿以及手臂部分，由于其属于紧身装备且本身的体积感不强，因此主要依靠后期的贴图来表现细节。披风以及头饰部分需要做柔体动画，因此在模型制作时需要足够的布线才能达到细腻的动画效果。人物的头部特征中，鬓角和眉毛是制作的重点。

本例要制作的男性角色的设定文案如下：

人物背景：此角色表现的是中国古代的著名武将——吕布。形体特征充分展示该角色的骁勇善战，在游戏表现中具备大将风范。

特征：强悍、勇猛、战无不胜。

装备：由大量的金属盔甲以及部分皮甲组成。风格厚重华丽，体现角色的大将风范。

技能：此角色使用方天画戟，属于近战职业的技能。

本例的原画设定如图6-7所示。

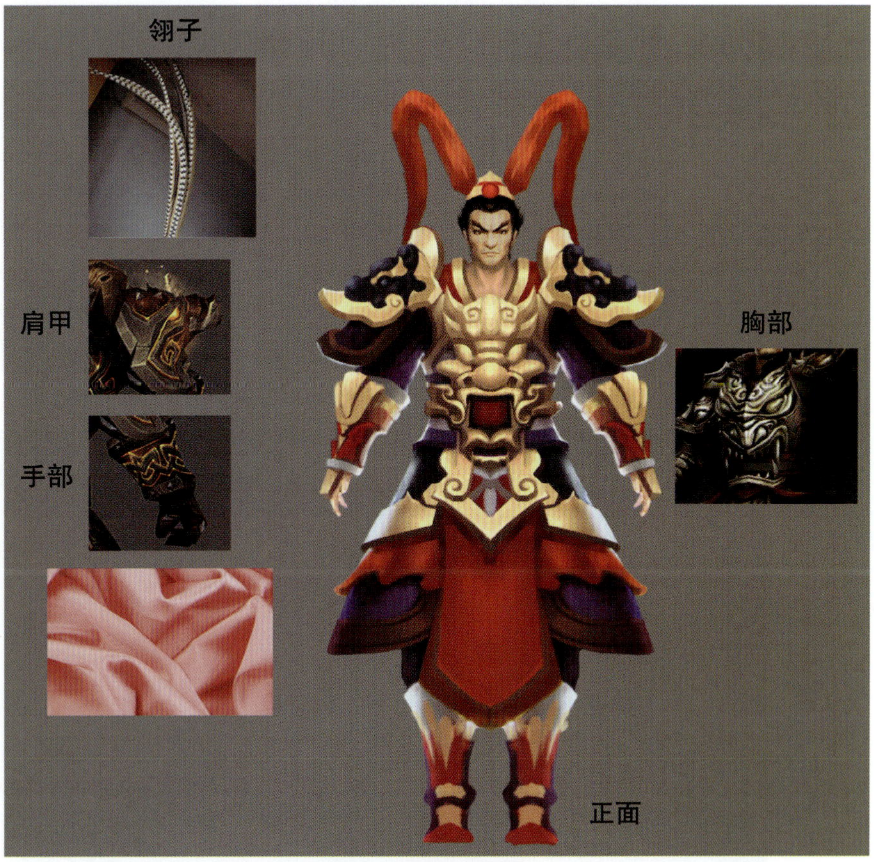

图 6-7 男性角色原画

一、角色裸体模型的制作

结合前面制作网络游戏女性角色的规范流程，下面开始制作手机游戏中的男性角色。

该模型同样采用多边形（Polygon）建模的方式来完成。先从头部开始，再到身体，最后制作装备部分。

1. 头部模型制作

①进入3ds Max的主界面，在透视图中创建一个长、宽、高分别为20 cm、20 cm、20 cm的正方体，分段数为1、1、1，如图6–8所示。然后按<W>快捷键选中物体并将其坐标设置为0，0，0(方便模型进入游戏之后的定位)，如图6–9所示。按<M>快捷键调出材质球编辑器，赋予模型一个灰色材质球，如图6–10所示。

②给正方体添加足够的布线，并给模型添加“对称”命令。调整出大体的头部模型后，根据头部骨骼的造型变化对头部的三庭五眼进行布线，从而对五官（眼、耳、眉、口、鼻）进行定位。

③根据原画的造型特点从各个角度调整五官的模型，然后为模型添加更多的布线，对五官的细节进行刻画，使头部模型尽量符合角色的气质特征。如图6–11所示。

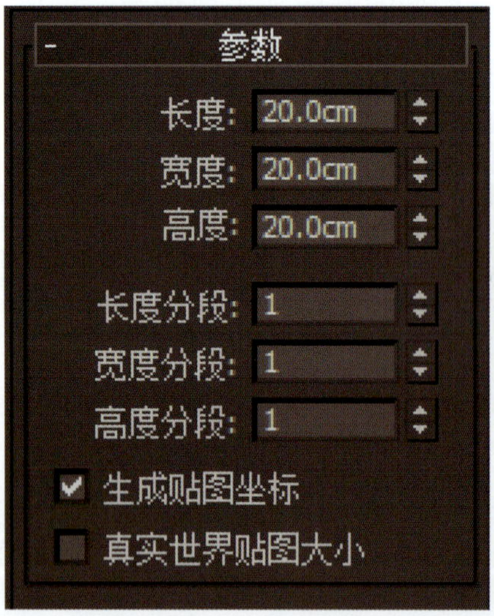

图 6–8 设置大小和分段数

图 6–9 将坐标归 0

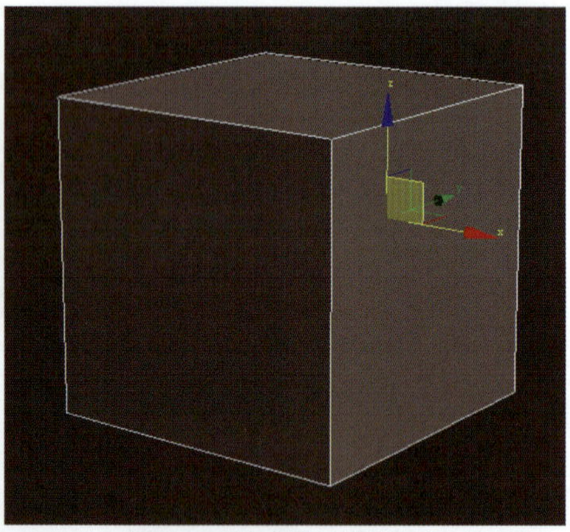

图 6–10 赋予模型材质分段

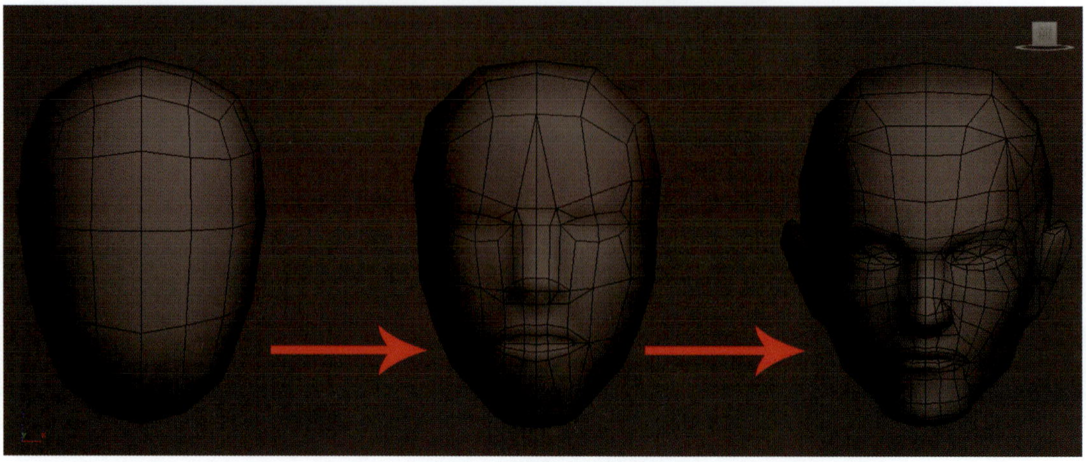

图 6–11 制作头部模型

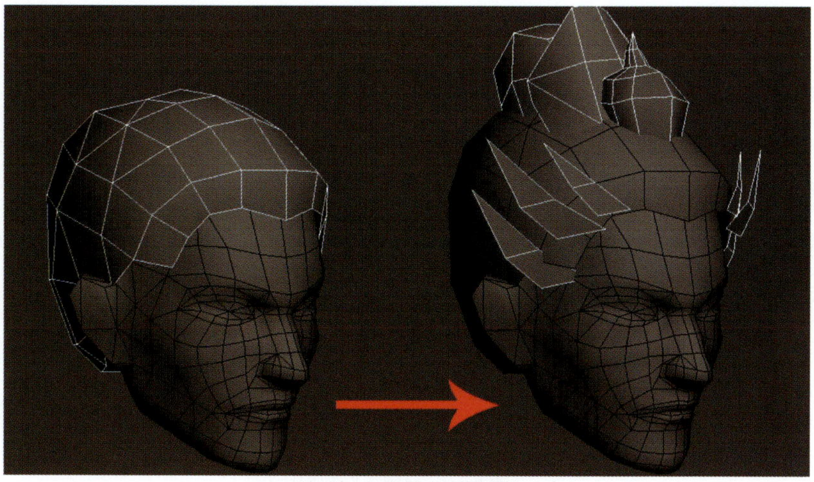

图 6-12 制作头部配饰

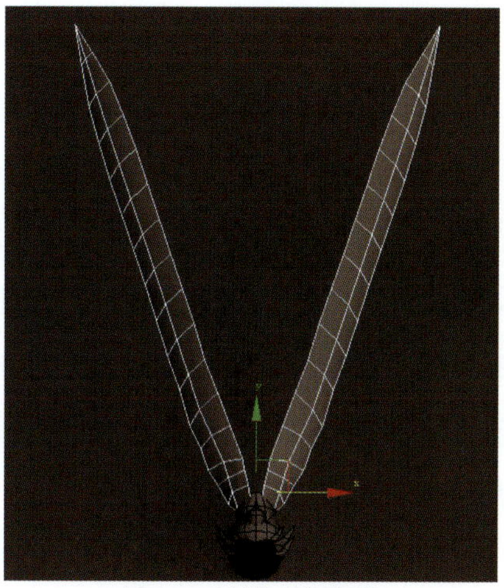

图 6-13 制作头部飘带

④从头顶分离一部分面作为头发的模型，调整模型的形体使其和原画的发型接近。由于头发主要用透明贴图表现，所以头发模型不用做得过于复杂。参考原画，制作出鬓角模型和其他头饰。如图6-12所示。

⑤制作头部的飘带，从头部复制出一个方形面片，调整出合适的长度作为飘带的模型，绒毛的部分通过透明贴图来表现。值得注意的有两个问题：一是飘带本身因为要做动画，所以不需要进行任何造型，呈直线形就可以了；另一个是为了后期能制作出柔和的动画，因此需要给飘带添加足够的线段。如图6-13所示。

2. 身躯模型制作

①参考头部模型的大小，在透视图中创建一个长、宽、高分别为50 cm、50 cm、80 cm的长方体，模型分段数为1。如图6-14所示。

②选择长方体后点击鼠标右键，选择“转换为可编辑多边形”，然后点击“细分曲面”将其进行细分处理。这样便形成男性角色胸腔的一个初模。

③在正视图和左视图中对模型进行调整，初步调节出整个躯干的胸腔、腰部和臀部的线条感，可以适当多加一些线段。注意把握好男性角色躯干的厚重感和形体的变化。

④处理好脖子、手臂、腿部的接口。如图6-15所示。

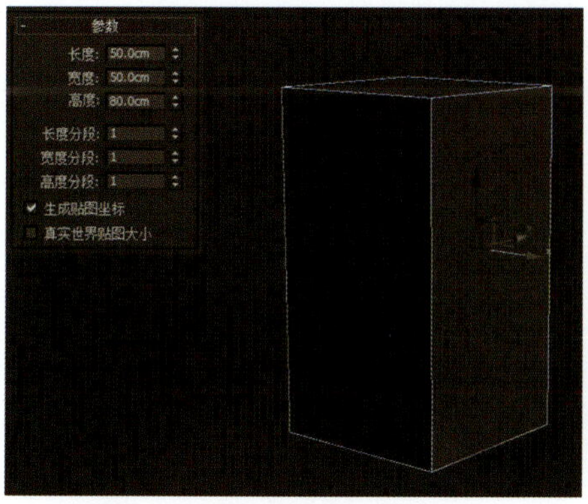

图 6-14 创建制作身体的长方体

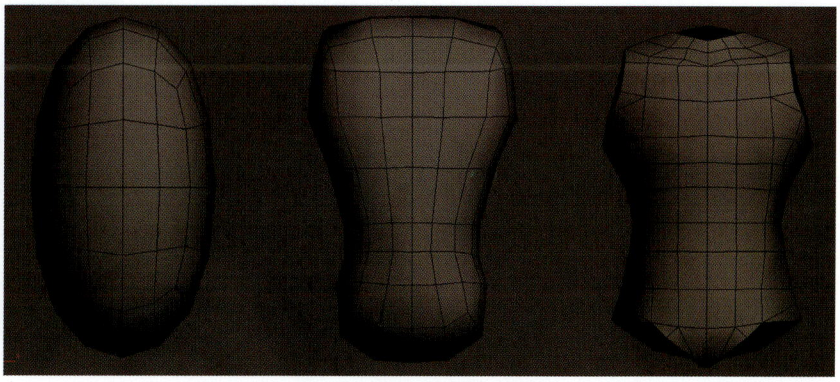

图 6-15 制作男性躯干模型

3. 四肢模型制作

①调整好身体模型以后，选择接口部分的“线”配合<Shift>键拉出手臂、脖子、腿的基本模型，参考人体肌肉结构调整出四肢的肌肉结构感。由于身体模型最终还会套上装备，所以肢体布线尽量工整，方便后期动画的制作。如图6–16所示。

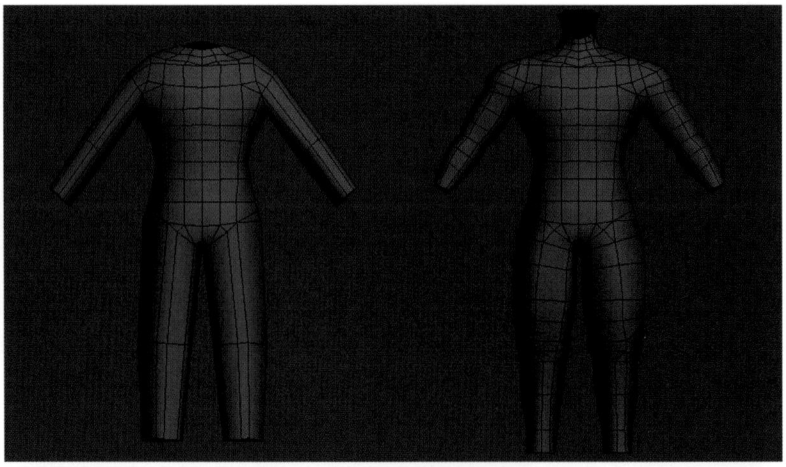

图 6–16 制作颈部和躯干模型

②在身体的基础上，参考女性角色手掌和脚掌的制作方法，制作出手掌和脚掌的模型。由于男性角色原画是不露脚趾的，所以直接制作出靴子的模型就可以了。如图6–17所示。

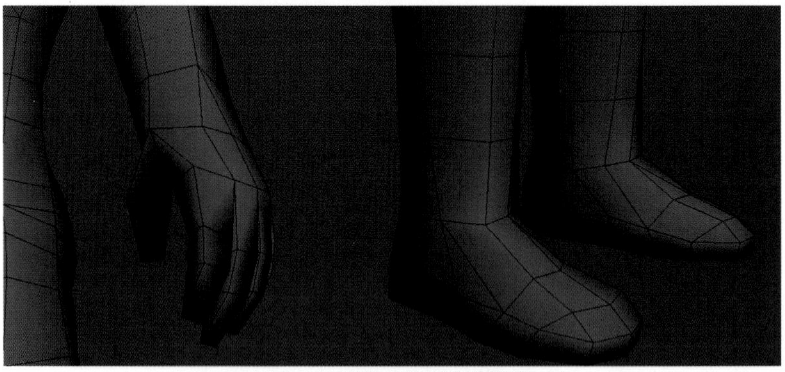

图 6–17 制作手掌和脚掌模型

身体部分模型制作完成，效果如图6–18所示。

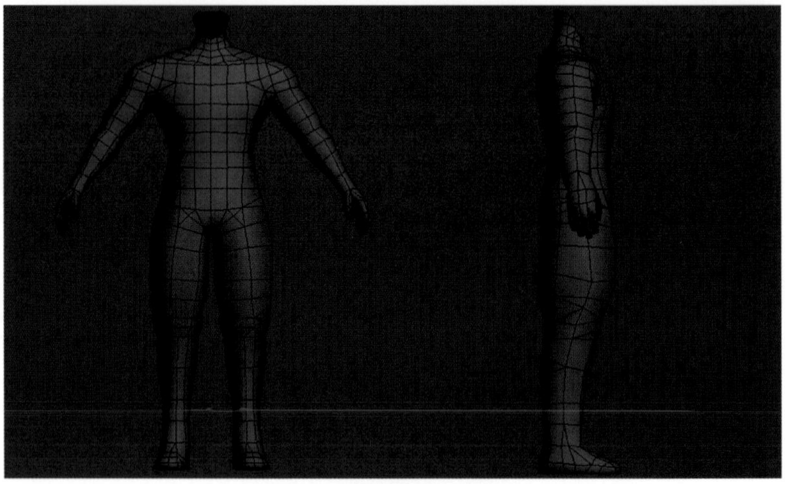

图 6–18 身体模型完成效果

二、装备模型制作

制作身体装备模型时，初始的模型尽量从裸体模型进行复制。这样做一方面可以提高模型制作的速度，另一方面可以让装备的布线结构和裸体模型接近，以便于后期对角色进行绑定制作。

1. 肩甲制作

肩甲是整个角色模型比较重要的一个部分，也是玩家在操作时比较在意的一个环节，因此需要重点制作。在模型制作时应该把握好其与角色身体的大小比例，强化模型本身的厚重感。

①选择肩膀的部分模型，按住<Shift>键复制出部分面片作为肩甲的初始模型。按照原画的感觉调整出肩甲的大致形状，然后根据原画的造型为模型添加布线，刻画出模型的细节。效果如图6–19所示。

②刻画肩膀上的兽头。这时模型本身的布线已经不能满足深入刻画的需求，需要利用“加线”工具对模型加入更多的结构线，从多个角度调节出模型的细节。在制作时应注意对肩甲模型的背面进行封口，以避免在后期渲染时出现穿帮画面。效果如图6–20所示。

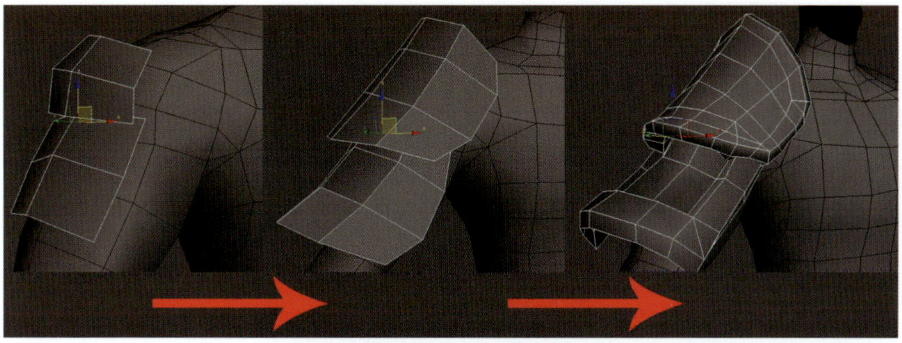

图 6–19 制作肩甲模型

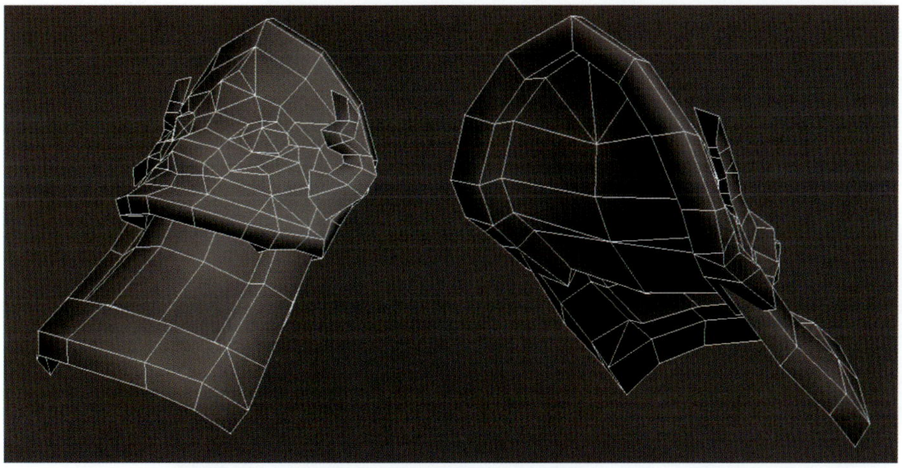

图 6–20 深入制作肩甲模型

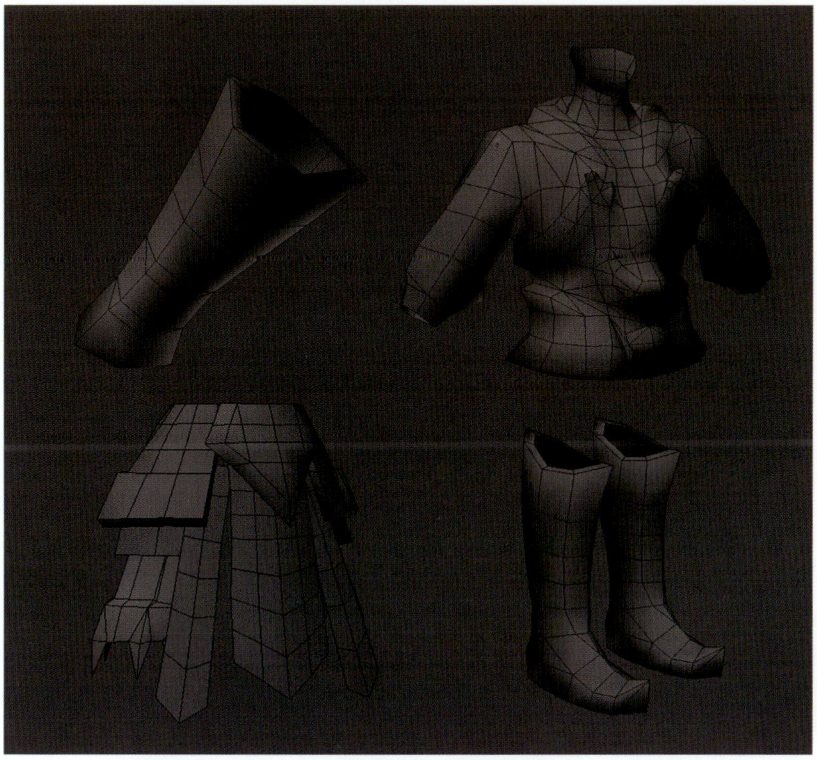

图 6–21 装备模型其他部件制作

2. 盔甲的制作

接下来继续使用从裸体模型中分离面的方法制作盔甲部分，在制作时应注意几个问题。首先，要反复观察原画，注意装备模型与身体的比例关系。其次在装备的制作时应注意模型本身的结构层次，强化模型的厚重感。再次，装备模型的布线走向和疏密程度应该尽量和身体模型相吻合，便于后期动画绑定的制作。最后，为了节约资源，删除身体模型看不到的面。制作效果如图6–21所示。

3. 披风的制作

披风本身的褶皱效果主要依靠贴图来表现，模型本身并不需要制作得过于复杂，但是为了使披风的动画效果更加柔和，可在制作的时候给披风多一些分段。如图6–22所示。

4. 武器的制作

参考前面章节武器的制作方法，根据原画制作出吕布的武器——方天画戟。值得注意的是，红缨的毛发效果主要靠透明贴图表现。如图6–23所示。

模型制作完成的最终效果如图6–24所示。

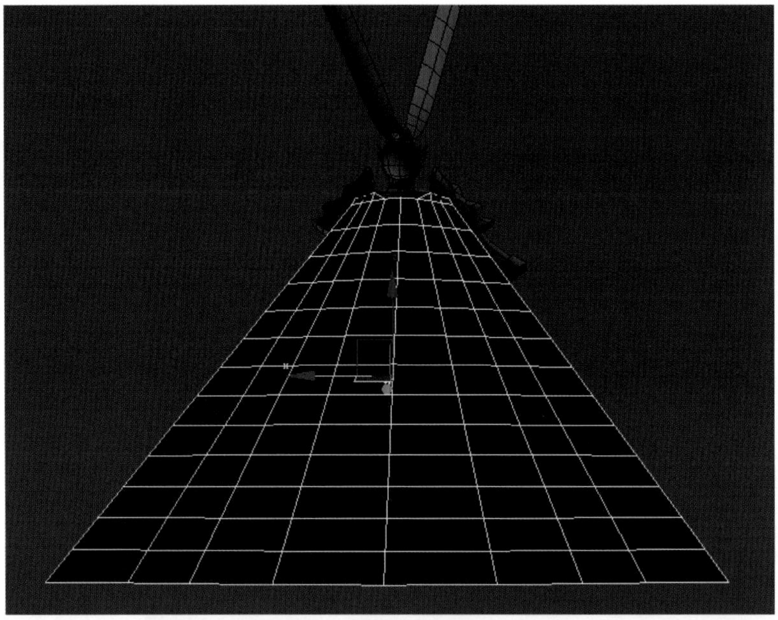

图 6-22 制作披风模型

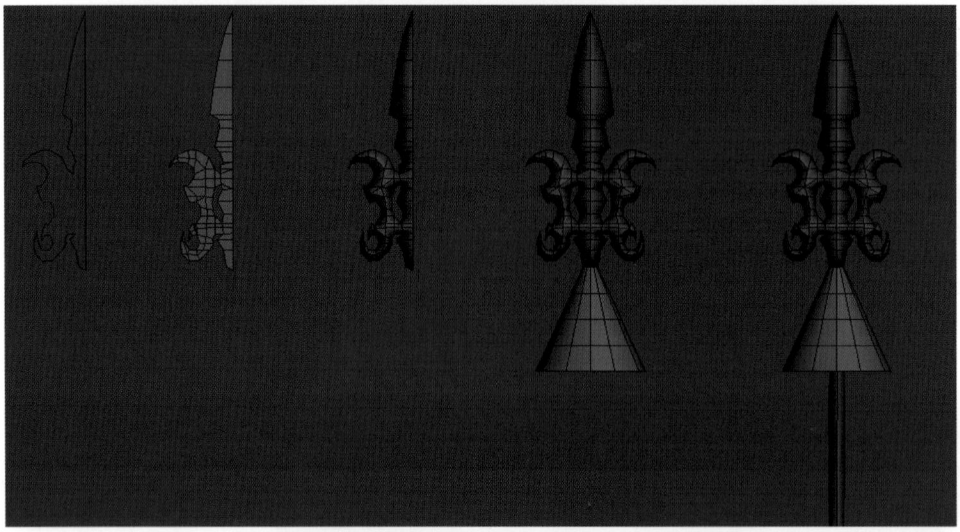

图 6-23 武器模型制作

图 6-24 模型的最终效果

三、角色 UVW 编辑

接下来对模型进行U V W的编辑。只有为模型指定好U V W坐标以后贴图才能被正确地赋予模型，否则，贴图会出现错位而无法表现出应有的效果。

在手机游戏角色的制作中，因为不涉及换装，所以对贴图张数和贴图的尺寸没有太严格的要求。该角色贴图大概分为：身体512 × 512像素、脸部512 × 256像素、头饰256 × 256像素、披风256 × 256像素、武器512 × 256像素。

在U V W的制作中应当注意几个问题。首先通过观察原画可以看出该角色是左右对称的，因此U V W只需要做一半。其次将贴图接缝尽量放在看不到的地方，展平U V W时尽量避免不必要的拉伸。最后在摆放UVW时尽量把第一象限的空间利用起来，不要浪费空间。效果如图6–25所示。

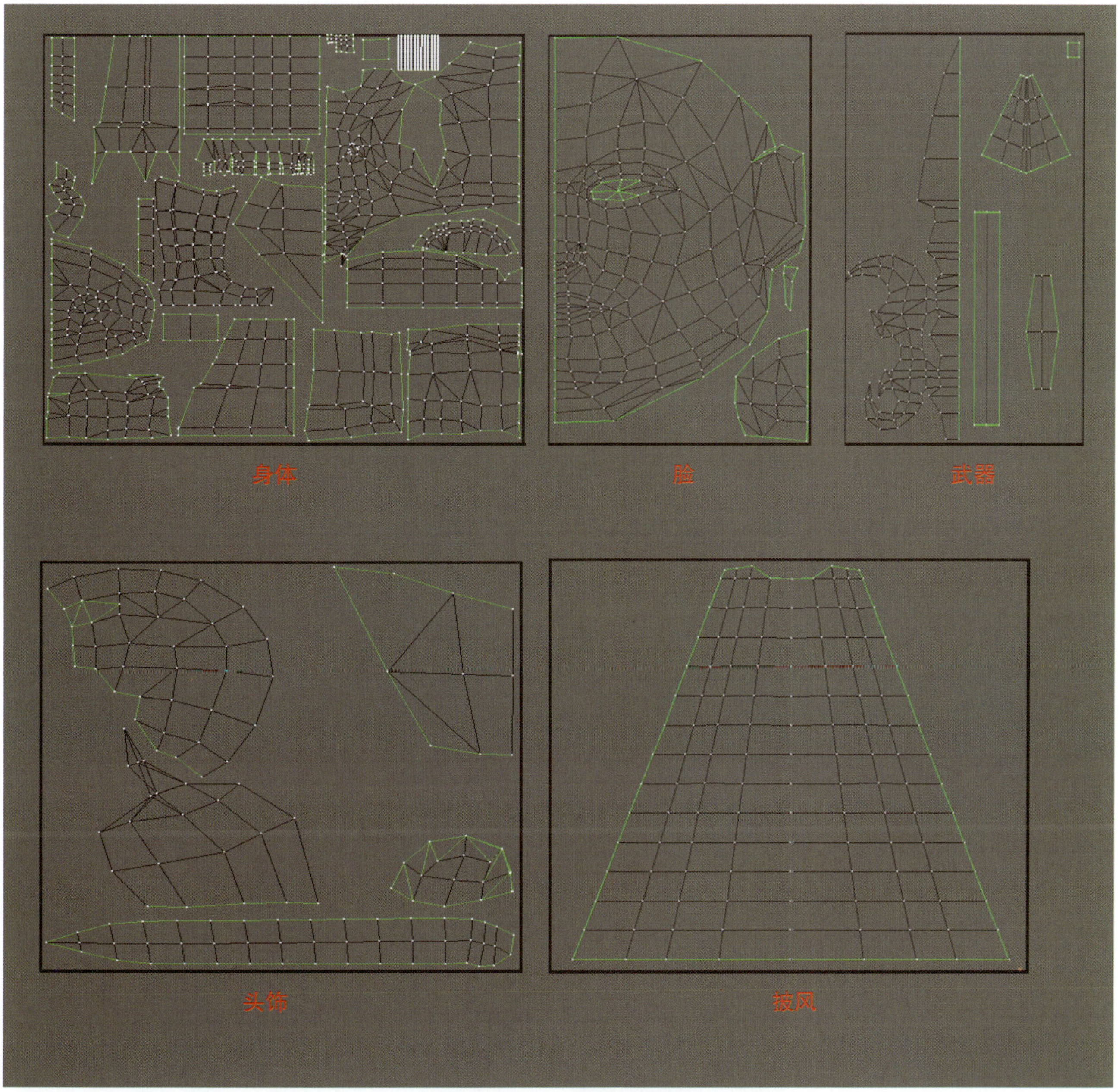

图 6–25 UVW 制作效果

第三节 手机游戏贴图的绘制技巧

手机游戏模型贴图与网络游戏贴图要求有所不同。网络游戏通常是在PC平台上运行，画面分辨率较高，因此要求模型贴图尽可能细腻，尽量表现更多的细节和质感。而手机游戏一般在手机平台上运行，多数是像素游戏，因此要求模型贴图用大色块去绘制，不必过于细腻。

一、模型基础贴图

1. 脸部模型贴图

①将脸部UVW参考图片导入Photoshop，作为绘制脸部贴图的参考图层。仔细观察脸部皮肤颜色，为脸部填充皮肤的基本色做准备，如图6–26所示。

②使用Photoshop中的“画笔”工具进行脸部五官贴图的绘制，注意保证头顶和脸颊部分材质的一致。在制作时不要急于表现细节，先绘制出五官三庭五眼的位置关系，以及脸部正面和侧面的明暗交界线，再深入刻画眉毛、眼睛、鼻子、嘴巴的细节。如图6–27所示。

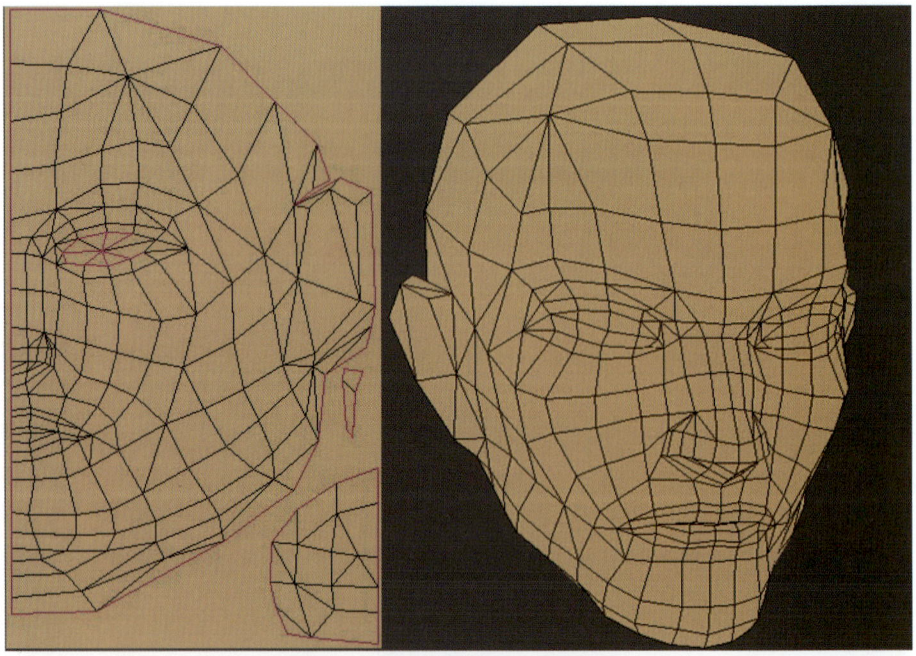
图 6–26 给脸部贴图填充基本颜色

2. 身体模型贴图

①将身体部分的UVW参考图片导入Photoshop，作为绘制身体贴图的参考图层。观察原画的装备结构和色彩构成，为装备最底层的布料和盔甲填充颜色，如图6–28所示。

②新建图层，绘制出上层金属条纹的基本色彩。在绘制时色彩尽量和原画保持一致，如图6–29所示。

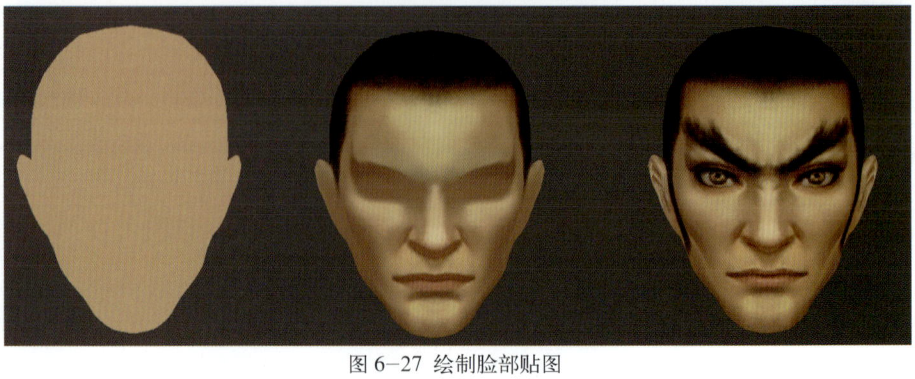
图 6–27 绘制脸部贴图

图 6–28 为身体贴图绘制底色

图 6–29 进一步绘制身体贴图的基本色块

3. 基本光影调整

现在，我们为身体装备贴图绘制基本的明暗关系，本案例中我们主要采用将模型赋予AO（Ambient/Reflective Occlusion）材质，将光影渲染给纹理的贴图方式。

AO贴图不需要灯光照明，它以独特的方式计算吸收的“环境光”（未被阻挡的光线和被阻挡的光线所产生的阴影）。它能模拟全局照明，通过改善阴影来实现更好的图像细节，能改善漏光、飘和阴影不实等问题，增强空间的层次感、真实感，同时加强和改善画面的明暗对比，增强画面的艺术性。

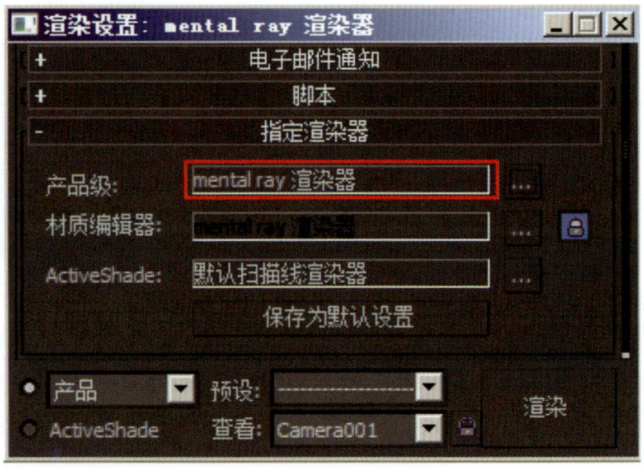

图 6-30 修改渲染器

①点击“渲染”中的“渲染设置”，选择“指定渲染器”，将渲染器改为“mental ray渲染器”。如图6-30所示。

②调出材质球面板，选择任意材质球，将材质球类型由“standard”材质改为“mental ray”材质。如图6-31所示。

③将“材质明暗器”中的曲面贴图改为“Ambient/Reflective Occlusion”贴图。如图6-32所示。

④设置AO材质的参数，将“Samples”设置为256（控制贴图的采样范围），“Spread”设置为1.2（控制贴图的光影程度），“Max distance”设置为0，将材质球赋予身体模型，为身体模型添加一个平面作为光子反弹的对象，如图6-33所示。渲染测试AO贴图的效果，如图6-34所示。

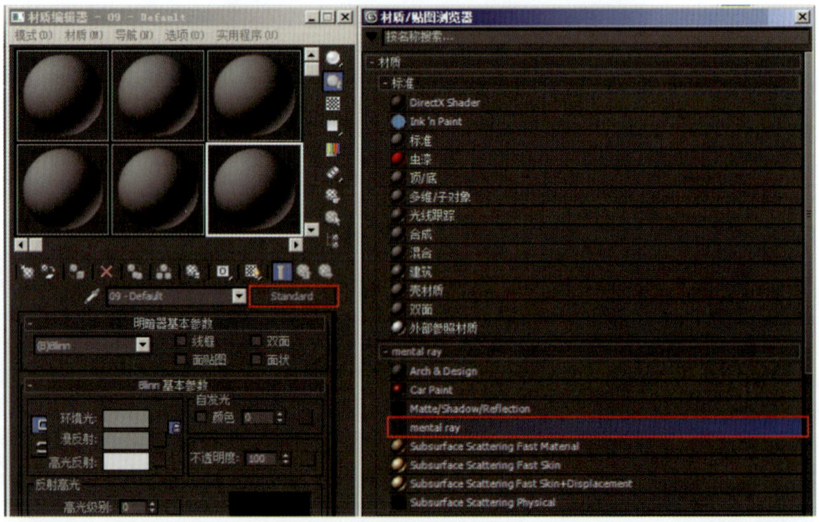

图 6-31 修改材质球类型

⑤确保身体模型是被选中的状态，因为只有选中该模型才能使该模型的光影效果被渲染成纹理贴图。点击“渲染”，将渲染调到纹理面板。首先在烘焙对象面板中将贴图对象改为“使用现有通道”，然后在输出面板中将输出的材质类型添加为“Ambient_Occlusion（MR）”，并设置渲染尺寸为

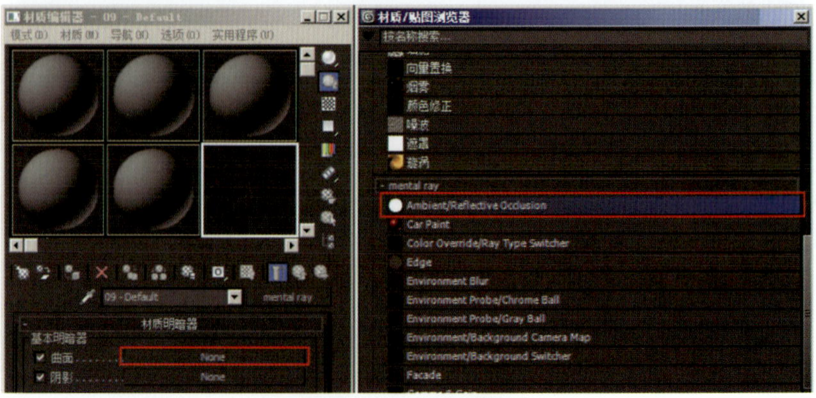

图 6-32 设置 AO 贴图

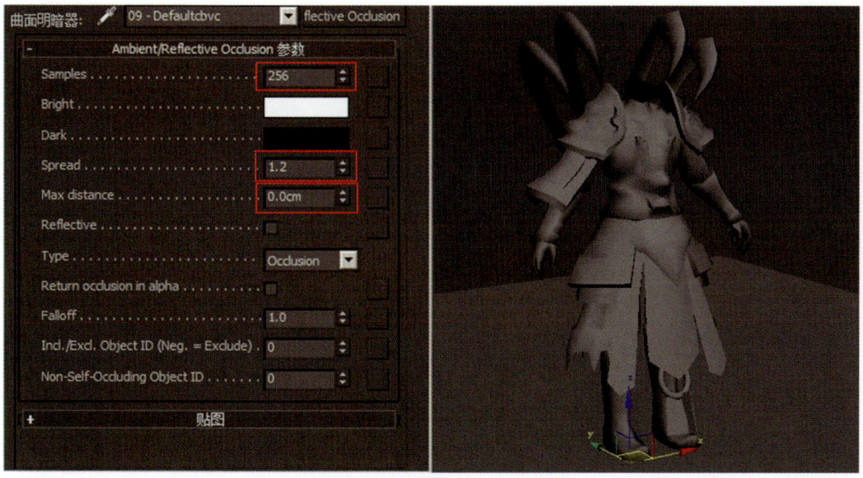

图 6-33 详细设置 AO 贴图参数

图 6-34 AO 贴图烘焙效果

512×512，最后点击渲染输出。如图6-35所示。

⑥将渲染的纹理保存为带有透明通道的PNG格式文件。渲染效果如图6-36所示。

⑦将光影贴图导入Photoshop，与身体贴图进行“正片叠底”操作，效果如图6-37所示。

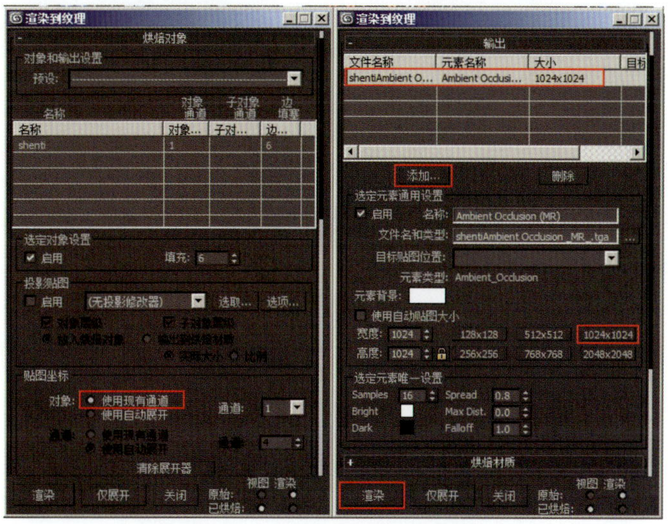

图 6-35 设置渲染到纹理面板

二、装备材质贴图制作

通过将光影渲染给纹理的操作，我们给身体贴图赋予了基本的明暗效果，下面对贴图进行进一步绘制。绘制角色身上的材质时，应根据UVW坐标的分布用大块色调进行绘制，不要拘泥于小细节。因为我们制作出的模型最终是用了像素图片的渲染的，而最终的像素图片不足以表现出过多的细节。

1．肩甲贴图

肩甲模型是整个男性角色制作中相当重要的一个部分，也是玩家视觉感受比较强烈的部分。首先选择角色肩甲部分的UVW坐标线框，在Photoshop中绘制肩甲的基本材质，注意要尽量采用中间色，也就是色彩中的灰色调。然后在基本色的基础上对装备的转折和起伏进行详细的绘制，注意保持整体材质

图 6-36 渲染纹理效果

图 6-37 身体光影贴图效果

风格与原画风格的协调统一。最后结合原画表达的色彩信息对贴图进行调整。如图6-38、图6-39所示。

利用同样的方法绘制出肩甲模型的下半部分，注意整个肩甲模型在厚度上的贴图材质，使其厚重感更强。效果如图6-40所示。

图 6-38 肩甲贴图制作效果

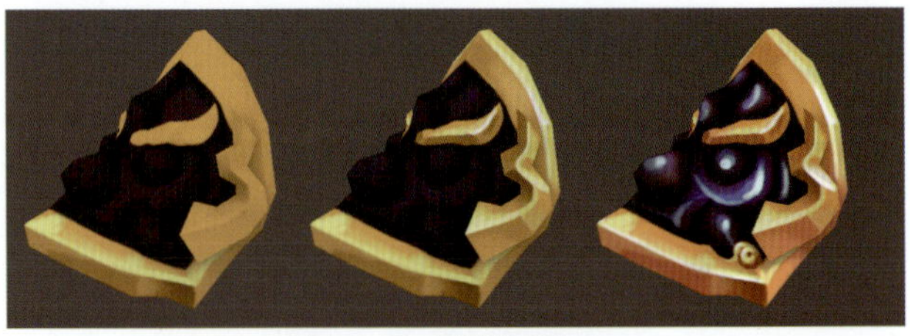

图 6-39 肩甲模型效果

图 6-40 肩甲模型整体效果

2. 胸甲贴图

接下来绘制角色胸甲的纹理贴图，胸甲是整个身体的主要部分，需要对材质质感进行准确刻画，同时把握好材质的黑白灰层次关系。如图6-41、图6-42所示。

3. 手臂和护腿贴图

在制作手臂和护腿时，尽量先绘制主体材质，然后根据材质的整体层次变化协调装备色彩以及明暗变化，使其与其他身体装备风格尽量保持统一。如图6-43所示。

4. 披风贴图

在绘制披风的纹理贴图时，由于模型是采用面片制作的，比较简单，不容易表现出布料飘逸的感觉，因此可以利用Photoshop软件制作透明贴

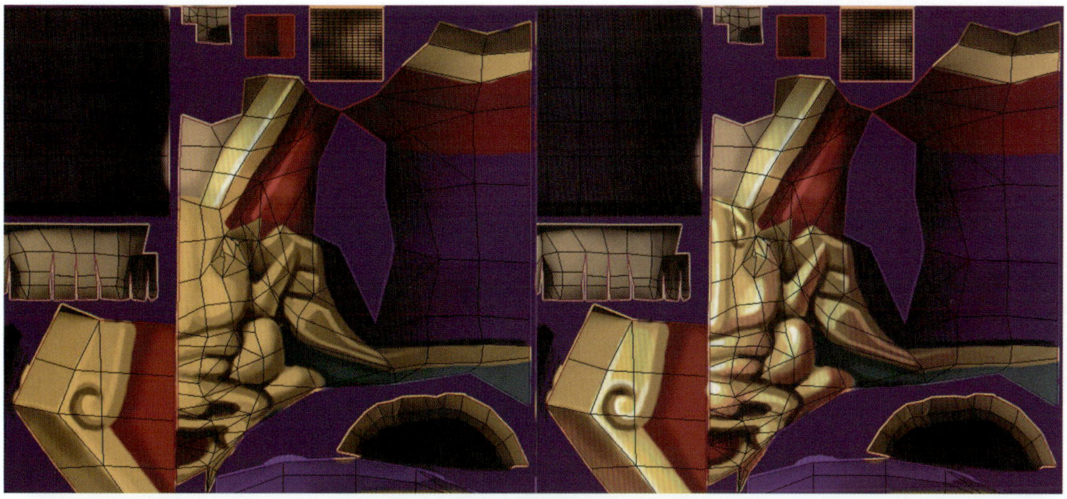

图 6–41 角色胸甲贴图制作过程

图 6–42 角色胸甲效果

图 6–43 角色手臂和护腿制作效果

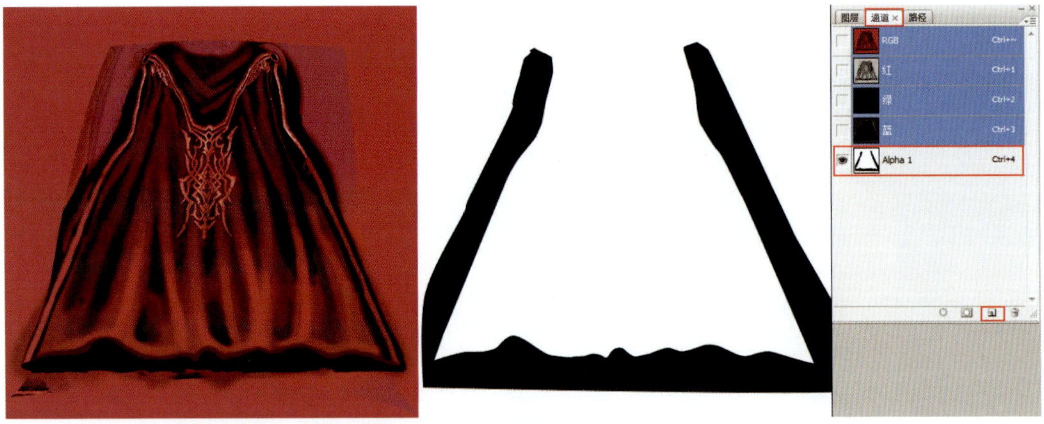

图 6-44 披风贴图以及透明通道制作

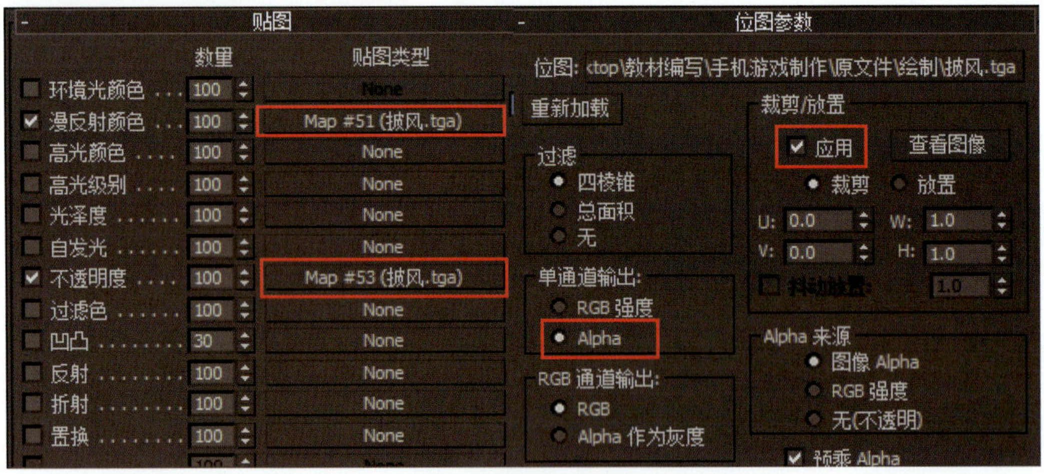

图 6-45 设置透明贴图

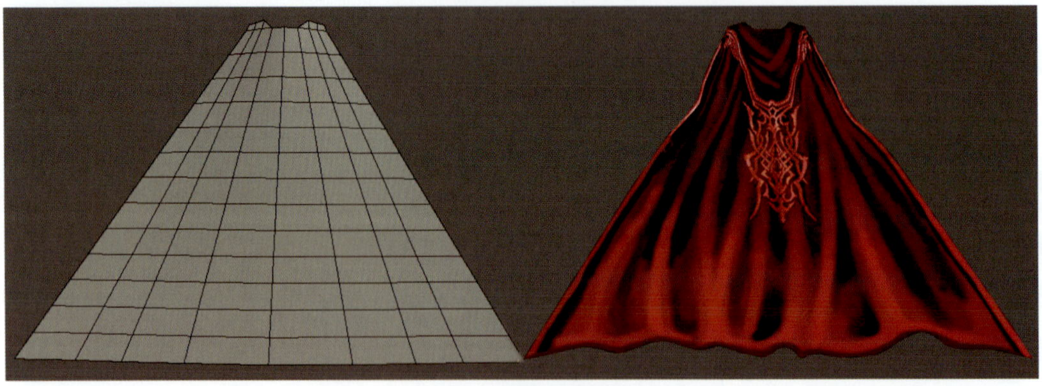

图 6-46 披风制作效果

图来表现布料边缘不规整的造型。在“通道”中点击“创建新通道”按钮，创建出“Alpha”通道，将需要表现透明效果的部分填充为黑色，不需要的部分填充为白色。输出贴图，将贴图保存为分辨率为32位像素的TGA格式文件。如图6-44所示。

在3ds Max中将透明贴图指定给模型文件时，需要在通道栏中将漫反射通道和不透明度通道同时指定给该贴图，并且进入不透明度通道中将该贴图的Alpha属性开启，这样才能正确地显示出透明通道的效果。如图6-45、图6-46所示。

5. 头发和头部装饰物贴图

首先在U V W线框图中找到相应的区域，提取相关区域进行填充，填充时尽量吸取原画中的色彩。然后在此基础上进行加深或者减淡操作，从而刻画出头发和发饰细节的材质，注意头发材质的表现风格与身体整体风格的协调。如图6−47、图6−48所示。

图 6−47 角色头饰材质纹理制作过程

图 6−48 角色头饰模型完成效果

6. 武器——方天画戟贴图

武器的制作方法和身体装备的制作方法大致一样，在制作时要把握好金属质感的表现。如图6–49所示。

至此，整个角色的模型和贴图制作完毕，完成效果如图6–50所示。

图 6–49 武器制作效果

图 6–50 角色完成效果

第四节 角色绑定和灯光设置

一、角色的绑定制作

在使用3ds Max进行游戏制作时，主要通过Biped骨骼为模型指定“蒙皮”修改器，完成骨骼绑定和动作设定两个过程。

1. 基本骨骼设置

首先，点击“系统”面板，创建一个“Biped骨骼”，如图6–51所示。然后，进入“体型模式”状态，选择轴心点骨骼，将整个Biped骨骼移动到模型的臀部中心。最后进入“结构”面板，进行如图6–52中的Biped骨骼参数设置。

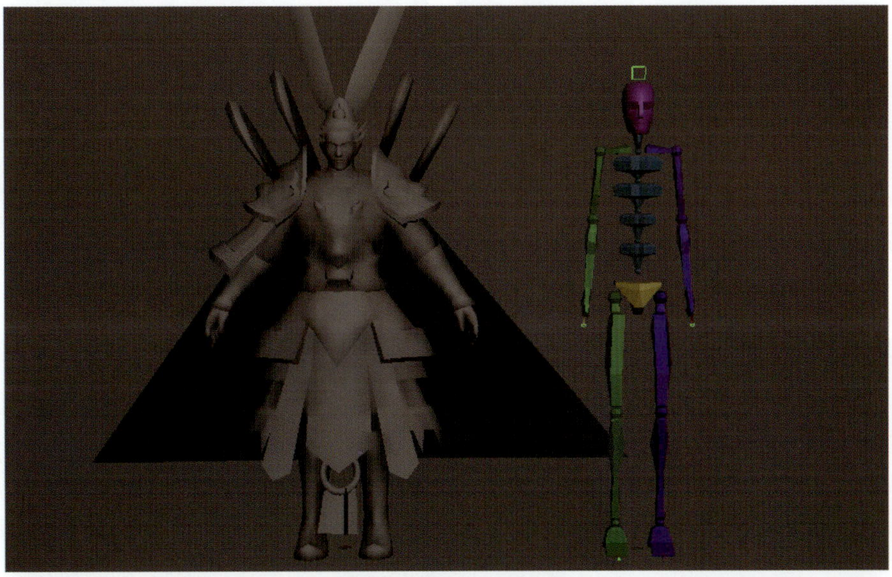

图 6–51 创建 Biped 骨骼

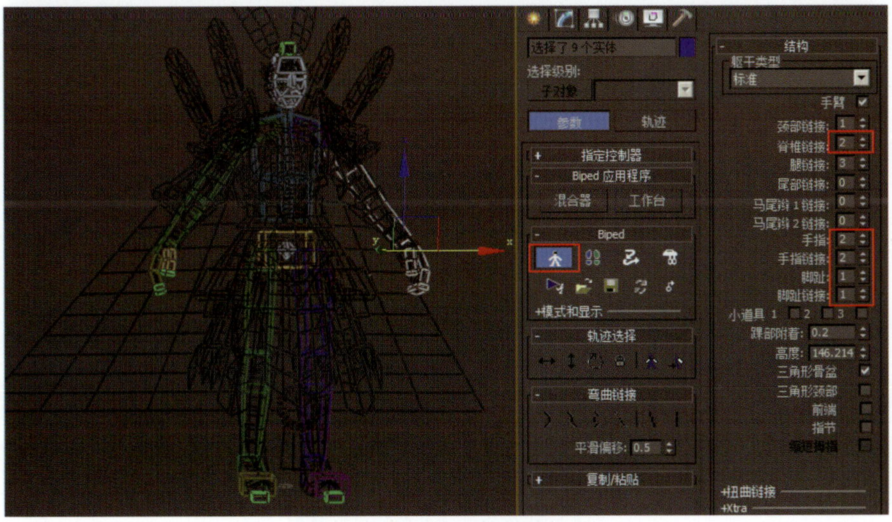

图 6–52 调节 Biped 骨骼位置

2. 匹配骨骼和模型

首先，进入“体型模式”状态，将轴心点骨骼移动到模型的臀部中心，然后调节胸部和手臂部分的骨骼，尽量保持骨骼和模型在大小、位置、角度上的一致性，如图6–53所示。最后对身体下身的骨骼和模型进行匹配，注意处理好与关节部位对应的骨骼的位置关系，如图6–54所示。

Biped骨骼只能对裸体模型进行绑定，我们需要单独创建一些普通骨骼对披风、头饰以及腰部的裙摆进行绑定，创建完成后利用工具栏的链接工具将普通骨骼链接到对应的Biped骨骼上。骨骼创建效果如图6–55所示。

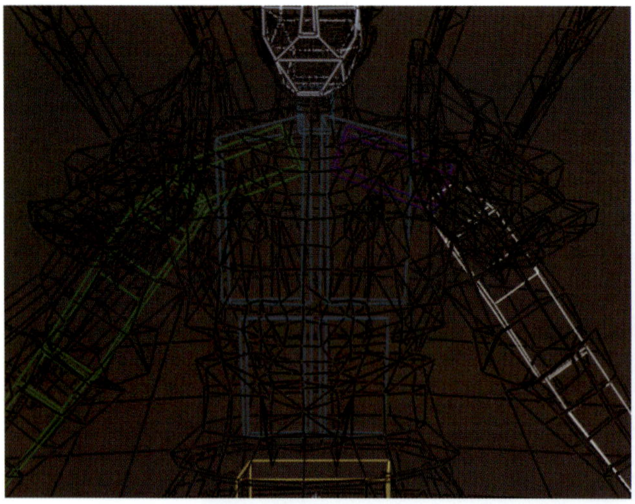

图 6–53 调整上身骨骼

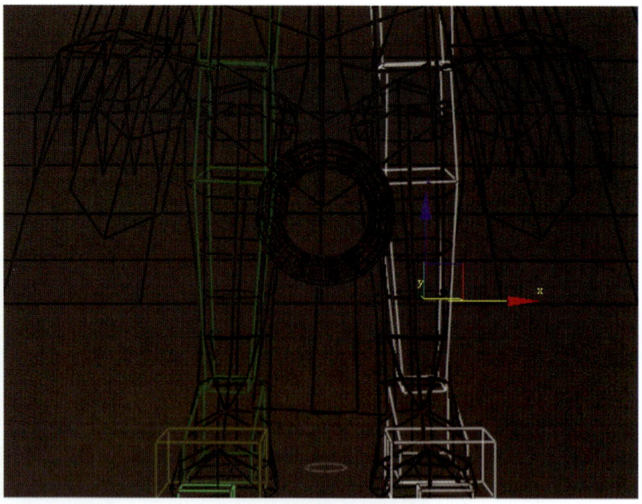

图 6–54 调整下身骨骼

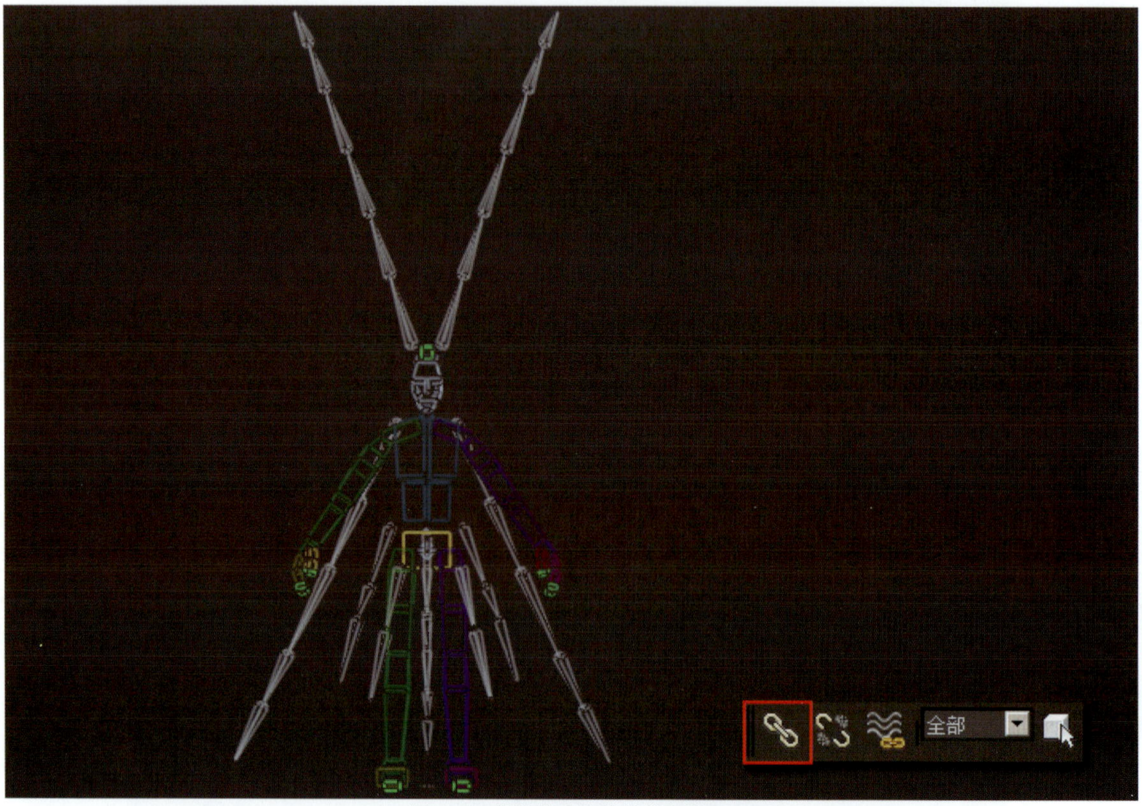

图 6–55 创建普通骨骼的装备模型

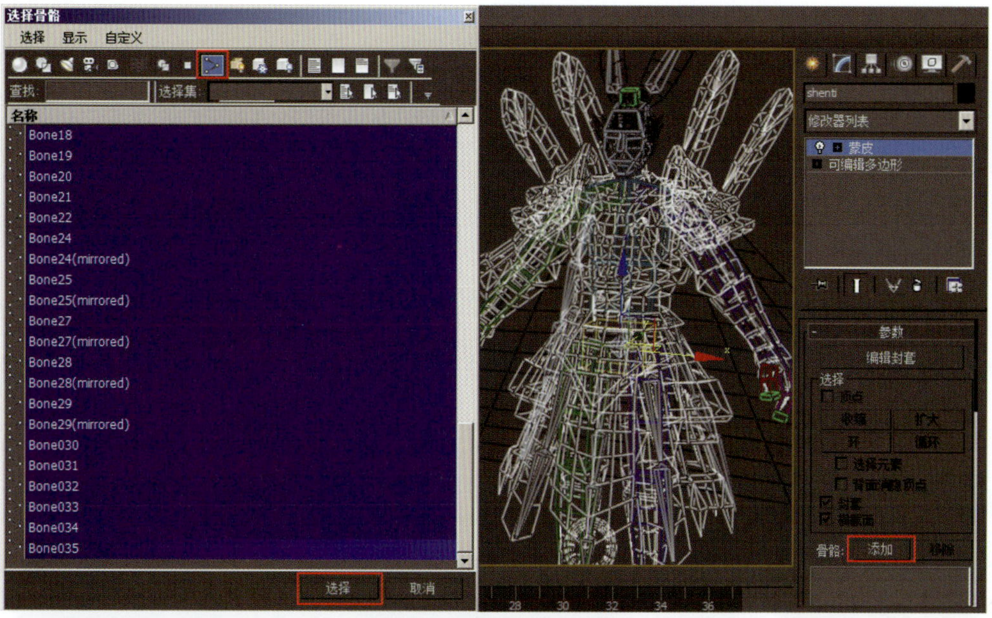

图 6–56 添加蒙皮修改器

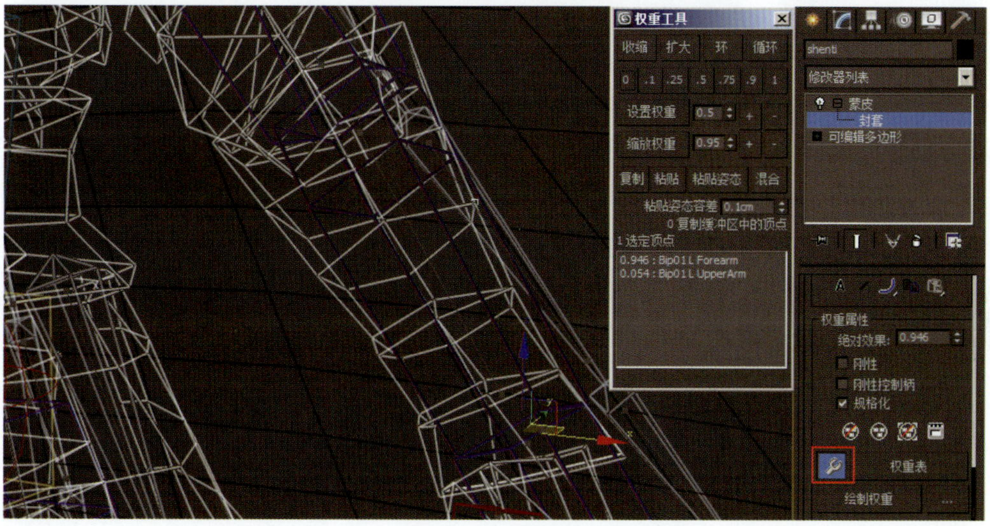

图 6–57 设置权重

选择指定好了的骨骼的角色模型，进入“修改面板”，在修改器列表中选择“蒙皮”命令，在弹出的“蒙皮”面板中点击“选择骨骼”按钮，在弹出的“选择骨骼”对话框中只勾选“骨骼”元素，按<Ctrl+A>组合键选中全部骨骼，单击“选择”按钮，将所有的骨骼添加给模型作为蒙皮的对象。如图6–56所示。

3. 给绑定骨骼的模型设定蒙皮的权重

单击“权重工具”按钮，根据骨骼点的排列，在弹出的“权重工具”对话框中给角色模型中各个部分设定不同的权重值，特别是对关节部位权重值的设定。“1”代表骨骼对模型绝对控制，“0”代表骨骼对模型不控制。如图6–57所示。

4. 导入 BIP 动作数据文件

打开运动面板，选择“Biped”面板，点击“加载文件”按钮，从指定路径中为骨骼导入动作数

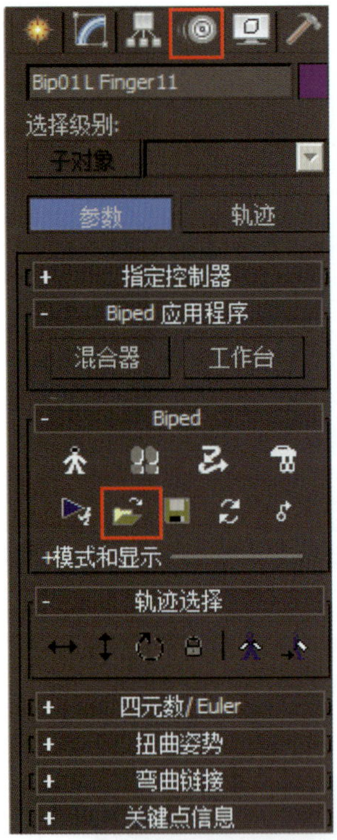

图 6-58 为骨骼加载动作数据

图 6-59 带有动作的模型效果

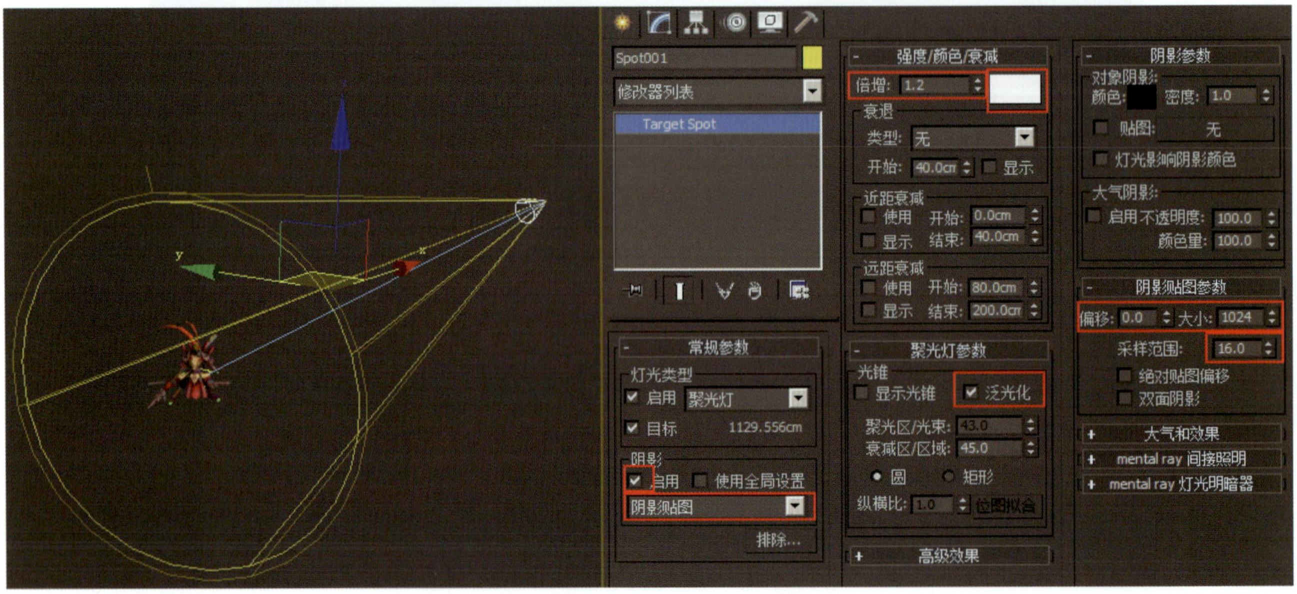

图 6-60 为角色模型添加主光源

据文件，如图6–58所示，并将模型贴图显示出来，如图6–59所示。

二、灯光设置

1. 添加灯光

此步骤是为了增加模型的光影效果，同时为后面的渲染出图做准备。

为角色模型添加一盏“目标聚光灯”作为产生阴影的主光源；在“标准灯光”中拖拽出“目标聚光灯”并设置其参数；在“常规参数”面板中启用阴影，贴图类型改为“阴影贴图”；在“强度/颜色

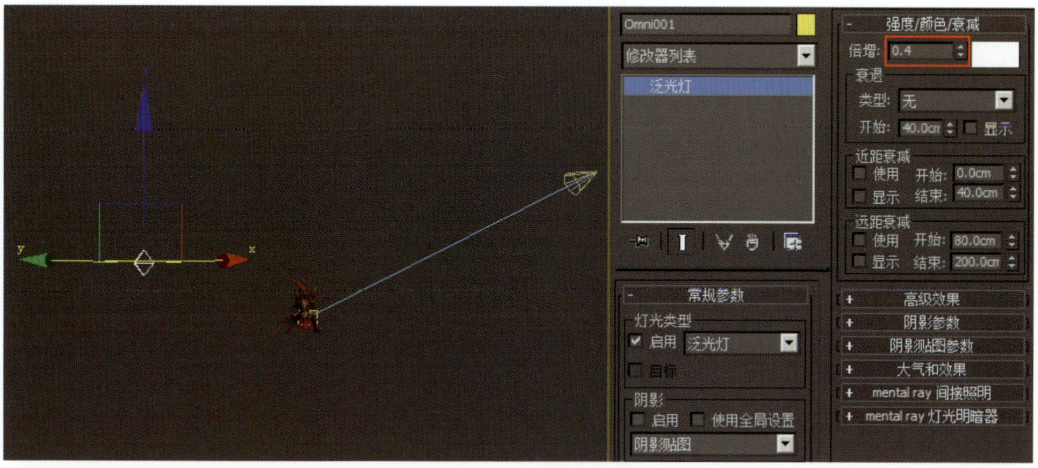

图 6–61 为角色模型添加辅光

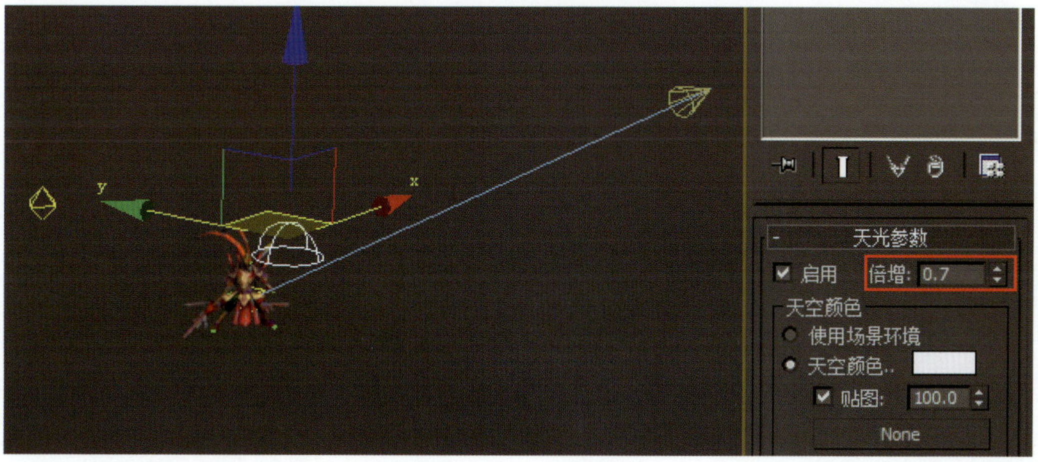

图 6–62 为角色模型添加天光

/衰减”面板中将倍增值改为1.2，灯光颜色保持白色不变；在“聚光灯参数”面板中打开“泛光化”开关；在“阴影贴图参数”面板中将偏移量改为0，大小为1024，采样范围为16。如图6–60所示。

2. 添加辅助光源

从“标准灯光”中拖拽出“泛光灯”，将其放置在主光源对面，并设置其参数；在“强度/颜色/衰减”面板中将倍增值改为0.4。如图6–61所示。

3. 添加一盏天光

天光是为了照亮整个模型。在“标准灯光”中拖拽出“天光”，将其放置在主光源对面，并设置其参数；在“强度/颜色/衰减”面板中将倍增值改为0.7。如图6–62所示。

4. 设置光跟踪器

为了让照明效果更加柔和，我们需要将“光跟踪器”打开，在“渲染”面板中选择“光跟踪器”，将其反弹值改为1。如图6–63所示。

5. 设置渲染输出面板

按F10打开“渲染设置：默认扫描线渲染器”面板，在公用参数面板中将范围设置为0～23帧，输出大小改为宽度800、高度480，将“强制双面”选项打开，并点击“渲染”按钮，设置图片输出路径，将输出格式改为带Alpha通道的PNG格式。如图6-64所示。

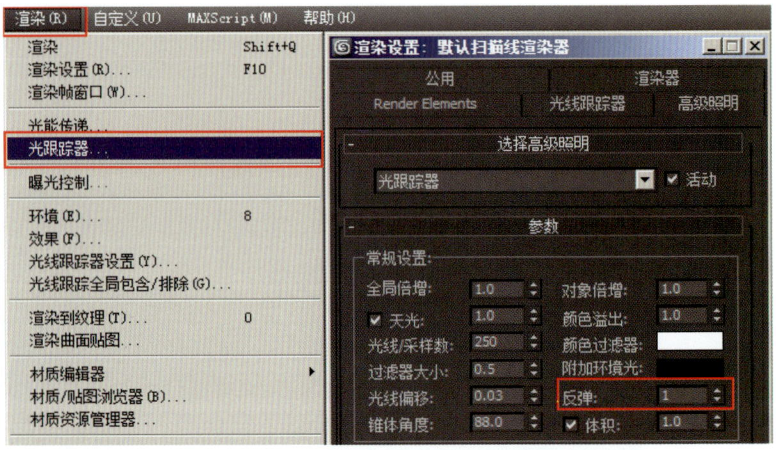

图 6-63 设置光跟踪器

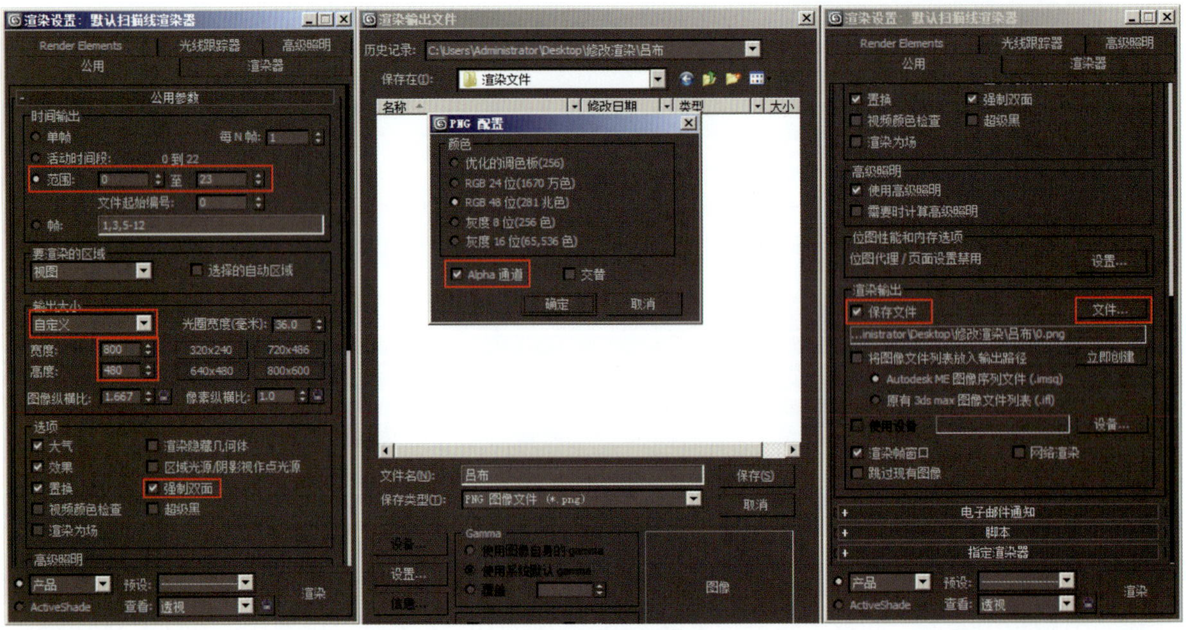

图 6-64 设置渲染面板

图 6-65 为最终渲染做准备

6. 添加摄像机

在透视图中选择合适角度，按<Ctrl+C>组合键为角色模型添加一台摄影机，用于固定渲染视角。在Camera001图标上点击鼠标右键，将“显示安全框”打开，进入“显示”面板，在“按类别隐藏”中将除几何体以外的元素全部隐藏，以避免渲染时出现错误。如图6–65所示。

角色吕布的攻击动作、待机动作以及被攻击动作的渲染效果如图6–66～图6–68所示。

至此，角色吕布的所有制作流程都已完成，我们可以把角色放入游戏画面中看看最终的效果，如图6–69所示。

图 6–66 角色攻击动作

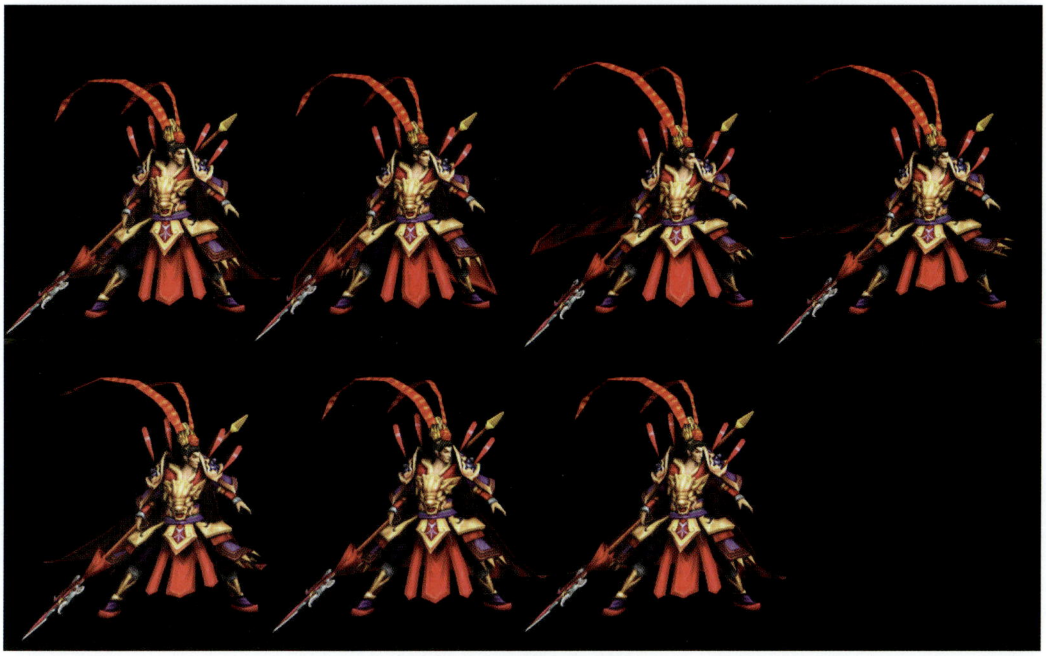

图 6–67 角色待机动作

图 6–68 角色被攻击动作

图 6–69 角色在游戏中的效果

本章小结

通过对手机游戏男性角色——吕布的制作流程的完整讲解，我们学习了将三维动画模型转化为二维动画序列图片的制作方法，了解和掌握了手机游戏角色从3D转为2D的制作方法，即模型制作、贴图绘制、绑定蒙皮、灯光设计和渲染输出4个方面的知识。

思考与练习

1.分析时下流行的手机游戏角色的制作流程。

2.尝试用本章讲述的方法，制作同类型的三维角色，制作动画并渲染出序列图片。